JN021224

改訂
新版

すぐわかる

石村園子・畑宏明 著

微分積分

Ⓡ〈日本複製権センター委託出版物〉
　本書を無断で複写複製（コピー）することは，著作権法上の例外を除き，
禁じられています．本書をコピーされる場合は，事前に日本複製権セン
ター（電話：03-3401-2382）の許諾を受けてください．

改訂新版 すぐわかる微分積分

はじめに

　数学は世の中のあらゆる分野に使われています．もし人類が数学を創造していなかったら，現在皆さんが愛用しているスマホやタブレット，ゲームも存在しなかったでしょう．皆さんの身の周りは数学であふれているのです．さらに，グローバル化した現代では数学はあらゆる分野に浸透し，仕事上欠かせないものになっています．数学リテラシーは皆さんがこれから生きていく上で必要不可欠なツールなのです．

　特に科学の発展に寄与してきたのは，17 世紀後半にニュートンとライプニッツにより考え出された「微分積分」です．

　日本では微分積分の学習は高校 2 年ごろから始まり，"もししっかり数学の勉強をしていれば"高校 3 年でもかなり微分積分の力が身につきます．しかし，この仮定が問題です．中学のころまでは数学が好きだった人も，高校 1 年で $\sin\theta$，$\cos\theta$ が出てきたあたりから数学にだんだん霧がかかり，先生に"あっち，こっち"と指示されるままに計算問題だけは何とかこなして大学に入ってきても，まったく数学に見通しがきかなくなってしまっていませんか？　特に理学，工学，情報関係の学部に入学した学生にとっては数学の勉強は基本中の基本．ある程度数学を使いこなせなければ，専門分野の勉強に支障をきたしてしまいます．

　そこで本書は，高校数学に霧がかかったままになってしまっている人が，高校の微分積分を復習しながら大学の微分積分を学べるように書かれました．

　本書は，定義 → 定理 → 例題 → 演習 のパターンで勉強するようになっています．定義や定理は数学的に厳密すぎることは避け，イメージがわきやすいようになるべく図を添えて解説し，概念や性質の大まかな把握ができるよう心を配りました．例題もなるべく飛躍のないよう丁寧に解答をつけてあります．また，例題の類題を演習として載せ，□□□□を埋めながら解答するようになっています．解答に躓いたときは例題の解答を見ながら考えてみましょう．また，すでに理解している問題であればどんどん解答してもよいですし，さらに本書の方針と異なったオリジナル解答を別のノートに作成できたら，なお素晴らしいことです．

　本書を一通り学べば，微分積分では不可欠な三角関数，指数関数，対数関数など恐れることはありません．これらを使いこなし，次のステップへ進んで下さい．

本書は『すぐわかる微分積分』（1992 年出版），それに続く『改訂版すぐわか
る微分積分』（2012 年出版）をさらに加筆修正したものです．お陰さまで，これ
らの本は大学生から社会人，数学大好き人（?）など，多くの方々のご支持を受
け，30 年間増刷りを続けることが出来ました．その間いろいろなご質問やご指摘
も多く受けました．どうもありがとうございました．時代の要請を受け，さらに
新しくなった本書も皆さまのお役にたてれば，著者としてこの上ない喜びです．
　本書の執筆にあたりましては東京図書編集部のみなさんに大変お世話になりま
した。この場をかりましてお礼申し上げます．

2023 年 2 月吉日　　　　　　　　　　　　　　　　石村　園子

畑　宏明

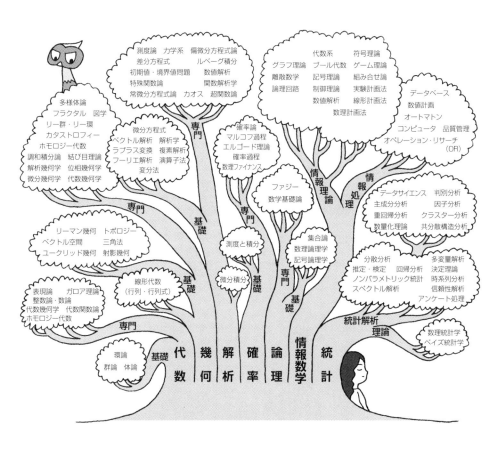

■目次

これから微分積分を一緒に勉強して
いきましょう

第 4 章　2変数関数の積分　231

●**装幀**　今垣知沙子
●**イラスト**　いずもり・よう

1 変数関数の微分

関数の極限と微分

【1】 関数の極限

x を独立変数，y を従属変数とする関数

$$y = f(x)$$

についていろいろと調べたいとする.

- どんな値を取るのか？
- 連続なのか？
- グラフは滑らかか，ギザギザか？
- 増加，減少はどんな具合か？
- y の値が最大または最小となるのは，どんなときか？

など，その関数を必要とする立場によって，調べたい事は異なるかもしれない. その中で，"グラフの滑らかさ" や "値の変化の様子" を調べるのが

微分

という方法である.

微分には

極限

の概念がどうしても必要であるが，これについては，本書では次のように理解してもらえればよい.

● 関数の極限の定義 ●

x が a の値はとらずに限りなく a に近づくとき，それに従って $f(x)$ が限りなく一定の値 b に近づくとき，

$$x \to a \text{ のとき } f(x) \text{ は } b \text{ に収束する}$$

といい，b を

$$x \to a \text{ のときの } f(x) \text{ の極限値}$$

という. また，このことを

$$\lim_{x \to a} f(x) = b \qquad \text{あるいは} \qquad x \to a \text{ のとき } f(x) \to b$$

とかく.

解説 $x \to a$ とは，x の値を a より大きい方と小さい方の両方から限りなく a に近づけたときの状態を表している．右上のグラフでは，$x \to a$ のとき $f(x)$ の値は限りなく値 b に近づいているので

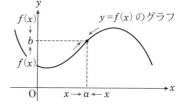

$$\lim_{x \to a} f(x) = b$$

である．

一方，右のグラフでは $x < a$ のときと $x > a$ のときとでは，様子が異なり

$x \to a \, (x > a)$ のときは b_1 に近づく

$x \to a \, (x < a)$ のときは b_2 に近づく

である．これを

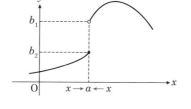

$$\lim_{x \to a+0} f(x) = b_1, \qquad \lim_{x \to a-0} f(x) = b_2$$

とかき，b_1，b_2 をそれぞれ $x \to a$ のときの $f(x)$ の

右側極限値，　　左側極限値

という．$b_1 \neq b_2$ であれば，$x \to a$ のとき $f(x)$ は一定の値には近づかないので $\lim_{x \to a} f(x)$ は収束しない．したがって，関数 $y = f(x)$ が $x = a$ で**連続**であるとは

$$\lim_{x \to a} f(x) = f(a)$$

が成立するときのことである．

また，$x \to a$ のとき $f(x)$ の値が限りなく大きくなったり，限りなく小さくなったりする場合は**発散する**といい

$$\lim_{x \to a} f(x) = \infty, \qquad \lim_{x \to a} f(x) = -\infty$$

などとかく．a は ∞ または $-\infty$ の場合もある．
たとえば

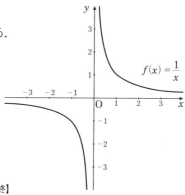

$$f(x) = \frac{1}{x}$$

$$\lim_{x \to 0} \frac{1}{x} : \text{収束しない（発散）}$$

$$\lim_{x \to 0+0} \frac{1}{x} = \infty, \qquad \lim_{x \to 0-0} \frac{1}{x} = -\infty$$

$$\lim_{x \to \infty} \frac{1}{x} = 0, \qquad \lim_{x \to -\infty} \frac{1}{x} = 0$$

【解説終】

例題

$$f(x) = \begin{cases} x^2 & (x \geq 0) \\ -x+1 & (x < 0) \end{cases} \quad \text{とおくとき}$$

(1) $f(0)$ の値を求めよう.

(2) $y = f(x)$ のグラフを描こう.

(3) $\lim_{x \to 1} f(x)$ を調べよう.

(4) $\lim_{x \to 0} f(x)$ を調べよう.

❖解答❖ (1) $x = 0$ のときは, $x \geq 0$ のときの $f(x)$ の定義式を使って

$$f(0) = 0^2 = 0$$

(2) $f(x)$ の定義式より

$x \geq 0$ のとき $y = x^2$ の放物線

$x < 0$ のとき $y = -x+1$ の直線

なので, $y = f(x)$ のグラフは右図のような
グラフとなる.

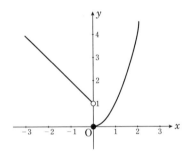

(3) $x \to 1$ のとき, $x = 1$ の近辺のグラフ
は放物線なので

$$\lim_{x \to 1} f(x) = f(1) = 1^2 = 1$$

の値に収束する.

(4) $x \to 0$ のとき, $y = f(x)$ のグラフは

$x = 0$ の右側では放物線

$x = 0$ の左側では直線

なので

$$\lim_{x \to 0+0} f(x) = f(0) = 0^2 = 0$$

$$\lim_{x \to 0-0} f(x) = -0 + 1 = 1$$

となり, x を 0 に近づけるときの近づけ方によ
り $y = f(x)$ が近づく値が異なるので, $\lim_{x \to 0} f(x)$
は一定の値には収束せず極限値なし. 【解終】

グラフで
● の点は存在する,
○ の点は存在しない
の意味です

POINT グラフがつながっていない点での右側極限値，左側極限値に注意

演習 1

$$g(x)=\begin{cases} x & (x>1) \\ x^2-1 & (x \leqq 1) \end{cases}$$ とおくとき

(1)　$g(1)$ の値を求めよう．

(2)　$y=g(x)$ のグラフを描こう．

(3)　$\lim_{x \to 0} g(x)$ を調べよう．

(4)　$\lim_{x \to 1} g(x)$ を調べよう．

解答は p.268

解答　(1)　$x=1$ のときは，x ㋐□ 1 のときの $g(x)$ の定義式を使って

$g(1)=$ ㋑□

(2)　$g(x)$ の定義式より

$x>1$ のとき　$y=$ ㋒□ の ㋓□

$x \leqq 1$ のとき　$y=$ ㋔□ の ㋕□

なので，$y=g(x)$ のグラフは右図㋖のようになる．

㋖

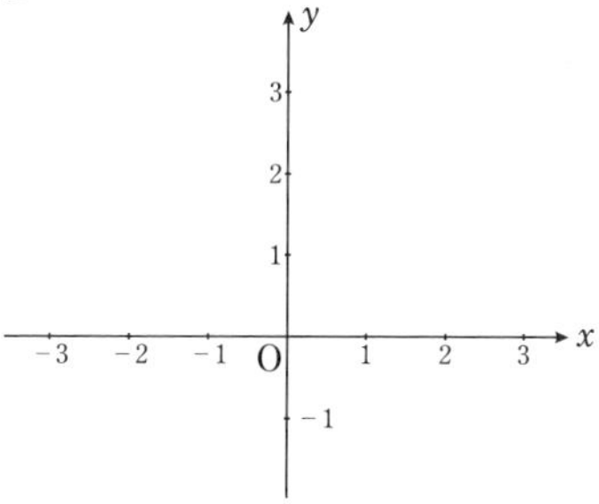

(3)　$x \to 0$ のとき，$x=0$ の近辺のグラフは

㋗□ なので

$\lim_{x \to 0} g(x)=$ ㋘□

の値に収束する．

(4)　$x \to 1$ のとき，$y=g(x)$ のグラフは

$x=1$ の右側では ㋙□

$x=1$ の左側では ㋚□

なので

$\lim_{x \to 1+0} g(x)=$ ㋛□

$\lim_{x \to 1-0} g(x)=$ ㋜□

となり，x を 1 に近づけるときの近づけ方により $y=f(x)$ が近づく値が異なるので，$\lim_{x \to 1} g(x)$ は ㋝□．　【解終】

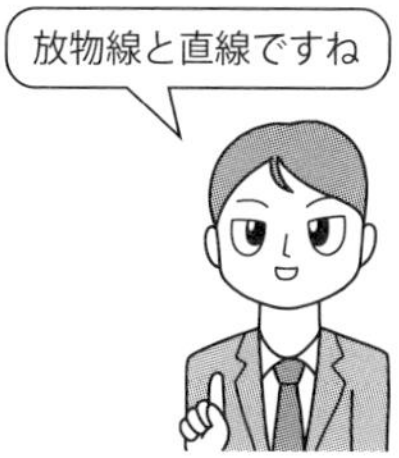

【2】 微分

それではいよいよ微分に入ろう.

• 微分係数の定義 •

関数 $y=f(x)$ について

$$\lim_{x \to p} \frac{f(x)-f(p)}{x-p}$$

が収束するとき, $f(x)$ は $x=p$ で**微分可能**であるという.
またその極限値を $x=p$ における**微分係数**といい, $f'(p)$ で表す.

解説 　右図を見てみよう.

$$x-p = \mathrm{RP}, \quad f(x)-f(p) = \mathrm{QR}$$

なので次式が成り立つ.

$$\frac{f(x)-f(p)}{x-p} = \frac{\mathrm{QR}}{\mathrm{RP}}$$

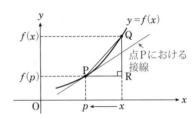

つまり, 上記微分係数の定義式は変数 x の変化に対する関数 $f(x)$ の変化の割合を調べているのである. これは"直線 PQ の傾き"を調べていることに他ならない ($x<p$ のときも同様). そして $x \to p$ とするときの極限値がもしあるなら, その値を

$$x=p \text{ における微分係数}$$

と名づけるのである. 図形的には微分係数は, x を p へ限りなく近づけたときの直線 PQ の傾きのことなので

$$\text{点 P における接線の傾き}$$

を意味することになる. 　【解説終】

定理 1.1.1 微分可能と連続

関数 $f(x)$ が $x=p$ で微分可能ならば, $f(x)$ は $x=p$ で連続である.

証明

$$\lim_{x \to p} \{f(x)-f(p)\} = \lim_{x \to p} (x-p) \frac{f(x)-f(p)}{x-p}$$

$$= \lim_{x \to p} (x-p) \cdot \lim_{x \to p} \frac{f(x)-f(p)}{x-p}$$

$$= 0 \cdot f'(p)$$

$$= 0$$

> $f(x)$ が $x=p$ で微分可能
> $$f'(p) = \lim_{x \to p} \frac{f(x)-f(p)}{x-p}$$

$$\therefore \quad \lim_{x \to p} f(x) = f(p)$$

【証明終】

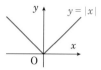

$f(x)$ が $x=p$ で連続(p.3)

$$\lim_{x \to p} f(x) = f(p)$$

 解説　この定理の逆は必ずしも成り立たない．実際，
関数 $y=|x|$ は $x=0$ で連続だが，微分可能で
はない．

● 導関数の定義 ●

$f(x)$ がある区間内のすべての点 x において微分可能であるとする．このとき，
変数 x にその微分係数 $f'(x)$ を対応させる関数を

$$y=f(x) \text{ の導関数}$$

といい，

$$y', \quad f'(x), \quad \frac{df}{dx}, \quad \frac{d}{dx}f(x)$$

などで表す．つまり $f'(x)$ は次式で定義される．

$$f'(x) = \lim_{h \to 0} \frac{f(x+h) - f(x)}{h}$$

 解説　微分係数の定義では，p に対して $f'(p)$ の値を決めた．今度はその p を
動かして変数 x とし，それに対する微分係

数 $f'(x)$ を x の関数とみなすのが

微分係数

$$f'(p) = \lim_{x \to p} \frac{f(x) - f(p)}{x - p}$$

導関数　$f'(x) = \lim_{h \to 0} \dfrac{f(x+h) - f(x)}{h}$

$\qquad\qquad = \lim_{h \to 0} \dfrac{f(x+h) - f(x)}{x+h-x}$

である．これは，微分係数の定義において

　　p を x におきかえ，

　　x を $x+h$ におきかえた

にすぎない．

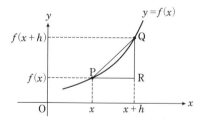

$f(x)$ の定義域内のすべての x について微分可能なときは，単に "$f(x)$ は**微分
可能である**" という．また，$f(x)$ の導関数を求めることを

$$f(x) \text{ を微分する}$$

という．

【解説終】

§1.1　関数の極限と微分　● 7

微分係数，導関数の定義を用いた計算

例題

関数 $f(x) = x^2 + 1$ について

(1) 微分係数の定義に従って $f'(1)$ を求めてみよう．

(2) 導関数の定義に従って $f'(x)$ を求めてみよう．

解答 (1) $p = 1$ として微分係数の定義へ代入して

$$f'(1) = \lim_{x \to 1} \frac{f(x) - f(1)}{x - 1}$$

$f(x) = x^2 + 1$，$f(1) = 1^2 + 1 = 2$ より計算していくと

$$= \lim_{x \to 1} \frac{(x^2 + 1) - 2}{x - 1} = \lim_{x \to 1} \frac{x^2 - 1}{x - 1}$$

$$= \lim_{x \to 1} \frac{(x + 1)(x - 1)}{x - 1}$$

$$= \lim_{x \to 1} (x + 1) = 1 + 1 = 2$$

> **微分係数**
>
> $$f'(p) = \lim_{x \to p} \frac{f(x) - f(p)}{x - p}$$

(2) 導関数の定義式に

$$f(x) = x^2 + 1$$

$$f(x + h) = (x + h)^2 + 1 = x^2 + 2xh + h^2 + 1$$

を代入して計算していくと

> **導関数**
>
> $$f'(x) = \lim_{h \to 0} \frac{f(x + h) - f(x)}{h}$$

$$f'(x) = \lim_{h \to 0} \frac{f(x + h) - f(x)}{h} = \lim_{h \to 0} \frac{(x^2 + 2xh + h^2 + 1) - (x^2 + 1)}{h}$$

$$= \lim_{h \to 0} \frac{2xh + h^2}{h} = \lim_{h \to 0} \frac{h(2x + h)}{h} = \lim_{h \to 0} (2x + h)$$

$$= 2x + 0 = 2x$$

【解終】

$f'(1) = 2$ は，$x = 1$ における接線の傾きが 2 であることを示しています

(2) で求めた $f'(x)$ に $x = 1$ を代入すれば $f'(1) = 2 \cdot 1 = 2$ となります

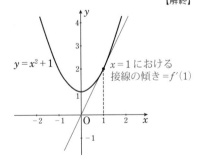

$y = x^2 + 1$

$x = 1$ における
接線の傾き $= f'(1)$

POINT $f(x+h)$ は，$f(x)$ の x を $x+h$ におきかえたものであることに注意

演習 2

関数 $f(x)=x^2-x$ について

(1) 微分係数の定義に従って $f'(0)$ を求めなさい．

(2) 導関数の定義に従って $f'(x)$ を求めなさい． 解答は p.268

解答 (1) $p=$ ㋐□ として微分係数の定義式へ代入して

$$f'(0)=\lim_{x\to 0}\frac{\text{㋑}\square-\text{㋒}\square}{x-0}$$

$f(x)=x^2-x$，$f(0)=$ ㋓□ より

$$=\lim_{x\to 0}\frac{(\text{㋔}\square)-\text{㋕}\square}{x-0}=\lim_{x\to 0}\frac{\text{㋖}\square}{x}=\lim_{x\to 0}\frac{x(\text{㋗}\square)}{x}$$

$$=\lim_{x\to 0}(\text{㋘}\square)=\text{㋙}\square$$

(2) 導関数の定義式に

$$f(x)=x^2-x$$

$$f(x+h)=(\text{㋚}\square)^2-(\text{㋛}\square)$$

$$=\text{㋜}\square$$

を代入して計算すると

$$f'(x)=\lim_{h\to 0}\frac{f(x+h)-f(x)}{h}$$

$$=\lim_{h\to 0}\frac{(\text{㋝}\square)-(x^2-x)}{h}$$

$$=\lim_{h\to 0}\frac{\text{㋞}\square}{h}$$

$$=\lim_{h\to 0}\frac{\text{㋟}\square}{h}$$

$$=\lim_{h\to 0}\frac{h(\text{㋠}\square)}{h}$$

$$=\lim_{h\to 0}(\text{㋡}\square)$$

$$=\text{㋢}\square$$

$$=\text{㋣}\square$$

【解終】

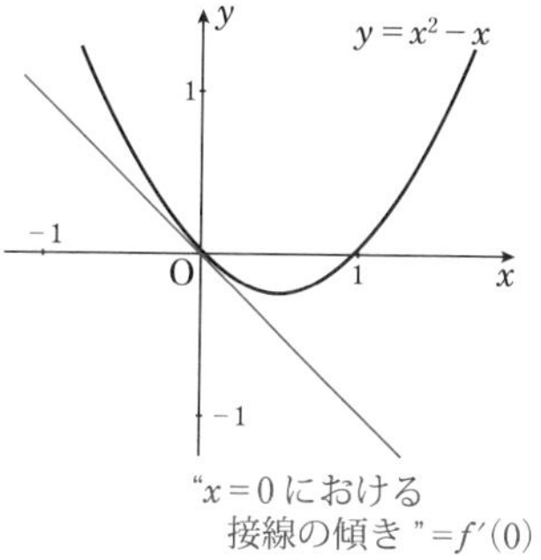

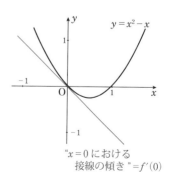

$f(x)$, $g(x)$ が微分可能なとき，次の各式が成り立つ．

❶ $(k \cdot f(x))' = k \cdot f'(x)$ （k は定数）

❷ $(f(x) \pm g(x))' = f'(x) \pm g'(x)$ （複号同順）

❸ $(f(x) \cdot g(x))' = f'(x) \cdot g(x) + f(x) \cdot g'(x)$ ［積の微分］

❹ $\left(\dfrac{1}{g(x)}\right)' = -\dfrac{g'(x)}{\{g(x)\}^2}$ （ただし $g(x) \neq 0$）   ［逆数の微分］

❺ $\left(\dfrac{f(x)}{g(x)}\right)' = \dfrac{f'(x) \cdot g(x) - f(x) \cdot g'(x)}{\{g(x)\}^2}$ （ただし $g(x) \neq 0$）   ［商の微分］

証明 ❶，❷の証明は定義式よりすぐ導ける．また，❸，❹より❺が導けるので，ここでは❸，❹の大ざっぱな証明をおこなう．

❸ $\begin{aligned}(f(x) \cdot g(x))' &= \lim_{h \to 0} \frac{f(x+h) \cdot g(x+h) - f(x) \cdot g(x)}{h}\\[2mm]
&= \lim_{h \to 0} \frac{\{f(x+h) - f(x)\}g(x+h) + \{g(x+h) - g(x)\}f(x)}{h}\\[2mm]
&= \lim_{h \to 0} \frac{f(x+h) - f(x)}{h} \cdot g(x+h) + \lim_{h \to 0} \frac{g(x+h) - g(x)}{h} \cdot f(x)\\[2mm]
&= \lim_{h \to 0} \frac{f(x+h) - f(x)}{h} \cdot \lim_{h \to 0} g(x+h) + f(x) \lim_{h \to 0} \frac{g(x+h) - g(x)}{h}\\[2mm]
&= f'(x) \cdot g(x) + f(x) \cdot g'(x)\end{aligned}$

$g(x)$ が微分可能なので $g(x)$ は連続（p.6 定理 1.1.1）

❹ $\begin{aligned}\left(\frac{1}{g(x)}\right)' &= \lim_{h \to 0} \frac{1}{h}\left\{\frac{1}{g(x+h)} - \frac{1}{g(x)}\right\}\\[2mm]
&= \lim_{h \to 0} \frac{1}{h} \cdot \frac{g(x) - g(x+h)}{g(x+h) \cdot g(x)}\\[2mm]
&= -\lim_{h \to 0} \frac{g(x+h) - g(x)}{h} \cdot \frac{1}{g(x+h) \cdot g(x)}\\[2mm]
&= -\frac{1}{g(x)} \cdot \lim_{h \to 0} \frac{g(x+h) - g(x)}{h} \cdot \lim_{h \to 0} \frac{1}{g(x+h)}\\[2mm]
&= -\frac{1}{g(x)} \cdot g'(x) \cdot \frac{1}{g(x)}\\[2mm]
&= -\frac{g'(x)}{\{g(x)\}^2}\end{aligned}$

導関数

$f'(x) = \lim_{h \to 0} \dfrac{f(x+h) - f(x)}{h}$

$g(x)$ が微分可能なので $g(x)$ は連続（p.6 定理 1.1.1）

【証明終】

$u=f(x)$, $y=g(u)$ がともに微分可能なとき，合成関数
$$y=g(f(x))$$
も微分可能であり，次式が成り立つ.

$$\frac{dy}{dx}=\frac{dy}{du}\frac{du}{dx} \quad または \quad y'=\{g(f(x))\}'=g'(u)\cdot f'(x)$$

解説　R を実数全体の集合とする.

　R から R への 2 つの関数 $u=f(x)$ と $y=g(u)$ があるとき，それを続けておこなう関数を f と g の合成関数といい，$g(f(x))$ で表す.

　この定理は，合成関数の微分は f と g のそれぞれの微分の積となっていることを示している.

【解説終】

証明　導関数の定義より次式が成立している.

$$\frac{du}{dx}=f'(x)=\lim_{h\to 0}\frac{f(x+h)-f(x)}{h}$$

$$\frac{dy}{du}=g'(u)=\lim_{k\to 0}\frac{g(u+k)-g(u)}{k}$$

$$\frac{dy}{dx}=\Big[g(f(x))\Big]'=\lim_{h\to 0}\frac{g(f(x+h))-g(f(x))}{h}$$

$\frac{dy}{du}$ の右辺と $\frac{dy}{dx}$ の右辺を見比べて，
($u=f(x)$ なので)
$u+k=f(x+h)$ だと扱いやすいと思えますね

ここで $k=f(x+h)-f(x)=f(x+h)-u$ とおくと

・$h\to 0$ とすると $k\to 0$ となる

　（関数 f は連続なので（p.6 定理 1.1.1））

・$f(x+h)=u+k$

なので，

$$\frac{dy}{dx}=\lim_{\substack{h\to 0\\(k\to 0)}}\frac{g(u+k)-g(u)}{k}\cdot\frac{k}{h}$$

$$=\lim_{k\to 0}\frac{g(u+k)-g(u)}{k}\cdot\lim_{h\to 0}\frac{f(x+h)-f(x)}{h}$$

$$=g'(u)\cdot f'(x)$$

$$=g'(f(x))\cdot f'(x)$$

【証明終】

多項式と微分

n を正の整数，$a_i\,(i = 0, 1, 2, \cdots, n)$ を実数とするとき，

$$f(x) = a_0 x^n + a_1 x^{n-1} + \cdots + a_{n-1}x + a_n$$

と表される関数を x の

多項式 または **整式**

という．

この関数の導関数を求めるために，まず次の定理を証明する．

定理 1.2.1	**定数・x^n の微分公式**
❶ $(k)' = 0$	［定数の微分］
❷ $(x^n)' = nx^{n-1}$ （n：正の整数）	［正の整数乗の微分］
❸ $(x^{-n})' = -nx^{-n-1}$ （n：正の整数）	［負の整数乗の微分］

証明

❶ $(k)' = \lim_{h \to 0} \dfrac{k - k}{h} = \lim_{h \to 0} \dfrac{0}{h} = 0$

❷ $(x^n)' = \lim_{h \to 0} \dfrac{(x + h)^n - x^n}{h}$

❶は
「定数の微分は 0」
であることを意味します

ここで，二項定理

$$(x+h)^n = {}_nC_0\, x^n + {}_nC_1\, x^{n-1}h + \cdots + {}_nC_r\, x^{n-r}h^r + \cdots + {}_nC_n h^n$$

$$\left(\text{ただし } {}_nC_r = \frac{n(n-1)\cdots(n-r+1)}{r!}, \quad {}_nC_0 = 1\right)$$

導関数
$$f'(x) = \lim_{h \to 0} \frac{f(x+h) - f(x)}{h}$$

を用いると，

$$
\begin{aligned}
(x^n)' &= \lim_{h \to 0} \frac{1}{h} \left\{ {}_nC_0\, x^n + {}_nC_1\, x^{n-1}h + \cdots + {}_nC_n h^n - x^n \right\} \quad {}_nC_0 = 1\\
&= \lim_{h \to 0} \frac{1}{h} \left(x^n + {}_nC_1\, x^{n-1}h + \cdots + {}_nC_n h^n - x^n \right)\\
&= \lim_{h \to 0} \frac{1}{h} \left({}_nC_1\, x^{n-1}h + {}_nC_2\, x^{n-2}h^2 + \cdots + {}_nC_n h^n \right)\\
&= {}_nC_1\, x^{n-1} + \lim_{h \to 0} \left({}_nC_2\, x^{n-2}h + \cdots + {}_nC_n h^{n-1} \right) \quad {}_nC_1 = n\\
&= nx^{n-1}
\end{aligned}
$$

❸ 定理 1.1.2（p.10）の逆数の微分公式**❹**より

$$(x^{-n})' = \left(\frac{1}{x^n}\right)' = -\frac{(x^n)'}{(x^n)^2}$$

$$= -\frac{n \cdot x^{n-1}}{x^{2n}} = -nx^{(n-1)-2n}$$

$$= -nx^{-n-1} \qquad \text{【証明終】}$$

逆数の微分公式（p.10の**❹**）

❹ $\left(\dfrac{1}{g}\right)' = -\dfrac{g'}{g^2}$

> 上の公式のように，関数 $f(x)$ や $g(x)$ の x を省略し f や g で略記することがあります

❸において，$m = -n$ とおくと m は負の整数で

$$(x^m)' = mx^{m-1}$$

となり**❷**と同じ形になる．このことから定理 1.2.1 を次のように公式としてまとめる．

ベキ乗 x^n の微分公式

$$(x^n)' = nx^{n-1} \qquad (n：整数)$$

> $n=0$ のときも $(x^0)' = (1)' = 0$
> $$0 \cdot x^{0-1} = 0$$
> なので成り立ちます．つまり
> 「定数の微分は 0」
> の意味も含んでいます．

このべき乗の微分公式を用いると，すべての多項式ばかりでなく，それらの分数の形である分数式（有理式）の微分も計算することができる．定理 1.1.2（p.10）の微分公式と定理 1.1.3（p.11）の合成関数の微分公式をみながら，次の例題と演習をやってみよう．

指数法則

$\dfrac{1}{x^n} = x^{-n}$ （n：正の整数）

$x^n x^m = x^{n+m}$ （m, n：整数）

$(x^m)^n = x^{mn}$ （m, n：整数）

> 指数法則は m, n が分数のときにも成り立ちます

問題3　多項式，分数関数の微分

例題

> 次の関数を微分しよう.
>
> (1)　$y = 2x^3 - x + 3$　　　(2)　$y = \dfrac{1}{x^2}$　　　(3)　$y = \dfrac{x-3}{2x+1}$

∷ 解答 ∷　基本微分公式（p.10），x^n の微分公式（p.13）を使って微分してゆく.

(1)　基本微分公式❶，❷より

$$y' = (2x^3 - x + 3)'$$
$$= 2(x^3)' - (x)' + (3)'$$

定数・x^n の微分公式を用いると

$$= 2 \cdot 3x^{3-1} - 1 + 0$$
$$= 6x^2 - 1$$

(2)　$y = \dfrac{1}{x^2} = x^{-2}$

とかけるから，x^n の微分公式を用いると

$$y' = (x^{-2})' = -2x^{-2-1} = -2x^{-3} = -\dfrac{2}{x^3}$$

分数関数として，逆数の微分公式❹を用いてもよい.

基本微分公式（p.10 の定理 1.1.2）

❶　$(k \cdot f)' = k \cdot f'$　（k：定数）

❷　$(f \pm g)' = f' \pm g'$　（複号同順）

❸　$(f \cdot g)' = f' \cdot g + f \cdot g'$

❹　$\left(\dfrac{1}{g}\right)' = -\dfrac{g'}{g^2}$

❺　$\left(\dfrac{f}{g}\right)' = \dfrac{f' \cdot g - f \cdot g'}{g^2}$

定数の微分公式

$(k)' = 0$　（k：定数）

---

x^n の微分公式

$(x^n)' = nx^{n-1}$　（n：整数）

---

(3)　分数関数なので，商の微分公式❺を用いると

$$y' = \left(\dfrac{x-3}{2x+1}\right)'$$

商の微分公式❺

$$= \dfrac{(x-3)' \cdot (2x+1) - (x-3) \cdot (2x+1)'}{(2x+1)^2}$$

$$= \dfrac{((x)' - (3)')(2x+1) - (x-3)(2 \cdot (x)' + (1)')}{(2x+1)^2}$$

定数・x^n の微分公式

$$= \dfrac{1 \cdot (2x+1) - (x-3) \cdot 2}{(2x+1)^2}$$

$$= \dfrac{2x+1-2x+6}{(2x+1)^2}$$

$$= \dfrac{7}{(2x+1)^2}$$

【解終】

(3) のように $y = \dfrac{整式}{整式}$ の形をした関数を分数関数または有理関数といいます

POINT x^n の微分公式，商の微分公式を使う

演習 3

次の関数を微分しよう．

(1)　$y = x^5 + 3x^2 - 3x + 1$　　(2)　$y = \dfrac{4}{x^5}$　　(3)　$y = \dfrac{2x+1}{1-3x^3}$

解答は p.268

解答

(1)　基本微分公式❶，❷より

$$y' = (x^5 + 3x^2 - 3x + 1)' = (\text{㋐}\square)' + 3(\text{㋑}\square)' - 3(\text{㋒}\square)' + (\text{㋓}\square)'$$

定数・x^n の微分公式を用いると

$$= \text{㋔}\square$$

(2)　指数法則を使って変形してから x^n の微分公式を用いると

$$y' = (4x^{\text{㋕}\square})' = 4(x^{\text{㋖}\square})' = \text{㋗}\square$$

【(2)の別解】　基本微分公式❶と❹より

$$y' = \left(\frac{4}{x^5}\right)' = 4\left(\frac{1}{\text{㋘}\square}\right)' = 4\left\{-\frac{(\text{㋙}\square)'}{(\text{㋚}\square)^2}\right\}$$

x^n の微分公式より

$$= \text{㋛}\square$$

指数法則

$$\frac{1}{x^n} = x^{-n}$$

$$x^n x^m = x^{n+m}$$

$$(x^m)^n = x^{mn}$$

(3)　商の微分公式❺を用いると

$$y' = \left(\frac{2x+1}{1-3x^3}\right)'$$

$$= \frac{(\text{㋜}\square)' \cdot (\text{㋝}\square) - (\text{㋞}\square) \cdot (\text{㋟}\square)'}{(\text{㋠}\square)^2}$$

$$= \text{㋡}\square$$

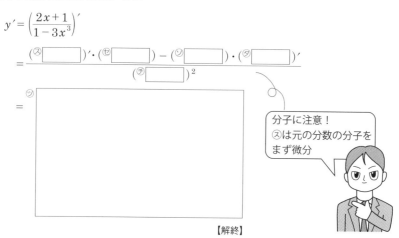

分子に注意！
㋜は元の分数の分子を
まず微分

【解終】

三角関数と微分

【1】 角について

　三角関数を定義する前に，角の大きさを表す単位に注意しよう．角の単位には次の 2 つがある．

角度 　　（degree）

弧度 　　（radian）

角度の方は普通

$$\theta°$$

という記号を用い，弧度は何もつけないか，または必要なときには

$$\theta_{\text{rad}}$$

とつける．角度と弧度の関係は

$$180° = \pi_{\text{rad}}$$

である．

　また，角には向きを定めておく．つまり x 軸の正の方向からみて

　　時計回りと逆方向を ＋

　　時計回りと同方向を −

とする．具体的には下図のようになる．

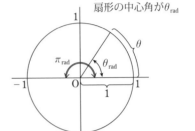

半径 1 の円において弧の長さ θ をもつ扇形の中心角が θ_{rad}

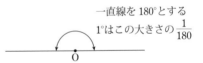

一直線を $180°$ とする $1°$ はこの大きさの $\dfrac{1}{180}$

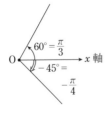

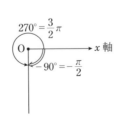

【2】 三角関数

三角関数を定義しよう.

まず原点 O を中心とし,半径 r の円を考える.その円周上に点 P をとり,点 P の座標を (x, y),OP の x 軸の正方向からの角を θ とする.このとき,角 θ の三角関数を次のように定義する.

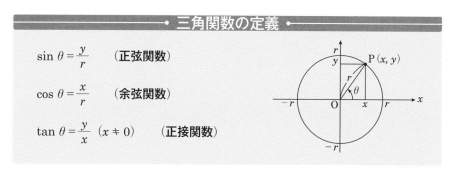

三角関数の定義

$$\sin \theta = \frac{y}{r} \quad \text{(正弦関数)}$$

$$\cos \theta = \frac{x}{r} \quad \text{(余弦関数)}$$

$$\tan \theta = \frac{y}{x} \quad (x \neq 0) \quad \text{(正接関数)}$$

解説 ある角 θ の三角関数は,x,y,r の比で定義されているので,円の半径 r はどんな値でもかまわない.θ の値が変化すれば,それにつれて x,y の値が変化し,$\sin \theta$,$\cos \theta$,$\tan \theta$ の値が定まる.

また,次の直角三角形の各辺の比を覚えておくと,三角関数の値を求めるときに便利である.

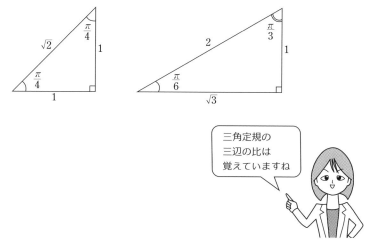

三角定規の三辺の比は覚えていますね

たとえば

$$\sin\frac{\pi}{3}=\frac{\sqrt{3}}{2}, \qquad \cos\frac{\pi}{3}=\frac{1}{2}, \qquad \tan\frac{\pi}{3}=\frac{\sqrt{3}}{1}$$

$$\sin\frac{5}{6}\pi=\frac{1}{2}, \qquad \cos\frac{5}{6}\pi=\frac{-\sqrt{3}}{2}, \qquad \tan\frac{5}{6}\pi=\frac{1}{-\sqrt{3}}$$

$$\sin\left(-\frac{\pi}{4}\right)=\frac{-1}{\sqrt{2}}, \qquad \cos\left(-\frac{\pi}{4}\right)=\frac{1}{\sqrt{2}}, \qquad \tan\left(-\frac{\pi}{4}\right)=\frac{-1}{1}$$

$$\sin\left(-\frac{3}{4}\pi\right)=\frac{-1}{\sqrt{2}}, \qquad \cos\left(-\frac{3}{4}\pi\right)=\frac{-1}{\sqrt{2}}, \qquad \tan\left(-\frac{3}{4}\pi\right)=\frac{-1}{-1}$$

となる. 三角形の各辺の「符号」に注意しよう (下図参照).

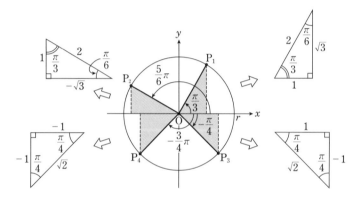

【解説終】

　ここで，通常の関数のように x を独立変数とするために，いままでの θ を x に変えて 3 つの三角関数を次のように書き直しておこう.

$$y=\sin x, \qquad y=\cos x, \qquad y=\tan x$$

$y=\sin x$, $y=\cos x$ のグラフは，それぞれ $0\leqq x<2\pi$ の範囲の曲線が繰り返し続いている. 一方, $y=\tan x$ の値は $x=\pm\dfrac{\pi}{2}$, $\pm\dfrac{3}{2}\pi$, $\cdots$ では $\pm\infty$ に発散してしまうので，そのグラフは連続とはならないが，$-\dfrac{\pi}{2}<x<\dfrac{\pi}{2}$ の範囲の曲線が繰り返し続いている (右ページグラフ参照).

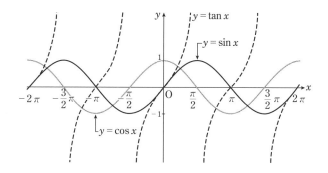

次に，微分積分でよく使われる三角関数の公式をあげておこう．

● 基本公式 ●

$$\sin^2\theta + \cos^2\theta = 1$$

$$\tan\theta = \frac{\sin\theta}{\cos\theta}$$

$$1 + \tan^2\theta = \frac{1}{\cos^2\theta}$$

● $-\theta$ の性質 ●

$$\sin(-\theta) = -\sin\theta$$

$$\cos(-\theta) = \cos\theta$$

$$\tan(-\theta) = -\tan\theta$$

● 加法定理 ●

$$\sin(\alpha \pm \beta) = \sin\alpha\cos\beta \pm \cos\alpha\sin\beta$$

$$\cos(\alpha \pm \beta) = \cos\alpha\cos\beta \mp \sin\alpha\sin\beta$$

$$\tan(\alpha \pm \beta) = \frac{\tan\alpha \pm \tan\beta}{1 \mp \tan\alpha\tan\beta}$$

（それぞれ複号同順）

● 倍角・半角の公式 ●

$$\sin 2\theta = 2\sin\theta\cos\theta, \quad \cos 2\theta = \cos^2\theta - \sin^2\theta, \quad \tan 2\theta = \frac{2\tan\theta}{1 - \tan^2\theta}$$

$$\sin^2\frac{\theta}{2} = \frac{1 - \cos\theta}{2}, \quad \cos^2\frac{\theta}{2} = \frac{1 + \cos\theta}{2}, \quad \tan^2\frac{\theta}{2} = \frac{1 - \cos\theta}{1 + \cos\theta}$$

● 和・差を積に直す公式 ●

$$\sin\alpha + \sin\beta = 2\sin\frac{\alpha + \beta}{2}\cos\frac{\alpha - \beta}{2}$$

$$\sin\alpha - \sin\beta = 2\cos\frac{\alpha + \beta}{2}\sin\frac{\alpha - \beta}{2}$$

$$\cos\alpha + \cos\beta = 2\cos\frac{\alpha + \beta}{2}\cos\frac{\alpha - \beta}{2}$$

$$\cos\alpha - \cos\beta = -2\sin\frac{\alpha + \beta}{2}\sin\frac{\alpha - \beta}{2}$$

$\sin^2 x = (\sin x)^2$
$\cos^2 x = (\cos x)^2$
$\tan^2 x = (\tan x)^2$
のことです

倍角・半角の公式，
和・差を積に直す公式は
加法定理より導けます

【3】 三角関数の微分

三角関数の微分公式を求める前に，次
の極限公式が必要になる．

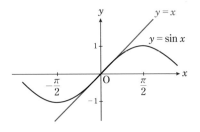

$\frac{\sin x}{x}$ の極限公式

$$\lim_{x \to 0} \frac{\sin x}{x} = 1$$

解説 $y = x$ のグラフと $y = \sin x$ のグラフを比較してみるとわかるように，
$x \to 0$ のとき $y = x$ と $y = \sin x$ とはほぼ同じ値をとりながら原点 O に近
づいていく．これが極限公式の意味である． 【解説終】

証明 まず $0 < x < \frac{\pi}{2}$ としよう．そして半径 1，中心角 x_{rad} の扇形 OAB を描く．

OB の延長上に点 C をとり，$\angle$OAC が直角となるようにする．ここで
$\triangle$OAB，扇形 OAB，$\triangle$OAC の面積を比較してみよう．すぐわかるように，面
積では

$$\triangle \mathrm{OAB} < \text{扇形 OAB} < \triangle \mathrm{OAC}$$

となる．これらを x を用いて計算すると，

$$\frac{1}{2} \cdot 1 \cdot \sin x \ < \ 1 \cdot 1 \cdot \pi \cdot \frac{x}{2\pi} \ < \ \frac{1}{2} \cdot 1 \cdot \tan x$$

となる．この式より

$$1 \ > \ \frac{\sin x}{x} \ > \ \cos x$$

となり，$\cos x \to 1 \ (x \to 0, \ x > 0)$ なので

$$\lim_{\substack{x \to 0 \\ (x > 0)}} \frac{\sin x}{x} = 1$$

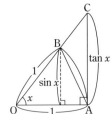

$-x$ の性質

$\sin(-x) = -\sin x$

$\cos(-x) = \cos x$

$\tan(-x) = -\tan x$

$-\frac{\pi}{2} < x < 0$ のときは，$x = -t \ (t > 0)$ とおくと

$$\lim_{\substack{x \to 0 \\ (x < 0)}} \frac{\sin x}{x} = \lim_{\substack{x \to 0 \\ (x < 0)}} \frac{\sin(-t)}{-t} = \lim_{\substack{x \to 0 \\ (x < 0)}} \frac{-\sin t}{-t} = \lim_{\substack{t \to 0 \\ (t > 0)}} \frac{\sin t}{t} = 1$$

となり，同じ結果となる．したがって，$\frac{\sin x}{x}$ の極限公式が成立する． 【証明終】

それでは三角関数の微分公式をあげよう.

● 三角関数の微分公式 ●

❶ $(\sin x)' = \cos x$

❷ $(\cos x)' = -\sin x$

❸ $(\tan x)' = \dfrac{1}{\cos^2 x}$ （$\cos x \neq 0$）

導関数

$$f'(x) = \lim_{h \to 0} \frac{f(x+h) - f(x)}{h}$$

差を積に直す公式

$$\sin\alpha - \sin\beta = 2\cos\frac{\alpha + \beta}{2}\sin\frac{\alpha - \beta}{2}$$

証明 （1） $f(x) = \sin x$ とおくと,

$$f'(x) = (\sin x)'$$

$$= \lim_{h \to 0} \frac{\sin(x+h) - \sin x}{h}$$

となるので, 三角関数の差を積に直す公式を用いると

$$= \lim_{h \to 0} \frac{2\cos\dfrac{(x+h) + x}{2}\sin\dfrac{(x+h) - x}{2}}{h}$$

$$= \lim_{h \to 0} \frac{2\cos\dfrac{2x+h}{2}\sin\dfrac{h}{2}}{h}$$

$\dfrac{\sin x}{x}$ の極限公式

$$\lim_{x \to 0} \frac{\sin x}{x} = 1$$

となる. ここで $\dfrac{\sin x}{x}$ の極限公式を用いるために変形していくと

$$= \lim_{h \to 0}\cos\left(x + \frac{h}{2}\right) \cdot \lim_{h \to 0}\frac{\sin\dfrac{h}{2}}{\dfrac{h}{2}}$$

$\dfrac{\sin x}{x}$ の極限の x を $\dfrac{h}{2}$ におきかえたもの

$$= \cos x \times 1 = \cos x$$

（2） （1）と同様に求まるので省略.

（3） 商の微分公式（定理 1.1.2 ❺）
を用いて計算してみよう.

$\cos x \neq 0$ のとき

三角関数の基本公式

$$\cos^2 x + \sin^2 x = 1$$

$$\tan x = \frac{\sin x}{\cos x}$$

商の微分公式

$$\left(\frac{f}{g}\right)' = \frac{f' \cdot g - f \cdot g'}{g^2}$$

$$(\tan x)' = \left(\frac{\sin x}{\cos x}\right)'$$

$$= \frac{(\sin x)' \cdot \cos x - \sin x \cdot (\cos x)'}{(\cos x)^2}$$

$$= \frac{\cos x \cdot \cos x - \sin x \cdot (-\sin x)}{(\cos x)^2} = \frac{\cos^2 x + \sin^2 x}{(\cos x)^2} = \frac{1}{\cos^2 x}$$

【証明終】

三角関数の微分

例題

次の関数を微分しよう.

(1) $y = \sin x + \cos x$　　(2) $y = \sin x \cdot \tan x$　　(3) $y = \dfrac{1}{\cos x}$

(4) $y = \dfrac{\cos x}{\sin x}$

⋮⋮ 解 答 ⋮⋮ 右の各公式をながめながら微分していこう.

(1) $\begin{aligned}
y' &= (\sin x + \cos x)' \\
&= (\sin x)' + (\cos x)' \\
&= \cos x - \sin x
\end{aligned}$

(2) $\begin{aligned}
y' &= (\sin x \cdot \tan x)' \\
&= (\sin x)' \cdot \tan x + \sin x \cdot (\tan x)' \\
&= \cos x \cdot \tan x + \sin x \cdot \frac{1}{\cos^2 x} \\
&= \cos x \cdot \frac{\sin x}{\cos x} + \frac{\sin x}{\cos^2 x} \\
&= \sin x + \frac{\sin x}{\cos^2 x}
\end{aligned}$

> 基本微分
> 公式❸

基本微分公式

❶ $(k \cdot f)' = k \cdot f'$ （k：定数）

❷ $(f \pm g)' = f' \pm g'$
（複号同順）

❸ $(f \cdot g)' = f' \cdot g + f \cdot g'$

❹ $\left(\dfrac{1}{g}\right)' = -\dfrac{g'}{g^2}$

❺ $\left(\dfrac{f}{g}\right)' = \dfrac{f' \cdot g - f \cdot g'}{g^2}$

(3) $\begin{aligned}
y' &= \left(\frac{1}{\cos x}\right)' \\
&= -\frac{(\cos x)'}{(\cos x)^2} = -\frac{-\sin x}{\cos^2 x} = \frac{\sin x}{\cos^2 x}
\end{aligned}$

> 基本微分
> 公式❹

三角関数の微分公式

$(\sin x)' = \cos x$

$(\cos x)' = -\sin x$

$(\tan x)' = \dfrac{1}{\cos^2 x}$

(4) $\begin{aligned}
y' &= \left(\frac{\cos x}{\sin x}\right)' \\
&= \frac{(\cos x)' \cdot \sin x - \cos x \cdot (\sin x)'}{(\sin x)^2} \\
&= \frac{(-\sin x) \cdot \sin x - \cos x \cdot (\cos x)}{\sin^2 x} \\
&= \frac{-\sin^2 x - \cos^2 x}{\sin^2 x} \\
&= -\frac{\sin^2 x + \cos^2 x}{\sin^2 x} = -\frac{1}{\sin^2 x}
\end{aligned}$

> 基本微分
> 公式❺

三角関数の微分公式

$\sin^2 x + \cos^2 x = 1$

公式は
使っていると
自然と覚えられます

【解終】

POINT 三角関数の微分公式，積・商の微分公式を使う

演習 4

次の関数を微分しよう．

(1)　$y=\cos x+\tan x$　(2)　$y=\cos x\cdot\sin x$　(3)　$y=\dfrac{1}{\sin x}$

(4)　$y=\dfrac{\cos x}{\tan x}$

解答は p.269

解答　(1)　$y'=$ ㋐ [　　　　]

(2)　$y'=$ ㋑ [　　　　]

(3)　$y'=$ ㋒ [　　　　]

(4)　$y'=\left(\dfrac{\cos x}{\tan x}\right)'$

$=\dfrac{(㋓\boxed{})'\cdot\tan x-\cos x\cdot(㋔\boxed{})'}{(㋕\boxed{})^2}$

$=\dfrac{㋖\boxed{}\cdot\tan x-\cos x\cdot ㋗\boxed{}}{㋘\boxed{}}$

$=-\dfrac{㋙\boxed{}\cdot\tan x+㋚\boxed{}}{㋘\boxed{}}$

三角関数の公式

$\cos^2 x-\sin^2 x=\cos 2x$

$\tan x=\dfrac{\sin x}{\cos x}$

分母分子に $\cos x$ をかけると

$=-\dfrac{㋛\boxed{}+1}{㋘\boxed{}\cos x}$

ここで分子の $\tan x$ を $\dfrac{\sin x}{\cos x}$ におきかえて計算すると

$=$ ㋜ [　　　　]

【解終】

三角関数を含む合成関数の微分①

例題

> (1) a を 0 でない定数とするとき，合成関数の微分公式を用いて次の式を示そう．
>   (i) $(\sin ax)' = a \cos ax$ (ii) $(\cos ax)' = -a \sin ax$
> (2) (1)の結果を使って，次の関数を微分しよう．
>   (i) $y = 3 \sin 2x + \cos 3x$ (ii) $y = \sin 4x \cdot \cos 2x$

❚❚ 解答 ❚❚ (1) $u = ax$ とおいて合成関数の微分公式を使おう．

(i) $y = \sin ax$ とおき，さらに $u = ax$ とおくと

$y = \sin u$ とかけるので

$$y' = \frac{dy}{dx} = \frac{dy}{du}\frac{du}{dx} = (\cos u) \cdot a = a \cos u$$

u をもとにもどして

$$y' = a \cos ax$$

(ii) $y = \cos ax$ とおき，さらに $u = ax$ とおくと

$y = \cos u$ とかけるので

$$y' = \frac{dy}{dx} = \frac{dy}{du}\frac{du}{dx} = (-\sin u) \cdot a = -a \sin u$$

u をもとにもどして

$$y' = -a \sin ax$$

(2) (1)の結果を使うと

(i) $y' = (3 \sin 2x + \cos 3x)'$

$\qquad = 3(\sin 2x)' + (\cos 3x)'$

$\qquad = 3 \cdot 2 \cos 2x + (-3 \sin 3x)$

$\qquad = 6 \cos 2x - 3 \sin 3x$

(ii) 積の微分公式を使って

$y' = (\sin 4x \cdot \cos 2x)'$

$\qquad = (\sin 4x)' \cdot \cos 2x + \sin 4x \cdot (\cos 2x)'$

$\qquad = 4 \cos 4x \cdot \cos 2x + \sin 4x \cdot (-2 \sin 2x)$

$\qquad = 4 \cos 4x \cdot \cos 2x - 2 \sin 4x \cdot \sin 2x$

【解終】

合成関数の微分公式

$$\frac{dy}{dx} = \frac{dy}{du}\frac{du}{dx}$$

三角関数の微分公式

$(\sin x)' = \cos x$

$(\cos x)' = -\sin x$

$(\tan x)' = \dfrac{1}{\cos^2 x}$

積の微分公式

$(f \cdot g)' = f' \cdot g + f \cdot g'$

計算結果がやや複雑ですが，これで構いません

POINT

合成関数の微分公式，三角関数の微分公式（一般化）を使う

演習 5

(1)　a を 0 でない定数とするとき，合成関数の微分公式を用いて次の式を示そう．

$$(\tan ax)' = \frac{a}{\cos^2 ax}$$

(2)　左ページの例題の(1)と上記(1)の結果を使って，次の関数を微分しよう．

(i)　$y = 2\cos 5x + \tan 2x$　　(ii)　$y = \dfrac{1}{\tan \pi x}$　　解答は p.269

解 答　(1)　$y = \tan ax$ とおき，$u = ax$ とおくと $y =$ ㋐[　　] とかけるので

$$y' = \frac{dy}{dx} = \frac{dy}{du}\frac{du}{dx} = \text{㋑}[\quad]\cdot\text{㋒}[\quad] = \text{㋓}[\quad]$$

u をもとにもどすと

$$y' = \text{㋔}[\quad]$$

(2)　左ページの例題(1)と上記(1)の結果を使うと

(i)　$y' = 2(\cos 5x)' + (\tan 2x)'$

$$= 2(\text{㋕}[\quad]) + \text{㋖}[\quad]$$

$$= \text{㋗}[\quad]$$

(ii)　逆数の微分公式を使って

$$y' = -\frac{(\tan \pi x)'}{(\tan \pi x)^2} = -\frac{\text{㋘}[\quad]}{(\tan \pi x)^2}$$

$\tan \pi x = \dfrac{\sin \pi x}{\cos \pi x}$ を使うと

$$= -\frac{\text{㋙}[\quad]}{\left(\text{㋚}[\quad]\right)^2}$$

$$= \text{㋛}[\quad]$$

【解終】

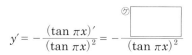

三角関数の微分公式（一般化）

❶ $(\sin ax)' = a\cos ax$

❷ $(\cos ax)' = -a\sin ax$

❸ $(\tan ax)' = \dfrac{a}{\cos^2 ax}$

得られた結果を
公式(一般化)として
まとめておきました

逆数・商の微分公式

$$\left(\frac{1}{g}\right)' = -\frac{g'}{g^2}$$

$$\left(\frac{f}{g}\right)' = \frac{f'\cdot g - f\cdot g'}{g^2}$$

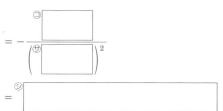

三角関数を含む合成関数の微分②

例題

次の関数を微分しよう.

(1) $y = \sin(3x+1)$ (2) $y = \tan(1+x^2)$ (3) $y = \cos^3 x$

(4) $y = \sin^2 5x$

⁑ 解 答 ⁑ 合成関数の微分公式と三角関数の微分公式（一般化）を用いる.

(1) $u = 3x+1$ とおくと $y = \sin u$ となるので

$$y' = \underbrace{(\sin u)' \cdot (3x+1)'}_{\sin u \ を \ u \ で微分する} = (\cos u) \cdot 3$$

u をもとにもどすと

$$= 3\cos(3x+1)$$

(2) $u = 1+x^2$ とおくと $y = \tan u$ となるので

$$y' = \underbrace{(\tan u)' \cdot (1+x^2)'}_{\tan u \ を \ u \ で微分する} = \left(\frac{1}{\cos^2 u}\right) \cdot 2x$$

u をもとにもどすと

$$= \frac{2x}{\cos^2(1+x^2)}$$

(3) $y = (\cos x)^3$

とかけるので $u = \cos x$ とおくと

$$y = u^3$$

$$y' = \underbrace{(u^3)' \cdot (\cos x)'}_{u^3 \ を \ u \ で微分する} = (3u^2) \cdot (-\sin x)$$

u をもとにもどして

$$= 3(\cos x)^2 \cdot (-\sin x)$$

$$= -3\cos^2 x \sin x$$

(4) $y = (\sin 5x)^2$ とかけるので $u = \sin 5x$ とおくと

$$y = u^2$$

$$y' = \underbrace{(u^2)' \cdot (\sin 5x)'}_{u^2 \ を \ u \ で微分する} = (2u) \cdot (5\cos 5x)$$

u をもとにもどして

$$= 10\sin 5x \cdot \cos 5x$$

$$= 5\sin 10x$$

【解終】

合成関数の微分公式

$y = g(u),\ u = f(x)$ のとき

$$\frac{dy}{dx} = \frac{dy}{du}\frac{du}{dx}$$

または

$$y' = g'(u) \cdot f'(x)$$

$y' = g'(u) \cdot f'(u)$
の $g'(u)$ は,
$g(u)$ を u で微分する
という意味です

三角関数の微分公式（一般化）

$(\sin ax)' = a\cos ax$

$(\cos ax)' = -a\sin ax$

$(\tan ax)' = \dfrac{a}{\cos^2 ax}$

POINT> 合成関数の微分公式と三角関数の微分公式（一般化）を使う

演習 6

次の関数を微分しよう.

(1)　$y=\cos(5x-3)$　　(2)　$y=\sin\dfrac{1}{x}$　　(3)　$y=\tan^2 x$

(4)　$y=\cos^3 2x$

解答は p.269

解答

(1)　$u=5x-3$ とおくと $y=$ ㋐☐ となるので

$y'=($㋑☐$)'\cdot(5x-3)'=($㋒☐$)\cdot$㋓☐

u をもとにもどして

$=$ ㋔☐

$\left(\dfrac{1}{x}\right)'=-\dfrac{1}{x^2}$

(2)　$u=\dfrac{1}{x}$ とおくと $y=$ ㋕☐ となるので

$(x^{-n})'=-nx^{-n-1}$

（n：自然数）

$y'=($㋖☐$)'\cdot\left(\dfrac{1}{x}\right)'=$ ㋗☐ $\cdot\left(\right.$㋘☐$\left.\right)$

u をもとにもどして

$=$ ㋙☐

(3)　$u=$ ㋚☐ とおくと $y=$ ㋛☐ となるので

$y'=($㋜☐$)'\cdot($㋝☐$)'=$ ㋞☐

u をもとにもどして

$=$ ㋟☐

(4)　$u=$ ㋠☐ とおくと $y=$ ㋡☐ となるので

$y'=$ ㋢☐

u をもとにもどすと

$=$ ㋣☐

【解終】

逆三角関数と微分

【1】 逆三角関数

ここでは §1.3 で学んだ三角関数の逆関数を考えよう.

(1) 逆正弦関数 $y = \sin^{-1} x$

はじめに, 正弦関数 $y = \sin x$ のグラフにおいて, 特に

$$-\frac{\pi}{2} \leqq x \leqq \frac{\pi}{2}$$

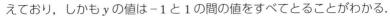

の部分に注目すると, この範囲でグラフは単調に増
えており, しかも y の値は -1 と 1 の間の値をすべてとることがわかる.

そこで, この範囲で $y = \sin x$ の "逆の対応" を考えよう. $y = \sin x$ は変数
x に対し y の値は $\sin x$ で決めていた. つまり

$$\left[-\frac{\pi}{2}, \frac{\pi}{2} \right] \xrightarrow{\ y = \sin x\ } [-1, 1]$$
$$x \longmapsto y = \sin x$$

とかける. 今度は $[-1, 1]$ の方から先に y の値をとり, それに対して $y = \sin x$ で
決まる x の値 $\left(-\frac{\pi}{2} \leqq x \leqq \frac{\pi}{2} \right)$ を対応させ, この x を $\sin^{-1} y$ とかく. つまり

$$[-1, 1] \longrightarrow \left[-\frac{\pi}{2}, \frac{\pi}{2} \right]$$
$$y \longmapsto x = \sin^{-1} y$$

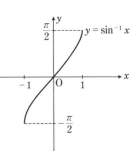

ということになる. ここで x と y とを入れかえると

$$y = \sin^{-1} x$$

となる. この関数を**逆正弦関数**といい, "$y =$ **アー
クサイン** x" と読む.

(p.31 の [注意] の arcsin も参照.)

たとえば　　$\sin^{-1} 1 = \frac{\pi}{2}$, 　$\sin^{-1} \frac{1}{\sqrt{2}} = \frac{\pi}{4}$, 　$\sin^{-1} \left(-\frac{\sqrt{3}}{2} \right) = -\frac{\pi}{3}$

(2) 逆余弦関数 $y = \cos^{-1}x$

今度は余弦関数 $y = \cos x$ のグラフの

$$0 \leqq x \leqq \pi$$

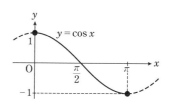

の部分に注目してほしい．この範囲でグラフ
は単調に減少し，しかも y の値は -1 と 1 の間
をすべてとっている．

そこで，この範囲で $y = \cos x$ の"逆の対応"を考えよう．$y = \cos x$ は

$$[0, \pi] \xrightarrow{\ y = \cos x\ } [-1, 1]$$
$$x \longmapsto y = \cos x$$

という対応なので，今度は $[-1, 1]$ の方から先に y の値をとり，それに対して
$y = \cos x$ で決まる x の値 $(0 \leqq x \leqq \pi)$ を対応させ，その x を $\cos^{-1}y$ とかくこと
にする．つまり

$$[-1, 1] \longrightarrow [0, \pi]$$
$$y \longmapsto x = \cos^{-1}y$$

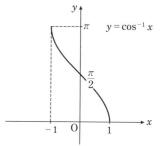

となる．x と y を入れかえると，

$$y = \cos^{-1}x$$

となる．この関数を**逆余弦関数**といい，
"$y = $ **アークコサイン** x" と読む．

たとえば

$$\cos^{-1}0 = \frac{\pi}{2}$$

$$\cos^{-1}\frac{\sqrt{3}}{2} = \frac{\pi}{6}$$

$$\cos^{-1}\left(-\frac{1}{2}\right) = \frac{2}{3}\pi$$

一般に
関数の逆の対応を
逆関数といいます

【$y = \sin^{-1}x$ のグラフと $y = \cos^{-1}x$ のグラフについて】

$y = \cos^{-1}x$ を次のように変形する．

$$x = \cos y = \sin\left(\frac{\pi}{2} - y\right)$$

$$\frac{\pi}{2} - y = \sin^{-1}x$$

$$\cos\theta = \sin\left(\frac{\pi}{2} - \theta\right)$$

より

$$y = -\sin^{-1}x + \frac{\pi}{2}$$

となる．つまり，右の図のように，
$y = \cos^{-1}x$ のグラフは，$y = \sin^{-1}x$ のグラフを
x 軸に関して対称移動して，さらに y 軸方向に
$\frac{\pi}{2}$ だけ平行移動したものである．

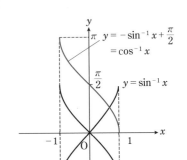

> **$y = f(x)$ のグラフを
> x 軸に関して対称移動すると，**
> $y = -f(x)$

> **$y = f(x)$ のグラフの平行移動**
> $y = f(x)$ のグラフを x 軸方向に p，
> y 軸方向に q だけ平行移動したグラフ
> の方程式は
> $$y - q = f(x - p)$$
> これは $y = f(x)$ を
> $$x \to x - p, \quad y \to y - q$$
> と書きかえたものである．

(3) 逆正接関数 $y = \tan^{-1}x$

最後に正接関数 $y = \tan x$ のグラフの

$$-\frac{\pi}{2} < x < \frac{\pi}{2}$$

の部分に注目しよう．この範囲でグラフ
は単調に増加し，しかも y の値は $-\infty$ か
ら ∞ のすべての実数値をとる．

そこで，この範囲で $y = \tan x$ の"逆
の対応"を考えることにしよう．

$y = \tan x$ は

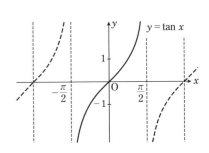

$$\left(-\frac{\pi}{2}, \frac{\pi}{2}\right) \xrightarrow{\ y = \tan x\ } (-\infty, \infty)$$

$$x \longmapsto y = \tan x$$

という対応なので，今度は $(-\infty, \infty)$ の方から先に y の値をとり，それに対して
$y = \tan x$ で決まる x の値 $\left(-\frac{\pi}{2} < x < \frac{\pi}{2}\right)$ を対応させ，その x を $\tan^{-1}y$ とかく．

つまり

$$(-\infty, \infty) \longrightarrow \left(-\frac{\pi}{2}, \frac{\pi}{2}\right)$$

$$y \longmapsto x = \tan^{-1} y$$

となる. x と y を入れかえて,

$$y = \tan^{-1} x$$

と表す. この関数を**逆正接関数**といい,
"$y =$ **アークタンジェント x**" と読む.

たとえば $\tan^{-1} 1 = \dfrac{\pi}{4}$, $\tan^{-1}\sqrt{3} = \dfrac{\pi}{3}$, $\tan^{-1}\left(-\dfrac{1}{\sqrt{3}}\right) = -\dfrac{\pi}{6}$

以上をまとめると次のようになる.

● 逆三角関数の定義 ●

$y = \sin^{-1} x$ （逆正弦関数） $\iff$ $\sin y = x$ $\left(-\dfrac{\pi}{2} \leqq y \leqq \dfrac{\pi}{2}\right)$

$y = \cos^{-1} x$ （逆余弦関数） $\iff$ $\cos y = x$ $\left(0 \leqq y \leqq \pi\right)$

$y = \tan^{-1} x$ （逆正接関数） $\iff$ $\tan y = x$ $\left(-\dfrac{\pi}{2} < y < \dfrac{\pi}{2}\right)$

[**注意**] 逆三角関数を上記 ( ) にある y の制限をはずして多価関数（2 つ以上の
値をとる関数）として定義する場合もある. このとき, 上記 y の制限をつけた逆
三角関数の値を**主値**とよぶ.

また, 逆三角関数の記号は, 逆数を意味する "-1 乗" と間違えやすいので,
次の表記を用いる本もある. とまどわないように両方覚えておこう.

$$y = \sin^{-1} x = \arcsin x$$

$$y = \cos^{-1} x = \arccos x$$

$$y = \tan^{-1} x = \arctan x \qquad 【注意終】$$

この "-1" は "逆関数" の
意味です

間違えないよう
注意して下さい.

$$\sin^{-1} x \neq \frac{1}{\sin x}$$

$$\cos^{-1} x \neq \frac{1}{\cos x}$$

$$\tan^{-1} x \neq \frac{1}{\tan x}$$

問題 7　逆三角関数の値

例題

次の逆三角関数の値を求めてみよう.

(1)　$\sin^{-1}\dfrac{1}{2}$　　　(2)　$\cos^{-1}\left(-\dfrac{\sqrt{3}}{2}\right)$　　　(3)　$\tan^{-1}1$

::解答::　逆三角関数の定義をしっかり確認して値を求めよう. 三角関数の値を求めるときと同様に, 図をかくと助けになる.

(1)　$y=\sin^{-1}\dfrac{1}{2}$ とおくと

$$\sin y=\dfrac{1}{2}\quad\left(-\dfrac{\pi}{2}\leqq y\leqq\dfrac{\pi}{2}\right)$$

このような y を求めると $y=\dfrac{\pi}{6}$（右図）.

$$\therefore\quad \sin^{-1}\dfrac{1}{2}=\dfrac{\pi}{6}$$

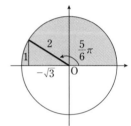

(2)　$y=\cos^{-1}\left(-\dfrac{\sqrt{3}}{2}\right)$ とおくと

$$\cos y=-\dfrac{\sqrt{3}}{2}\quad(0\leqq y\leqq\pi)$$

範囲に気をつけてこのような y を求めると $y=\dfrac{5}{6}\pi$（右図）.

$$\therefore\quad \cos^{-1}\left(-\dfrac{\sqrt{3}}{2}\right)=\dfrac{5}{6}\pi$$

(3)　$y=\tan^{-1}1$ とおくと

$$\tan y=1\quad\left(-\dfrac{\pi}{2}<y<\dfrac{\pi}{2}\right)$$

この式をみたす y は $\dfrac{\pi}{4}$（右図）なので

$$\tan^{-1}1=\dfrac{\pi}{4}$$

【解終】

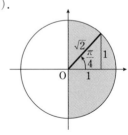

逆三角関数の定義
$y=\sin^{-1}x\ \Leftrightarrow\ \sin y=x\quad\left(-\dfrac{\pi}{2}\leqq y\leqq\dfrac{\pi}{2}\right)$
$y=\cos^{-1}x\ \Leftrightarrow\ \cos y=x\quad(0\leqq y\leqq\pi)$
$y=\tan^{-1}x\ \Leftrightarrow\ \tan y=x\quad\left(-\dfrac{\pi}{2}<y<\dfrac{\pi}{2}\right)$

POINT 逆三角関数の定義を用いて円を描いて求めよう

演習 7

次の逆三角関数の値を求めてみよう.

(1)　$\sin^{-1}\left(-\frac{\sqrt{3}}{2}\right)$　　(2)　$\cos^{-1}0$　　(3)　$\tan^{-1}\left(-\frac{1}{\sqrt{3}}\right)$

解答は p.269

解答　(1)　$y=\sin^{-1}\left(-\frac{\sqrt{3}}{2}\right)$ とおくと

$\sin y=$ ㋐ □　（㋑ □ $\leqq y \leqq$ ㋒ □）

これをみたす y を求めると $y=$ ㋓ □ （図㋔）なので

$\sin^{-1}\left(-\frac{\sqrt{3}}{2}\right)=$ ㋕ □

㋔

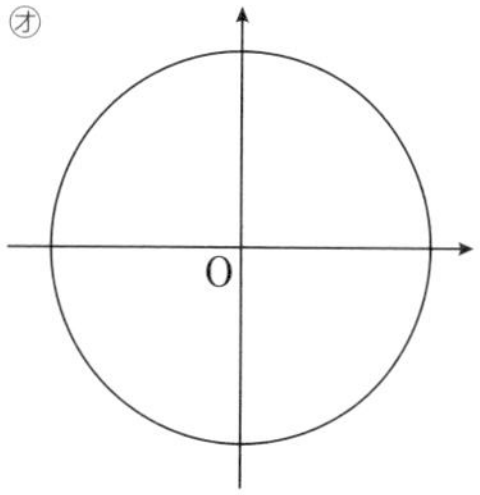

(2)　$y=\cos^{-1}0$ とおくと

㋖ □ $=0$　（㋗ □ $\leqq y \leqq$ ㋘ □）

これをみたす y は ㋙ □ （図㋚）なので

$\cos^{-1}0=$ ㋛ □

㋚

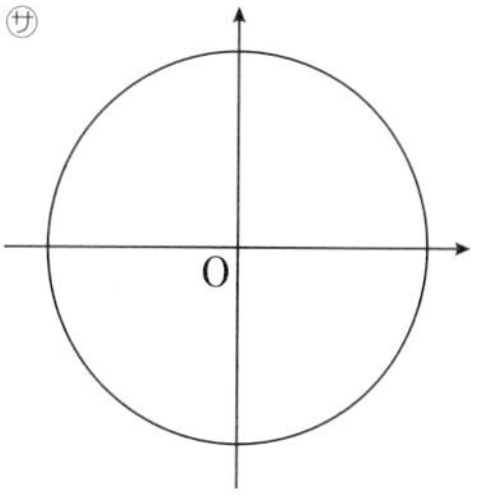

(3)　$y=\tan^{-1}\left(-\frac{1}{\sqrt{3}}\right)$ とおくと図㋝を利用して

㋜ □

$\tan^{-1}\left(-\frac{1}{\sqrt{3}}\right)=$ ㋞ □　　【解終】

㋝

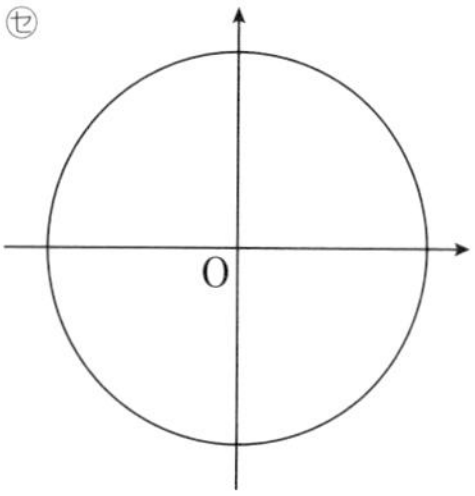

慣れてきたら
いちいち y とおかないで
求めてみましょう

【2】 逆三角関数の微分

それでは，逆三角関数の微分公式を導こう．

● 逆三角関数の微分公式 ●

❶ $(\sin^{-1}x)' = \dfrac{1}{\sqrt{1-x^2}}$ ❷ $(\cos^{-1}x)' = -\dfrac{1}{\sqrt{1-x^2}}$ ❸ $(\tan^{-1}x)' = \dfrac{1}{1+x^2}$

$(-1 < x < 1)$ $(-1 < x < 1)$

| 証明 |

いずれも逆三角関数の定義にもどって計算していく．

合成関数の微分公式
$$\frac{dy}{dx} = \frac{dy}{du}\frac{du}{dx}$$

❶ $y = \sin^{-1}x$ とおくと，逆三角関数の定義より

$$\sin y = x \quad \left(-\frac{\pi}{2} \leqq y \leqq \frac{\pi}{2}\right)$$

$\sin x$ の微分
$$(\sin x)' = \cos x$$

となる．この両辺を x で微分すると

$$\frac{d}{dx}(\sin y) = 1$$

左辺はこのままでは微分できないので
合成関数の微分公式を用いて

$$\frac{d}{dy}(\sin y)\frac{dy}{dx} = 1$$

$$\cos y\frac{dy}{dx} = 1$$

$$\therefore \quad \frac{dy}{dx} = \frac{1}{\cos y} \quad (ただし，\cos y \neq 0)$$

$\dfrac{df}{dx} = \dfrac{d}{dx}f$: "f を x で微分せよ！"

$\dfrac{dg}{dy} = \dfrac{d}{dy}g$: "g を y で微分せよ！"

ですね

これで一応 $y' = (\sin^{-1}x)'$ の微分ができたのだが，これを x で表示するために

さらに変形しよう．三角関数の基本公式より，$-\dfrac{\pi}{2} \leqq y \leqq \dfrac{\pi}{2}$ に注意すると

$\cos y \geqq 0$ だから

三角関数の基本公式
$$\sin^2x + \cos^2x = 1$$

$$\cos y = \sqrt{1 - \sin^2 y}$$

なので

$$\frac{dy}{dx} = \frac{1}{\sqrt{1-\sin^2 y}} = \frac{1}{\sqrt{1-x^2}} \quad (ただし，x \neq \pm 1)$$

したがって，次式が導ける.

$$(\sin^{-1}x)' = \frac{1}{\sqrt{1-x^2}} \qquad (-1 < x < 1)$$

❷ $y = \cos^{-1}x$ とおいて，❶と全く同様に導ける.

❸ $y = \tan^{-1}x$ とおくと，逆関数の定義より

$$\tan y = x$$

この両辺を x で微分すると

$$\frac{d}{dx}(\tan y) = 1$$

tan x の微分
$(\tan x)' = \dfrac{1}{\cos^2 x}$

左辺を合成関数の微分公式を用いて微分してゆくと

$$\frac{d}{dy}(\tan y)\frac{dy}{dx} = 1$$

$$\therefore \quad \frac{1}{\cos^2 y}\frac{dy}{dx} = 1$$

$$\therefore \quad \frac{dy}{dx} = \cos^2 y$$

右辺を x で表示するために，さらに変形してゆく.

三角関数の基本公式より

$$\cos^2 y = \frac{1}{1+\tan^2 y}$$

三角関数の基本公式
$1 + \tan^2 x = \dfrac{1}{\cos^2 x}$

となるので

$$\frac{dy}{dx} = \frac{1}{1+\tan^2 y} = \frac{1}{1+x^2}$$

したがって次式が導ける.

$$(\tan^{-1}x)' = \frac{1}{1+x^2}$$

【証明終】

逆三角関数の微分の公式を
しっかり覚えましょう

逆三角関数の微分

例題

次の関数を微分しよう.

(1) $y = \sin^{-1}x - \cos^{-1}x$ (2) $y = \dfrac{1}{\tan^{-1}x}$ (3) $y = x\tan^{-1}x$

●● **解答** ●●　逆三角関数の微分公式をみながら微分すれば簡単に求まる.

(1) $\begin{aligned}[t] y' &= (\sin^{-1}x - \cos^{-1}x)' \\ &= (\sin^{-1}x)' - (\cos^{-1}x)' \\ &= \frac{1}{\sqrt{1-x^2}} - \left(-\frac{1}{\sqrt{1-x^2}}\right) \\ &= \frac{2}{\sqrt{1-x^2}} \end{aligned}$

基本微分公式
$(f \pm g)' = f' \pm g'$
$(f \cdot g)' = f' \cdot g + f \cdot g'$
$\left(\dfrac{1}{g}\right)' = -\dfrac{g'}{g^2}$
$\left(\dfrac{f}{g}\right)' = \dfrac{f' \cdot g - f \cdot g'}{g^2}$

(2) $\begin{aligned}[t] y' &= \left(\frac{1}{\tan^{-1}x}\right)' \\ &= -\frac{(\tan^{-1}x)'}{(\tan^{-1}x)^2} \\ &= -\frac{\dfrac{1}{1+x^2}}{(\tan^{-1}x)^2} \\ &= -\frac{1}{(1+x^2)(\tan^{-1}x)^2} \end{aligned}$

逆数の微分

逆三角関数の微分公式
$(\sin^{-1}x)' = \dfrac{1}{\sqrt{1-x^2}}$
$(\cos^{-1}x)' = -\dfrac{1}{\sqrt{1-x^2}}$
$(\tan^{-1}x)' = \dfrac{1}{1+x^2}$

(3) $\begin{aligned}[t] y' &= (x\tan^{-1}x)' \\ &= x' \cdot \tan^{-1}x + x \cdot (\tan^{-1}x)' \\ &= 1 \cdot \tan^{-1}x + x \cdot \frac{1}{1+x^2} \\ &= \tan^{-1}x + \frac{x}{1+x^2} \end{aligned}$

【解終】

逆三角関数には
このような関係式も
成立します

$\sin^{-1}x + \cos^{-1}x = \dfrac{\pi}{2}$　$(-1 \leqq x \leqq 1)$

$\sin^{-1}x = \cos^{-1}\sqrt{1-x^2}$　$(0 \leqq x \leqq 1)$

POINT 逆三角関数の微分公式を使う

演習 8

次の関数を微分しよう．

（1）　$y=\tan x+\tan^{-1}x$　　（2）　$y=\sin^{-1}x\cdot\cos^{-1}x$　　（3）　$y=\dfrac{x^2}{\sin^{-1}x}$

解答は p.270

解 答

（1）　$y'=$ ㋐

三角関数の微分公式

$(\sin x)'=\cos x$

$(\cos x)'=-\sin x$

$(\tan x)'=\dfrac{1}{\cos^2 x}$

逆三角関数の微分公式

$(\sin^{-1}x)'=\dfrac{1}{\sqrt{1-x^2}}$

$(\cos^{-1}x)'=-\dfrac{1}{\sqrt{1-x^2}}$

$(\tan^{-1}x)'=\dfrac{1}{1+x^2}$

（2）　$y'=$ ㋑

（3）　$y'=$ ㋒

うっかり
$(\sin^{-1}x)^2=\sin^{-2}x$
としてはダメですよ

【解終】

例題

次の関数を微分しよう.

(1)　$y = \sin^{-1} 3x$　　(2)　$y = \tan^{-1} \dfrac{1}{x}$　　(3)　$y = \dfrac{1}{\cos^{-1} 2x}$

◦◦ 解答 ◦◦　これらは合成関数の微分法を用いて計算すればよい.

(1)　$u = 3x$ とおくと $y = \sin^{-1} u$ となるので

$$\frac{dy}{dx} = \frac{dy}{du}\frac{du}{dx} = \underline{(\sin^{-1} u)'} \cdot (3x)'$$

$$= \frac{1}{\sqrt{1-u^2}} \cdot 3 \qquad \sin^{-1} u \text{ を } u \text{ で微分する}$$

u をもとにもどすと

$$= \frac{3}{\sqrt{1-(3x)^2}} = \frac{3}{\sqrt{1-9x^2}}$$

> **逆三角関数の微分公式**
>
> $(\sin^{-1} x)' = \dfrac{1}{\sqrt{1-x^2}}$
>
> $(\cos^{-1} x)' = -\dfrac{1}{\sqrt{1-x^2}}$
>
> $(\tan^{-1} x)' = \dfrac{1}{1+x^2}$

(2)　$u = \dfrac{1}{x}$ とおくと $y = \tan^{-1} u$ だから

$$y' = \underline{(\tan^{-1} u)'} \cdot \left(\frac{1}{x}\right)' = \frac{1}{1+u^2} \cdot \left(-\frac{1}{x^2}\right)$$

$$\tan^{-1} u \text{ を } u \text{ で微分する}$$

u をもとにもどして計算すると

$$= \frac{1}{1+\left(\dfrac{1}{x}\right)^2}\left(-\frac{1}{x^2}\right) = \frac{-1}{x^2+1}$$

> **合成関数の微分公式**
>
> $$\frac{dy}{dx} = \frac{dy}{du}\frac{du}{dx}$$
>
> または
>
> $$y' = f'(u) \cdot u'$$

うっかり $\dfrac{1}{\cos^{-1} u} = \cos u$ としないよう注意しましょう!

(3)　$u = 2x$ とおくと $y = \dfrac{1}{\cos^{-1} u}$ より

$$\frac{dy}{dx} = \frac{d}{du}\left(\frac{1}{\cos^{-1} u}\right)\frac{du}{dx} = -\frac{1}{(\cos^{-1} u)^2} \cdot \underline{(\cos^{-1} u)'} \cdot (2x)'$$

$$\cos^{-1} u \text{ を } u \text{ で微分する}$$

$$= -\frac{1}{(\cos^{-1} u)^2} \cdot \underline{\left(-\frac{1}{\sqrt{1-u^2}}\right)} \cdot 2$$

$$= \frac{2}{(\cos^{-1} u)^2 \sqrt{1-u^2}} = \frac{2}{(\cos^{-1} 2x)^2 \sqrt{1-(2x)^2}}$$

$$= \frac{2}{(\cos^{-1} 2x)^2 \sqrt{1-4x^2}}$$

【解終】

> **積・商の微分公式**
>
> $(f \cdot g)' = f' \cdot g + f \cdot g'$
>
> $\left(\dfrac{1}{g}\right)' = -\dfrac{g'}{g^2}$
>
> $\left(\dfrac{f}{g}\right)' = \dfrac{f' \cdot g - f \cdot g'}{g^2}$

POINT 逆三角関数の微分公式（一般化）を参考にする

演習 9

次の関数を微分しよう.

(1)　$y=\cos^{-1}(3-2x)$　　(2)　$y=(1+x^2)\tan^{-1}5x$　(3)　$y=\sin^{-1}(\cos x)$

解答は p.270

解答　ゆっくり計算していこう.

(1)　$u=3-2x$ とおくと $y=\cos^{-1}u$ となるので

$y'=(\cos^{-1}u)'\cdot($㋐□$)'$

$=$ ㋑□ $\cdot(-2)$

$=$ ㋒□

逆三角関数の微分公式（一般化）

0 でない定数 a に対し,

$(\sin^{-1}ax)'=\dfrac{a}{\sqrt{1-a^2x^2}}$

$(\cos^{-1}ax)'=-\dfrac{a}{\sqrt{1-a^2x^2}}$

$(\tan^{-1}ax)'=\dfrac{a}{1+a^2x^2}$

(2)　積の微分に注意して

$y'=($㋓□$)'\cdot\tan^{-1}5x+($㋔□$)\cdot(\tan^{-1}5x)'$

ここで $(\tan^{-1}5x)'$ について, $u=5x$ とおくと

$(\tan^{-1}5x)'=(\tan^{-1}u)'\cdot($㋕□$)'$

$=\dfrac{1}{\text{㋖□}}\cdot$ ㋗□ $=\dfrac{5}{1+(\text{㋘□})^2}$

$=$ ㋙□

一般的に
上の公式が
成立します

したがって

$y'=$ ㋚□ $\cdot\tan^{-1}5x+($㋛□$)\cdot$ ㋙□ $=$ ㋜□

(3)　$u=\cos x$ とおくと $y=$ ㋝□ となるから

$y'=($㋞□$)'\cdot(\cos x)'$

$=$ ㋟□ $\cdot($㋠□$)=\dfrac{-\sin x}{\sqrt{1-\text{㋡□}}}$

$\sqrt{a^2}=\begin{cases} a & (a\geqq 0) \\ -a & (a<0) \end{cases}$

$=|a|$

$\sin^2x+\cos^2x=1$ より $1-\cos^2x=\sin^2x$ なので

$=\dfrac{-\sin x}{\sqrt{\text{㋢□}}}=$ ㋣□

【解終】

指数関数と微分

まず指数関数を定義しよう.

a を正で 1 と異なる定数とする. このとき

$$y = a^x$$

を

a を底とする**指数関数**

という.

$y = a^x$ のグラフは右図のように

　　　$a > 1$ のときは単調に増加

　　　$0 < a < 1$ のときは単調に減少

となっている.

次に重要な指数関数 $y = e^x$ を定義しよう.

$y = 2^x$ と $y = 3^x$ のグラフの $x = 0$ における接線に注目(下図)すると

　　　$y = 2^x$ の $x = 0$ における接線の傾きは "1 より小"

　　　$y = 3^x$ の $x = 0$ における接線の傾きは "1 より大"

であることに気づく. このことより, $x = 0$ における接線の傾きが 1 となる指数関数の底 a が 2 と 3 の間に存在しそうである. このような実数は実際に存在し, 次のように特別な数 "e" として導入する.

　　　$x = 0$ における接線の傾きが 1 となる特別な指数関数を $y = e^x$ とする.

微分係数の定義を用いると, e とは次の性質をもった数である.

$$\lim_{x \to 0} \frac{e^x - 1}{x} = 1$$

$x \fallingdotseq 0$ のとき, $\dfrac{e^x - 1}{x} \fallingdotseq 1$ であるが,

$$e^x - 1 \fallingdotseq x$$
$$e^x \fallingdotseq 1 + x$$
$$e \fallingdotseq (1 + x)^{\frac{1}{x}}$$

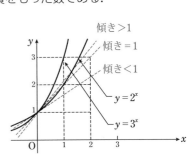

と変形できる．この式より，e は

$$e = \lim_{x \to 0} (1 + x)^{\frac{1}{x}}$$

と表される数であることがわかる．

　極限公式と指数法則をまとめておこう．

● e に関する重要極限公式 ●

$$\lim_{x \to 0} \frac{e^x - 1}{x} = 1$$

$$\lim_{x \to 0} (1 + x)^{\frac{1}{x}} = e$$

● 指数法則 ●

任意の実数 x, y に対して次式が成立する．

$$a^x a^y = a^{x+y}$$
$$(a^x)^y = a^{xy} \qquad \begin{pmatrix} a > 0 \\ b > 0 \end{pmatrix}$$
$$(ab)^x = a^x b^x$$

　ここでは $y = e^x$ の微分公式のみあげておく．一般的な指数関数 $y = a^x$ に関しては，後の対数微分法で扱う．

● e^x の微分公式 ●

$$(e^x)' = e^x$$

証明　$f(x) = e^x$ とおくと導関数の定義より

$$f'(x) = \lim_{h \to 0} \frac{f(x+h) - f(x)}{h} = \lim_{h \to 0} \frac{e^{x+h} - e^x}{h}$$

指数法則を用いて変形していくと

$$= \lim_{h \to 0} \frac{e^x e^h - e^x}{h} = \lim_{h \to 0} \frac{e^x(e^h - 1)}{h}$$

$$= e^x \lim_{h \to 0} \frac{e^h - 1}{h}$$

ここで，e に関する重要極限公式を用いると

$$= e^x \cdot 1 = e^x$$

となる．　　　　　　　　　　　　　　　【証明終】

導関数

$$f'(x) = \lim_{h \to 0} \frac{f(x+h) - f(x)}{h}$$

$e = 2.7182\cdots$ は，今後も何度も登場する重要な数です．
実は 無理数 であることが，わかっています．

問題 10　指数関数を含むいろいろな微分

例題

次の関数を微分しよう.

(1)　$y = e^x \cos x$　　(2)　$y = \dfrac{x}{e^x}$　　(3)　$y = e^{2x}$　　(4)　$y = e^{\sin x}$

:: 解 答 ::　(1)　積の微分公式を用いて

$$y' = (e^x \cos x)' = (e^x)' \cdot \cos x + (e^x) \cdot (\cos x)'$$
$$= e^x \cos x + e^x(-\sin x)$$
$$= e^x(\cos x - \sin x)$$

(2)　商の微分公式を用いて

$$y' = \left(\frac{x}{e^x}\right)' = \frac{(x)' \cdot e^x - x \cdot (e^x)'}{(e^x)^2}$$
$$= \frac{1 \cdot e^x - x \cdot e^x}{(e^x)^2} = \frac{e^x(1-x)}{(e^x)^2} = \frac{1-x}{e^x}$$

$[\, y = xe^{-x}\,$ として積の微分公式を用いてもよい. $]$

(3)　合成関数の微分公式を用いて, $u = 2x$ とおくと $y = e^u$ であるから

$$y' = \underline{(e^u)'} \cdot (2x)' = e^u \cdot 2 = 2e^u$$

e^u を u で微分している

u をもとにもどすと

$$= 2e^{2x}$$

(4)　(3)と同様に $u = \sin x$ とおくと $y = e^u$ となるので

$$y' = \underline{(e^u)'}(\sin x)' = e^u \cdot \cos x$$

e^u を u で微分している

u をもとにもどすと

$$= e^{\sin x} \cdot \cos x$$

【解終】

---

e^x の微分公式

$$(e^x)' = e^x$$

積, 商の微分公式

$$(f \cdot g)' = f' \cdot g + f \cdot g'$$
$$\left(\frac{f}{g}\right)' = \frac{f' \cdot g - f \cdot g'}{g^2}$$

合成関数の微分公式

$$y' = f'(u) \cdot u'$$

三角関数の微分公式

$$(\sin x)' = \cos x$$
$$(\cos x)' = -\sin x$$
$$(\tan x)' = \frac{1}{\cos^2 x}$$

● e^{ax} の微分公式 ●

$$(e^{ax})' = ae^{ax}$$

(3)を一般化して
公式にしておきます

POINT ▷ e^x の微分公式，積・商の微分公式，合成関数の微分公式を使う

演習 10

次の関数を微分しよう．

(1)　$y=(2x-1)e^x$　(2)　$y=\dfrac{e^x}{\sin x}$　(3)　$y=e^{x^2-3x+1}$　(4)　$y=\tan(e^x)$

解答は p.270

解答　(1)　積の微分公式を用いて

$y'=$ ㋐ □

(2)　商の微分公式を使うと

$y'=$ ㋑ □

(3)　合成関数の微分公式を用いる．

$u=x^2-3x+1$ とおくと $y=$ ㋒ □ であるから

$y'=$ ㋓ □

u をもとにもどすと

$=$ ㋔ □

(4)　(3)と同様に $u=e^x$ とおくと $y=$ ㋕ □ であるから

$y'=$ ㋖ □

u をもとにもどして

$=$ ㋗ □

【解終】

対数関数と微分

指数関数 $y = a^x \, (a > 0, \ a \neq 1)$ の逆の対応を考えよう.

指数関数は

$$(-\infty, \infty) \xrightarrow{\ y = a^x\ } (0, \infty)$$
$$x \longmapsto y = a^x$$

という対応であるから,今度は先に $(0, \infty)$ より y をとる.その y に対応してい
た x のことを $\log_a y$ とかき

$$(0, \infty) \longrightarrow (-\infty, \infty)$$
$$y \longmapsto x = \log_a y$$

という対応を考える. x と y を入れかえて

$$y = \log_a x$$

を

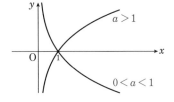

$$a \text{ を底とする}\textbf{対数関数}$$

という.このグラフは右上図のようになる.

特に,e を底とする対数関数を "自然対数" と
いい,数学では底を省略して

$$y = \log x$$

とかくことが多い.

指数法則から次の性質を導くことができる.

"e" は歴史的に
対数から導入されたので
自然対数の底とよばれます

● 対数法則 ●	● 特殊値 ●
$a > 0, \ a \neq 1, \ x > 0, \ y > 0$ に対し $\log_a(xy) = \log_a x + \log_a y$ $\log_a x^y = y \log_a x \quad \left(\text{特に } \log_a \dfrac{1}{x} = -\log_a x\right)$ $\log_y x = \dfrac{\log_c x}{\log_c y} \quad (y \neq 1, \ c > 0, \ c \neq 1)$	$\log_a a = 1$ $\log_a 1 = 0$ $\log e = 1$ $\log 1 = 0$

対数関数の微分について，次の公式が成立する．

対数関数の微分公式

❶ $(\log x)' = \dfrac{1}{x}$ $(x > 0)$ ❷ $(\log |x|)' = \dfrac{1}{x}$ $(x \neq 0)$

証明

❶ $f(x) = \log x$ とおいて定義に従って微分する．

$$f'(x) = \lim_{h \to 0} \frac{f(x+h) - f(x)}{h} = \lim_{h \to 0} \frac{\log(x+h) - \log x}{h}$$

ここで対数法則を使うと

$$= \lim_{h \to 0} \frac{\log \dfrac{x+h}{x}}{h} = \lim_{h \to 0} \frac{1}{h} \log\left(1 + \frac{h}{x}\right)$$

$$= \lim_{h \to 0} \log\left(1 + \frac{h}{x}\right)^{\frac{1}{h}}$$

e に関する重要極限公式

$$\lim_{h \to 0} (1+h)^{\frac{1}{h}} = e$$

e に関する重要極限公式を用いるためにさらに変形してゆくと

$$= \lim_{h \to 0} \log\left\{\left(1 + \frac{h}{x}\right)^{\frac{x}{h}}\right\}^{\frac{1}{x}}$$

$$= \lim_{h \to 0} \frac{1}{x} \log\left(1 + \frac{h}{x}\right)^{\frac{x}{h}} = \frac{1}{x} \lim_{h \to 0} \log\left(1 + \frac{h}{x}\right)^{\frac{1}{\frac{h}{x}}}$$

ここで e に関する重要極限公式を用いると，$h \to 0$ のとき $\dfrac{h}{x} \to 0$ より

$$= \frac{1}{x} \log e = \frac{1}{x} \cdot 1 = \frac{1}{x}$$

❷ $x > 0$ のときは❶の式と同じになる．

$x < 0$ とし，$x = -u$ とおくと $u > 0$．ゆえに

$$y = \log|x| = \log|-u| = \log u$$

ここで合成関数の微分法を用いて微分すると

$$y' = (\log u)' \cdot (-x)'$$

$u > 0$ より $(\log u)' = \dfrac{1}{u}$ を使うと

$$y' = \frac{1}{u} \cdot (-1) = \frac{1}{-x} \cdot (-1) = \frac{1}{x}$$

となる． 【証明終】

$\lim\limits_{\square \to 0} (1+\square)^{\frac{1}{\square}} = e$ から
$\square$ に $\dfrac{h}{x}$ が入ることを
イメージすればよいですね

合成関数の微分公式

$$y' = f'(u) \cdot u'$$

対数関数を含むいろいろな微分

例題

次の関数を微分しよう.

(1) $y = \log_2 x$ (2) $y = x^2 \log x$ (3) $y = \dfrac{1}{\log x}$ (4) $y = \log(1 + x^2)$

∷ 解 答 ∷ (1) 対数関数の微分公式が使えるように，
対数の底を e に変換しておく. 対数法則を用いて

$$y' = (\log_2 x)' = \left(\frac{\log_e x}{\log_e 2} \right)' = \frac{1}{\log 2} (\log x)'$$

$$= \frac{1}{\log 2} \cdot \frac{1}{x} = \frac{1}{x \log 2}$$

(2) 積の微分公式を用いると

$$y' = (x^2 \log x)'$$

$$= (x^2)' \cdot (\log x) + x^2 \cdot (\log x)'$$

$$= 2x \cdot \log x + x^2 \cdot \frac{1}{x}$$

$$= 2x \log x + x$$

(3) 逆数の微分公式を用いると

$$y' = \left(\frac{1}{\log x} \right)' = -\frac{(\log x)'}{(\log x)^2}$$

$$= -\frac{\dfrac{1}{x}}{(\log x)^2} = -\frac{1}{x(\log x)^2}$$

(4) 合成関数の微分公式を使う.

$u = 1 + x^2$ とおくと $y = \log u$ より

$$y' = (\log u)' \cdot (1 + x^2)'$$

$$= \frac{1}{u} \cdot 2x$$

u をもとにもどすと

$$= \frac{2x}{1 + x^2}$$

【解終】

対数関数の微分公式

$$(\log x)' = \frac{1}{x}$$

対数法則

$$\log(xy) = \log x + \log y$$

$$\log_y x = \frac{\log_c x}{\log_c y}$$

積・逆数・商の微分公式

$$(f \cdot g)' = f' \cdot g + f \cdot g'$$

$$\left(\frac{1}{g} \right)' = -\frac{g'}{g^2}$$

$$\left(\frac{f}{g} \right)' = \frac{f' \cdot g - f \cdot g'}{g^2}$$

合成関数の微分公式

$$y' = f'(u) \cdot u'$$

POINT 積・商の微分公式，合成関数の微分公式，対数関数の微分公式を使う

演習 11

次の関数を微分しよう．

（1）　$y=e^x\log x$　　（2）　$y=\dfrac{\log x}{x^2}$　　（3）　$y=\log|\sin x|$

解答は p.271

解答　（1）　積の微分公式を用いて微分してゆく．

$y'=$ ㋐ [　　　　　　]

（2）　商の微分公式を用いて計算すると

$y'=$ ㋑ [　　　　　　]

（3）　合成関数の微分公式を用いる．

$u=\sin x$ とおくと $y=$ ㋒ [　　] であるから

$y'=$ ㋓ [　　　　　　]

u をもとにもどすと

$=$ ㋔ [　　]

【解終】

三角関数の微分公式

$(\sin x)'=\cos x$

$(\cos x)'=-\sin x$

$(\tan x)'=\dfrac{1}{\cos^2 x}$

対数関数の微分公式

❶ $(\log x)'=\dfrac{1}{x}$　$(x>0)$

❷ $(\log|x|)'=\dfrac{1}{x}$　$(x\neq 0)$

底が 10 の対数
$\log_{10} x$
は**常用対数**とよばれます
自然対数は常用対数と
区別するために
$\ln x$
（n は natural の n）
と表すこともあります

対数微分法

ここでは対数微分法とよばれる微分計算の方法を紹介しよう.

まずこの方法で次の公式が導ける. a が定数であることに注意.

・ x^a と a^x の微分公式 ・

❶ $(x^a)' = ax^{a-1}$ $\begin{pmatrix} a : 実数 \\ x > 0 \end{pmatrix}$ **❷** $(a^x)' = a^x \log a \quad (a > 0)$

証明 **❶** 今までの公式

$$(x^n)' = nx^{n-1}$$

は, n が整数であったが, 今度の a は実数であることに注意してほしい. まず

$$y = x^a$$

とおくと両辺は正であり自然対数をとると

$$\log y = \log x^a$$

$$\log y = a \log x$$

両辺を x で微分すると

$$\frac{d}{dx}(\log y) = \frac{d}{dx}(a \log x)$$

左辺を合成関数の微分公式で計算してゆくと

$$\frac{d}{dy}(\log y)\frac{dy}{dx} = a\frac{d}{dx}(\log x)$$

$$\frac{1}{y}\frac{dy}{dx} = a \cdot \frac{1}{x}$$

$$\frac{dy}{dx} = a \cdot \frac{y}{x}$$

$y = x^a$ なので

$$\frac{dy}{dx} = a \cdot \frac{x^a}{x} = ax^{a-1}$$

$$\therefore \quad (x^a)' = ax^{a-1}$$

> **対数法則**
>
> $\log x^y = y \log x$

> $\dfrac{d}{dx} f :$ "f を x で微分したもの" ですね

> **合成関数の微分公式**
>
> $\dfrac{dy}{dx} = \dfrac{dy}{du}\dfrac{du}{dx}$

> **対数関数の微分公式**
>
> $(\log x)' = \dfrac{1}{x}$

❷ $y = a^x$ とおき両辺の自然対数をとると

$$\log y = \log a^x$$

$$\log y = x \log a$$

両辺を x で微分すると

$$\frac{d}{dx}(\log y) = \frac{d}{dx}(x \log a)$$

合成関数の微分公式を用いると

$$\frac{d}{dy}(\log y)\frac{dy}{dx} = \log a \cdot \frac{d}{dx}(x)$$

$$\frac{1}{y}\frac{dy}{dx} = \log a \cdot 1$$

$$\frac{dy}{dx} = y \cdot \log a$$

$y = a^x$ なので

$$\frac{dy}{dx} = a^x \cdot \log a$$

となる.　　　　　　　　【証明終】

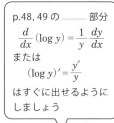

p.48, 49 の ～～～ 部分

$$\frac{d}{dx}(\log y) = \frac{1}{y}\frac{dy}{dx}$$

または

$$(\log y)' = \frac{y'}{y}$$

はすぐに出せるように
しましょう

この証明で用いた

　　　対数をとって微分する

という方法を

　　　　　対数微分法

という.

対数微分法
→ 対数をとって
　両辺を微分する

【対数微分法が有効なケース】

・$y = x^x$ や $y = x^{\sin x}$ のような
$$y = (x \text{ の関数})^{(x \text{ の関数})} \text{ の形}$$

・$y = \dfrac{(2x+1)^4}{(x^2-1)^3}$ や $y = \sqrt{2x-1}\,\sqrt[4]{3x^2+5}$ のような
$$y = (\text{たくさんの } x \text{ の関数の積}) \text{ の形}$$

のときも，対数微分法が有効です.

対数微分法による微分

例題

次の関数を微分しよう.

(1) $y = x^e$ (2) $y = 2^x$ (3) $y = x^x$ (4) $y = \dfrac{(2x+1)^4}{(x^2-1)^3}$

:: 解答 :: (1) e が定数であることに注意して公式から

$$y' = (x^e)' = e\, x^{e-1}$$

(2) 2 が定数であることに注意して公式から

$$y' = 2^x \cdot \log 2$$

(3) 対数微分法を使う. 両辺の対数をとると

$$\log y = x \log x$$

両辺を x で微分する. 左辺の微分は合成関数の微分公式を利用する. 右辺の微分は積の微分なので

$$\frac{d}{dx}(\log y) = (x \log x)'$$

$$\frac{1}{y}\frac{dy}{dx} = x' \cdot \log x + x \cdot (\log x)' = \log x + x \cdot \frac{1}{x}$$

$$= \log x + 1$$

$$y' = y(\log x + 1) = x^x(\log x + 1)$$

(4) 対数微分法で求めてみる. 両辺の対数をとると

$$\log y = \log \frac{(2x+1)^4}{(x^2-1)^3}$$

$$= 4\log(2x+1) - 3\log(x^2-1)$$

両辺を x で微分すると

$$\frac{1}{y}\frac{dy}{dx} = \{4\log(2x+1) - 3\log(x^2-1)\}'$$

$$= 4 \cdot \frac{1}{2x+1} \cdot (2x+1)' - 3 \cdot \frac{1}{x^2-1} \cdot (x^2-1)'$$

$$= \frac{4}{2x+1} \cdot 2 - \frac{3}{x^2-1} \cdot 2x = \frac{8}{2x+1} - \frac{6x}{x^2-1}$$

$$\therefore \quad y' = \frac{dy}{dx} = y\left(\frac{8}{2x+1} - \frac{6x}{x^2-1}\right) = \frac{(2x+1)^4}{(x^2-1)^3}\left(\frac{8}{2x+1} - \frac{6x}{x^2-1}\right)$$

【解終】

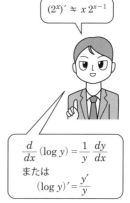

x^a, a^x の微分公式

$(x^a)' = a\, x^{a-1}$ (a：定数)

$(a^x)' = a^x \log a$

$(2^x)' \neq x\, 2^{x-1}$

$\dfrac{d}{dx}(\log y) = \dfrac{1}{y}\dfrac{dy}{dx}$
または
$(\log y)' = \dfrac{y'}{y}$

対数法則

$\log x^y = y \log x$

$\log xy = \log x + \log y$

合成関数の微分法

$f'(x) = f'(u) \cdot u'$

POINT $x^a\,(a:$ 定数$)$, a^x の微分公式, 対数微分法を使う

演習 12

次の関数を微分しよう.

(1) $y=x^{\sqrt{3}}$ (2) $y=\pi^x$ (3) $y=x^{\sin x}$ (4) $y=\sqrt{2x-1}\cdot\sqrt[4]{3x^2+5}$

解答は p.271

解答 (1) $\sqrt{3}$ が定数であることに注意して公式より

$$y'=\boxed{}^{⑦}$$

(2) π が定数であることに注意して公式より

$$y'=\boxed{}^{④}$$

$(\pi^x)' \neq x\pi^{x-1}$

(3) 対数微分法で求める. 両辺の対数をとると

$$\log y = \log {}^{⑨}\boxed{} = {}^{④}\boxed{}\cdot\log x$$

両辺を x で微分すると

$${}^{④}\boxed{}\,\frac{dy}{dx} = ({}^{⑨}\boxed{}\cdot\log x)'$$

$$= \boxed{}^{④}$$

$$\therefore\quad y'=y\,\boxed{}^{⑦} = \boxed{}^{⑦}$$

(4) 両辺の対数をとると

$$\log y = \log(\sqrt{2x-1}\cdot\sqrt[4]{3x^2+5}) = \log\{(2x-1)^{\boxed{}^{⑪}}\cdot(3x^2+5)^{\boxed{}^{⑪}}\}$$

$$= \boxed{}^{⑫}$$

両辺を x で微分すると

$${}^{⑪}\boxed{}\,\frac{dy}{dx} = \boxed{}^{⑪}$$

$$\frac{dy}{dx}=y\,\boxed{}^{⑪}$$

$$\therefore\quad y'=\boxed{}^{⑪}$$

【解終】

問題 13　微分の総合問題

例題

次の関数を微分しよう.

(1)　$y = \sqrt[4]{(x^2 - 3x + 1)^3}$　　(2)　$y = \log(\cos 4x^2)$　　(3)　$y = \tan^{-1}\dfrac{1}{1 + e^{2x}}$

(4)　$y = (\log x)^{\sin x}$

∷ 解答 ∷　(1)　$y = (x^2 - 3x + 1)^{\frac{3}{4}}$ とかけるので

$$y' = \frac{3}{4}(x^2 - 3x + 1)^{\frac{3}{4} - 1} \cdot (x^2 - 3x + 1)' = \frac{3}{4}(x^2 - 3x + 1)^{-\frac{1}{4}} \cdot (2x - 3)$$

$$= \frac{3(2x - 3)}{4\sqrt[4]{x^2 - 3x + 1}}$$

(2)　合成関数の微分公式を 2 回用いて

$$y' = \frac{1}{\cos 4x^2} \cdot (\cos 4x^2)' = \frac{1}{\cos 4x^2} \cdot (-\sin 4x^2) \cdot (4x^2)'$$

$$= -\frac{\sin 4x^2}{\cos 4x^2} \cdot 8x = -8x \tan 4x^2$$

(3)　合成関数の微分公式を用いて

$$y' = \frac{1}{1 + \left(\dfrac{1}{1 + e^{2x}}\right)^2} \cdot \left(\frac{1}{1 + e^{2x}}\right)'$$

$$= \frac{(1 + e^{2x})^2}{(1 + e^{2x})^2 + 1}\left\{-\frac{(1 + e^{2x})'}{(1 + e^{2x})^2}\right\}$$

$$= -\frac{2e^{2x}}{(1 + e^{2x})^2 + 1}$$

> **逆三角関数の微分公式**
>
> $(\sin^{-1} x)' = \dfrac{1}{\sqrt{1 - x^2}}$
>
> $(\cos^{-1} x)' = -\dfrac{1}{\sqrt{1 - x^2}}$
>
> $(\tan^{-1} x)' = \dfrac{1}{1 + x^2}$

(4)　対数微分法を用いる. 両辺の対数をとると

$$\log y = \log(\log x)^{\sin x} = \sin x \cdot \log(\log x)$$

両辺を x で微分すると,

$$\frac{1}{y} \cdot y' = \{\sin x \cdot \log(\log x)\}' = (\sin x)' \cdot \log(\log x) + \sin x \cdot \{\log(\log x)\}'$$

$$= \cos x \cdot \log(\log x) + \sin x \cdot \frac{1}{\log x} \cdot (\log x)'$$

$$= \cos x \cdot \log(\log x) + \sin x \cdot \frac{1}{\log x} \cdot \frac{1}{x} = \cos x \cdot \log(\log x) + \frac{\sin x}{x \log x}$$

$$\therefore\quad y' = (\log x)^{\sin x}\left\{\cos x \cdot \log(\log x) + \frac{\sin x}{x \log x}\right\}$$

【解終】

52 ● 第 1 章　1 変数関数の微分

POINT 複雑な微分の計算でも合成関数の微分公式，対数微分法を使えるようにしよう

演習 13

次の関数を微分しよう．

(1)　$y=\sqrt{3-2x^2}$　　(2)　$y=\log(1+e^{-x})$　　(3)　$y=(\tan x)^x$

(4)　$y=x\cos^{-1}x-\sqrt{1-x^2}$

解答は p.271

解答　(1)　$y=(3-2x^2)^{㋐\square}$ とかけるので

$y'=$ ㋑ $\boxed{}$

(2)　合成関数の微分公式を用いて

$y'=$ ㋒ $\boxed{}$

(3)　対数微分法を用いる．両辺の対数をとると

$\log y=$ ㋓ $\boxed{}$

両辺を x で微分すると

㋔ $\boxed{}\cdot y'=$ ㋕ $\boxed{}$

$\therefore\quad y'=$ ㋖ $\boxed{}$

(4)　第 1 項は積の微分，第 2 項は合成関数の微分公式を使うと

$y'=(x\cos^{-1}x)'-(\sqrt{1-x^2})'=(x\cos^{-1}x)'-\{(1-x^2)^{㋗\square}\}'$

$=$ ㋘ $\boxed{}$ $-$ ㋙ $\boxed{}$

$=$ ㋚ $\boxed{}$

【解終】

高階導関数

関数 $y = f(x)$ が微分可能であるとき，導関数 $f'(x)$ が決まる．この $f'(x)$ がさらに微分可能であるとき，この導関数を $f''(x)$ で表し，これを $f(x)$ の

2 階導関数

という．記号は，$f''(x)$ 以外にも

$$y'', \quad f^{(2)}(x), \quad \frac{d^2 y}{dx^2}, \quad \frac{d^2 f}{dx^2}$$

などの記号を用いる．

同様にして，$f(x)$ が n 回微分をくり返せるとき，

n 階導関数 または **高階導関数**

を $f^{(n)}(x)$ で表し，次のように帰納的に定義できる．

$$f^{(n)}(x) = \{f^{(n-1)}(x)\}'$$

記号は，$f^{(n)}(x)$ 以外にも，

$$y^{(n)}, \quad f^{(n)}(x), \quad \frac{d^n y}{dx^n}, \quad \frac{d^n f}{dx^n}$$

などの記号を用いる．

$$
\begin{array}{l}
\text{微分} \left\lgroup \begin{array}{l} y = f(x) \\ y' = f'(x) \end{array} \right. \\
\text{微分} \left\lgroup \begin{array}{l} y'' = f''(x) \end{array} \right. \\
\vdots \qquad \vdots \\
\text{微分} \left\lgroup \begin{array}{l} y^{(n-1)} = f^{(n-1)}(x) \\ y^{(n)} = f^{(n)}(x) \end{array} \right.
\end{array}
$$

$(n-1)$ 回微分してさらにもう 1 回微分するという意味ですね

何回も微分することは，§1.9 で極限値を求めたり §1.10 で関数の近似値を求めるときなどに大活躍します

定理 1.8.1 e^x **の高階導関数**

$$(e^x)^{(n)} = e^x \qquad (n = 1, 2, 3, \cdots)$$

証明 $y = e^x$ とおくと

$$y' = e^x, \quad y'' = e^x, \quad \cdots$$

と，何回微分してもかわらないので

$$y^{(n)} = e^x$$

【証明終】

定理 1.8.2 $\log x$ **の高階導関数**

$$(\log x)^{(n)} = \frac{(-1)^{n-1}(n-1)!}{x^n} \qquad (n = 1, 2, 3, \cdots)$$

証明 $y = \log x$ とおくと

$$y' = (\log x)' = \frac{1}{x}$$

このまま商の微分公式で微分していくと，$y^{(n)}$ の予測がしづらいので，次のようにベキの形に直して微分してゆく．その際，規則性を見出すために出てきた係数はそのままにしておく．

$$y' = (\log x)' = \frac{1}{x} = x^{-1}$$
$$y'' = (x^{-1})' = (-1)x^{-2}$$
$$y''' = (-1)(-2)x^{-3}$$
$$\vdots$$
$$y^{(n)} = (-1)(-2)\cdots(-(n-1))x^{-n}$$

$$n! = n(n-1)(n-2)\cdot\cdots\cdot3\cdot2\cdot1$$
$$0! = 1$$

$y^{(n)}$ の式をきれいにして

$$y^{(n)} = (-1)^{n-1}\cdot1\cdot2\cdot\cdots\cdot(n-1)x^{-n}$$
$$= (-1)^{n-1}(n-1)!\,x^{-n}$$
$$= \frac{(-1)^{n-1}(n-1)!}{x^n}$$

【証明終】

厳密には
数学的帰納法で
示す必要があります

❶　$(\sin x)^{(n)} = \sin\left(x + \dfrac{n}{2}\pi\right)$　　　❷　$(\cos x)^{(n)} = \cos\left(x + \dfrac{n}{2}\pi\right)$

$$(n = 1, 2, 3, \cdots)$$

証明

❶　$y = \sin x$ とおいて，まず y', y'', y''', $y^{(4)}$ を求めてみよう．

$$y' = \cos x,\ y'' = -\sin x,\ y''' = -\cos x,\ y^{(4)} = \sin x$$

$y^{(4)}$ は y と一致している．ゆえに $y^{(5)}$, $y^{(6)}$, $\cdots$ はまた同じことのくり返しとなるので，場合分けをして $y^{(n)}$ をかいてみると

$$y^{(n)} = \begin{cases} \sin x & (n = 4k) \\ \cos x & (n = 4k+1) \\ -\sin x & (n = 4k+2) \\ -\cos x & (n = 4k+3) \end{cases} (k \text{ は } 0 \text{ 以上の整数})$$

> **三角関数の微分公式**
>
> $(\sin x)' = \cos x$
>
> $(\cos x)' = -\sin x$

となる．しかしこれを統一的にすべて $\sin$ で表してしまおうというのが次の方法である．微分して $\cos$ が出てきたら，無理に $\sin$ に直してしまう．

$$y' = \cos x = \sin\left(x + \frac{\pi}{2}\right)$$

$$y'' = \left\{\sin\left(x + \frac{\pi}{2}\right)\right\}' = \cos\left(x + \frac{\pi}{2}\right)\cdot\left(x + \frac{\pi}{2}\right)'$$

> **三角関数の公式**
>
> $\cos x = \sin\left(x + \dfrac{\pi}{2}\right)$

$$= \cos\left(x + \frac{\pi}{2}\right)\cdot 1 = \cos\left(x + \frac{\pi}{2}\right)$$

$$= \sin\left\{\left(x + \frac{\pi}{2}\right) + \frac{\pi}{2}\right\} = \sin\left(x + \frac{2}{2}\pi\right)$$

$$y''' = \left\{\sin\left(x + \frac{2}{2}\pi\right)\right\}' = \cos\left(x + \frac{2}{2}\pi\right)\cdot\left(x + \frac{2}{2}\pi\right)'$$

> **合成関教の微分公式**
>
> $y' = f'(u)\cdot u'$

$$= \cos\left(x + \frac{2}{2}\pi\right)\cdot 1 = \cos\left(x + \frac{2}{2}\pi\right)$$

$$= \sin\left\{\left(x + \frac{2}{2}\pi\right) + \frac{\pi}{2}\right\} = \sin\left(x + \frac{3}{2}\pi\right)$$

$$\vdots$$

$$y^{(n)} = \sin\left(x + \frac{n}{2}\pi\right)$$

❷ $y = \cos x$ の方も同様に，微分して sin が出たら，無理やり cos に直してゆく．

$$y' = (\cos x)' = -\sin x = \cos\left(x + \frac{\pi}{2}\right)$$

$$y'' = \left\{\cos\left(x + \frac{\pi}{2}\right)\right\}' = -\sin\left(x + \frac{\pi}{2}\right) \cdot \left(x + \frac{\pi}{2}\right)' = -\sin\left(x + \frac{\pi}{2}\right) \cdot 1$$

$$= -\sin\left(x + \frac{\pi}{2}\right) = \cos\left\{\left(x + \frac{\pi}{2}\right) + \frac{\pi}{2}\right\} = \cos\left(x + \frac{2}{2}\pi\right)$$

$$y''' = \left\{\cos\left(x + \frac{2}{2}\pi\right)\right\}' = -\sin\left(x + \frac{2}{2}\pi\right) \cdot \left(x + \frac{2}{2}\pi\right)' = -\sin\left(x + \frac{2}{2}\pi\right) \cdot 1$$

$$= -\sin\left(x + \frac{2}{2}\pi\right) = \cos\left\{\left(x + \frac{2}{2}\pi\right) + \frac{\pi}{2}\right\} = \cos\left(x + \frac{3}{2}\pi\right)$$

$$\vdots$$

$$y^{(n)} = \cos\left(x + \frac{n}{2}\pi\right)$$

【証明終】

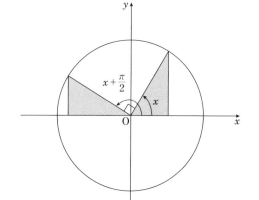

三角関数の公式

$$\sin x = -\cos\left(x + \frac{\pi}{2}\right)$$

これで
$\sin x$ と $\cos x$ の n 階導関数を
それぞれ sin と cos で統一的に
表すことができました

n 階導関数の求め方

例題

次の関数 y について，$y^{(n)}$ を求めよう.

(1)　$y = e^{3x}$　　(2)　$y = \dfrac{1}{1+x}$　　(3)　$y = \sin 2x$

‼ 解 答 ‼ 高階導関数の定理の証明をまねよう.

e^{ax} と $\log x$ の微分公式

$$(e^{ax})' = ae^{ax}$$

$$(\log x)' = \dfrac{1}{x}$$

(1)　$y\quad = e^{3x}$ なので

$y'\quad = (e^{3x})' = 3 \cdot e^{3x}$

$y''\quad = 3 \cdot (e^{3x})' = 3 \cdot 3\, e^{3x} = 3^2\, e^{3x}$

$y'''\quad = 3^2 \cdot (e^{3x})' = 3^2 \cdot 3\, e^{3x} = 3^3\, e^{3x}$

$\quad\vdots$

$y^{(n)} = 3^n e^{3x}$

係数はあまり計算
しないで残しておく
といいでしょう

(2)　$y\quad = (1+x)^{-1}$ と変形してから微分すると

$y'\quad = \{(1+x)^{-1}\}' = (-1)(1+x)^{-2}$

$y''\quad = (-1)\{(1+x)^{-2}\}' = (-1)(-2)(1+x)^{-3}$

$y'''\quad = (-1)(-2)\{(1+x)^{-3}\}' = (-1)(-2)(-3)(1+x)^{-4}$

$\quad\vdots$

$y^{(n)} = (-1)(-2)(-3)\cdots(-n)(1+x)^{-(n+1)} = (-1)^n n!\,(1+x)^{-(n+1)}$

(3)　微分して $\cos$ が出てきたら，無理に $\sin$ に直していくと

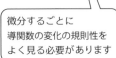

微分するごとに
導関数の変化の規則性を
よく見る必要があります

$y'\quad = (\sin 2x)' = 2 \cdot \cos 2x = 2 \sin\left(2x + \dfrac{\pi}{2}\right)$

三角関数の微分公式（一般化）

$$(\sin ax)' = a \cos ax$$

$$(\cos ax)' = -a \sin ax$$

$y''\quad = 2\left\{\sin\left(2x + \dfrac{\pi}{2}\right)\right\}' = 2\cos\left(2x + \dfrac{\pi}{2}\right) \cdot \left(2x + \dfrac{\pi}{2}\right)'$

$\qquad = 2\cos\left(2x + \dfrac{\pi}{2}\right) \cdot 2 = 2^2 \cdot \sin\left(2x + \dfrac{2}{2}\pi\right)$

$y'''\quad = 2^2\left\{\sin\left(2x + \dfrac{2}{2}\pi\right)\right\}' = 2^2 \cos\left(2x + \dfrac{2}{2}\pi\right) \cdot \left(2x + \dfrac{2}{2}\pi\right)'$

$\qquad = 2^2 \cos\left(2x + \dfrac{2}{2}\pi\right) \cdot 2 = 2^3 \cdot \sin\left(2x + \dfrac{3}{2}\pi\right)$

$\quad\vdots$

$y^{(n)} = 2^n \sin\left(2x + \dfrac{n}{2}\pi\right)$　【解終】

三角関数の公式

$$\cos x = \sin\left(x + \dfrac{\pi}{2}\right)$$

POINT y′, y″, y‴を求めて，$y^{(n)}$を推定

演習 14

次の関数 y について，$y^{(n)}$ を求めよう．

(1) $y=e^{-2x}$　(2) $y=\log(1-3x)$　(3) $y=\cos 5x$　解答は p.272

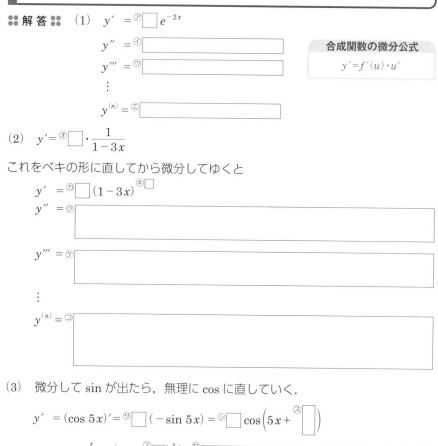

解答 (1) $y' = ㋐\square\, e^{-2x}$

$y'' = ㋑\square$

$y''' = ㋒\square$

⋮

$y^{(n)} = ㋓\square$

合成関数の微分公式

$y'=f'(u)\cdot u'$

(2) $y' = ㋔\square \cdot \dfrac{1}{1-3x}$

これをベキの形に直してから微分してゆくと

$y' = ㋕\square\,(1-3x)^{㋖\square}$

$y'' = ㋗\square$

$y''' = ㋘\square$

⋮

$y^{(n)} = ㋙\square$

(3) 微分して sin が出たら，無理に cos に直していく．

$y' = (\cos 5x)' = ㋚\square\,(-\sin 5x) = ㋛\square\,\cos\left(5x + ㋜\square\right)$

$y'' = ㋛\square\left\{\cos\left(5x+㋜\square\right)\right\}' = ㋝\square$

$y''' = ㋞\square$

⋮

$y^{(n)} = ㋟\square$

$\sin x = -\cos\left(x+\dfrac{\pi}{2}\right)$

【解終】

不定形の極限値

x を限りなく 0 に近づけたとき

$$\lim_{x \to 0} x^2 = 0, \quad \lim_{x \to 0} \sin x = 0$$

と収束するが

$$\lim_{x \to 0} \frac{\sin x}{x^2}$$

は収束するだろうか？

また，x を限りなく大きくしたとき

$$\lim_{x \to \infty} x = \infty, \quad \lim_{x \to \infty} e^x = \infty$$

と発散するが

$$\lim_{x \to \infty} \frac{e^x}{x}$$

はどうなるだろう？

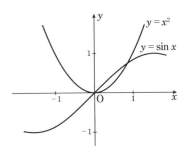

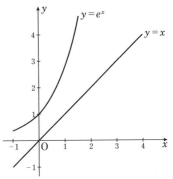

このように，分母，分子が共に 0 に収束したり，共に $\pm \infty$ に発散してしまう極限のことをそれぞれ

$$\frac{0}{0}, \quad \frac{\infty}{\infty}$$

の**不定形**という．また

$$0 \cdot \infty, \quad \infty - \infty$$

のような不定形もある．

ここでは不定形の極限を微分を使って求めることを考えよう．

これ以降に出てくる x の区間については

$[a, b]$ は $a \leqq x \leqq b$ である x の集まり（閉区間）

(a, b) は $a < x < b$ である x の集まり（開区間）

のことである．

p.20 で学んだように，
$\lim_{x \to 0} x = 0, \lim_{x \to 0} \sin x = 0$
ですが
$\lim_{x \to 0} \dfrac{\sin x}{x} = 1$
なのです！

不定形の極限に関する"ロピタルの定理"を導くために，いくつかの定理を証明しておかなければいけない．

定理 1.9.1 **ロールの定理**

関数 $f(x)$ が $[a, b]$ で連続，(a, b) で微分可能で $f(a) = f(b)$ ならば
$$f'(c) = 0 \quad (a < c < b)$$
となる c が存在する．

 解説 右図を見よう．点 A と点 B とを連続な曲線で結んだとき，必ず接線の傾きが 0 となる所がある，というのがこの定理の意味である．図でもわかるように，$f(x)$ の最大値または最小値を与える x の値が求める c となる．

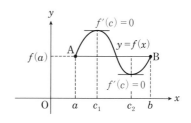

【解説終】

 証明 $f(x)$ は $[a, b]$ で連続なので，$f(x) > f(a) = f(b)$ となる所があれば，$f(x)$ は最大値 $f(c) \, (a < c < b)$ をもつ．このとき，h が正でも負でも
$$f(c + h) - f(c) \leqq 0$$
が成立する．

ここで，$x = c$ での微分係数
$$f'(c) = \lim_{h \to 0} \frac{f(c + h) - f(c)}{h}$$
を考えよう．もし $h > 0$ として極限値を考える $(h \to 0 + 0)$ と $f'(c) \leqq 0$ となり，$h < 0$ として極限値を考える $(h \to 0 - 0)$ と $f'(c) \geqq 0$ となる．

しかし，$f'(c)$ は 1 つの値に確定するはずだから
$$f'(c) = 0$$
が成立する．

$f(x) < f(a) = f(b)$ となる所があれば，同様に最小値を与える $c \, (a < c < b)$ について $f'(c) = 0$ が成立する．

常に $f(x) = f(a) = f(b)$ のときは，どの点 $c \, (a < c < b)$ をとっても $f'(c) = 0$ が成立する．

【証明終】

関数 $f(x)$ が $[a, b]$ で連続，(a, b) で微分可能ならば

$$\frac{f(b) - f(a)}{b - a} = f'(c) \qquad (a < c < b)$$

となる c が存在する.

 解説　右図を見ると，直線 AB の傾きは

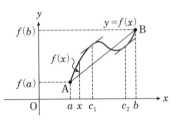

$\dfrac{f(b) - f(a)}{b - a}$ となるので，この定理

は直線 AB と同じ傾きをもった $f(x)$ の接線が (a, b) の範囲で存在することを示している. c は，$y = f(x)$ と直線 AB との差が最大または最小となる x の値となっている.　【解説終】

証明　$A(a, f(a))$，$B(b, f(b))$ とすると，直線 AB の方程式は

$$y = \frac{f(b) - f(a)}{b - a}(x - a) + f(a)$$

となる. ここで $y = f(x)$ と直線 AB との差

$$F(x) = f(x) - \left\{ \frac{f(b) - f(a)}{b - a}(x - a) + f(a) \right\}$$

を考えると，$F(x)$ は $[a, b]$ で連続，(a, b) で微分可能であり，しかも

$$F(a) = F(b) = 0$$

を満たしているから，$F(x)$ にロールの定理を適用すると

$$F'(c) = 0 \qquad (a < c < b)$$

となる c が存在することがわかる.

一方

$$F'(x) = \left[f(x) - \left\{ \frac{f(b) - f(a)}{b - a}(x - a) + f(a) \right\} \right]' = f'(x) - \frac{f(b) - f(a)}{b - a}$$

より，次の求める式が導かれる.

$$f'(c) = \frac{f(b) - f(a)}{b - a} \qquad (a < c < b)$$

【証明終】

コーシーの平均値の定理

$f(x)$, $g(x)$ が $[a, b]$ で連続, (a, b) で微分可能, $g(a) \neq g(b)$, $g'(x) \neq 0$ のとき

$$\frac{f(b) - f(a)}{g(b) - g(a)} = \frac{f'(c)}{g'(c)} \qquad (a < c < b)$$

となる c が存在する.

解説 この定理は次のように考えよう.

f も g も x の代わりに t の関数とみなし, パラメータ t により X と Y が関係づけられているパラメータ曲線 C

$$X = g(t), \qquad Y = f(t) \qquad (a < t < b)$$

を考える. Y に平均値の定理を用いるか, ま

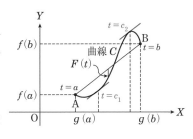

たは曲線 C と直線 AB との差を $F(t)$ とおき, $F(t)$ にロールの定理を応用すればよい. c は $F(t)$ が最大または最小となる t の値となる.

【解説終】

証明 $A(g(a), f(a))$, $B(g(b), f(b))$ とおくと, 直線 AB の方程式は

$$Y = \frac{f(b) - f(a)}{g(b) - g(a)} (X - g(a)) + f(a)$$

となる. ここで曲線 C と直線 AB との差を t の関数として

$$F(t) = f(t) - \left\{ \frac{f(b) - f(a)}{g(b) - g(a)} (g(t) - g(a)) + f(a) \right\}$$

とおけば, $F(t)$ は $[a, b]$ で連続, (a, b) で微分可能, しかも

$$F(a) = F(b) = 0$$

となる. したがってロールの定理より $F'(c) = 0 \ (a < c < b)$ となる c が存在する.

一方

$$F'(t) = f'(t) - \frac{f(b) - f(a)}{g(b) - g(a)} g'(t)$$

と $g'(x) \neq 0$ より, 次の式が導かれる.

$$\frac{f(b) - f(a)}{g(b) - g(a)} = \frac{f'(c)}{g'(c)} \qquad (a < c < b)$$

【証明終】

定理 1.9.4　ロピタルの定理（$\frac{0}{0}$の不定形）

$f(x)$, $g(x)$ は $x = a$ の付近で共に微分可能，$g'(x) \neq 0$ とする．
このとき，

(i)　$\displaystyle \lim_{x \to a} f(x) = \lim_{x \to a} g(x) = 0$

(ii)　$\displaystyle \lim_{x \to a} \frac{f'(x)}{g'(x)}$ は，有限または $+\infty$，$-\infty$ に定まる

ならば，次式が成立する．

$$\lim_{x \to a} \frac{f(x)}{g(x)} = \lim_{x \to a} \frac{f'(x)}{g'(x)}$$

また，$x \to \pm\infty$（つまり a が $\pm\infty$）の場合も同様のことが成立する．

証明　$f(x)$, $g(x)$ は $x = a$ で微分可能なので，$x = a$ で共に連続である．
よって

$$f(a) = \lim_{x \to a} f(x) = 0$$

$$g(a) = \lim_{x \to a} g(x) = 0$$

となる．

コーシーの平均値の定理（定理 1.9.3，p.63）の b に x を代入して適用すると

$$\frac{f(x) - f(a)}{g(x) - g(a)} = \frac{f'(c)}{g'(c)} \qquad (a < c < x \ \text{または} \ x < c < a)$$

となる c が存在する．

また $f(a) = g(a) = 0$ なので

$$\frac{f(x)}{g(x)} = \frac{f'(c)}{g'(c)}$$

となる．$a < c < x$，または $x < c < a$ なので，
$x \to a$ のとき $c \to a$ となる．
したがって

$$\lim_{x \to a} \frac{f(x)}{g(x)} = \lim_{\substack{x \to a \\ (c \to a)}} \frac{f'(c)}{g'(c)} = \lim_{c \to a} \frac{f'(c)}{g'(c)}$$

$$= \lim_{x \to a} \frac{f'(x)}{g'(x)}$$

【証明終】

$\displaystyle \lim_{c \to a} \frac{f'(c)}{g'(c)}$ の c を x に
おきかえても同じですね

さらに，$\dfrac{\infty}{\infty}$ の不定形に関する定理 1.9.5 も，証明なしで紹介しておこう．

定理 1.9.5 **ロピタルの定理（$\dfrac{\infty}{\infty}$の不定形）**

$f(x)$，$g(x)$ は，$x=a$ の付近で共に微分可能で，$g'(x)$ の符号は一定とする．
このとき

(i) $\displaystyle\lim_{x\to a}f(x)=\pm\infty$，$\displaystyle\lim_{x\to a}g(x)=\pm\infty$

(ii) $\displaystyle\lim_{x\to a}\dfrac{f'(x)}{g'(x)}$ は，有限または $+\infty$，$-\infty$ に定まる

ならば，次式が成立する．

$$\lim_{x\to a}\frac{f(x)}{g(x)}=\lim_{x\to a}\frac{f'(x)}{g'(x)}$$

また，$x\to\pm\infty$ の場合（つまり a が $\pm\infty$の場合）も，同様のことが成立する．

$$\lim_{x\to a}\frac{f(x)}{g(x)}=\frac{0}{0}$$

$$\lim_{x\to a}\frac{f(x)}{g(x)}=\frac{\infty}{\infty}$$

$$\lim_{x\to a}\{f(x)\cdot g(x)\}=0\cdot\infty$$

不定形

それぞれの関数の極限だけでは
全体の極限は決定できません

極限値を求めるときにも
"微分"が
役立つのです

ロピタルの定理を用いた不定形 (∞/∞, 0/0) の極限

例題

次の極限値を求めよう.

(1) $\displaystyle\lim_{x\to 0}\frac{1-\cos x}{x}$ 　　(2) $\displaystyle\lim_{x\to\infty}\frac{x}{e^{2x}}$ 　　(3) $\displaystyle\lim_{x\to 0}\frac{x-\sin x}{x^3}$

(4) $\displaystyle\lim_{x\to 0+0} x\log x$

∷ 解 答 ∷ 　(1) 　$x=0$ を直接代入すると分子も分母も 0 となるので,これは $\dfrac{0}{0}$ の不定形である. ロピタルの定理 (定理 1.9.4) を使うと

$$\lim_{x\to 0}\frac{1-\cos x}{x}=\lim_{x\to 0}\frac{(1-\cos x)'}{(x)'}=\lim_{x\to 0}\frac{\sin x}{1}=\frac{0}{1}=0$$

(2) 　$\dfrac{\infty}{\infty}$ という不定形になるので,ロピタルの定理 (定理 1.9.5) を用いて

$$\lim_{x\to\infty}\frac{x}{e^{2x}}=\lim_{x\to\infty}\frac{(x)'}{(e^{2x})'}=\lim_{x\to\infty}\frac{1}{2e^{2x}}=0$$

(3) 　$\dfrac{0}{0}$ ということを確認してからロピタルの定理を続けて用いると

$$\lim_{x\to 0}\frac{x-\sin x}{x^3}=\lim_{x\to 0}\frac{(x-\sin x)'}{(x^3)'}=\lim_{x\to 0}\frac{1-\cos x}{3x^2}$$

$$=\lim_{x\to 0}\frac{(1-\cos x)'}{(3x^2)'}=\lim_{x\to 0}\frac{\sin x}{6x}=\frac{1}{6}$$

> **$\dfrac{\sin x}{x}$ の極限**
>
> $$\lim_{x\to 0}\frac{\sin x}{x}=1$$

[極限公式を覚えていなければ,さらにロピタルの定理を用いてもよい.]

(4) 　"$x\to 0+0$" は "x を正の方から 0 に近づける" ということである.

$$\lim_{x\to 0+0} x=0, \qquad \lim_{x\to 0+0}\log x=-\infty$$

より $0\cdot(-\infty)$ の不定形となるが,これは $\dfrac{0}{0}$ または $\dfrac{-\infty}{\infty}$ の不定形とみなせるので,変形してからロピタルの定理 (定理 1.9.4 または定理 1.9.5) を使おう.

$$\lim_{x\to 0+0} x\log x=\lim_{x\to 0+0}\frac{\log x}{\dfrac{1}{x}} \qquad \left(\frac{-\infty}{\infty}\ \text{の不定形}\right)$$

$$=\lim_{x\to 0+0}\frac{(\log x)'}{\left(\dfrac{1}{x}\right)'}=\lim_{x\to 0+0}\frac{\dfrac{1}{x}}{-\dfrac{1}{x^2}}=\lim_{x\to 0+0}\frac{1}{x}\times\left(-\frac{x^2}{1}\right)=\lim_{x\to 0+0}(-x)=0$$

【解終】

POINT ▶ 不定形であることを確認した上で，
ロピタルの定理を使う

演習 15

次の極限値を求めよう．

(1) $\displaystyle\lim_{x \to 0} \frac{x^2}{\sin x}$　　(2) $\displaystyle\lim_{x \to \infty} \frac{x^2 + 5x}{e^x}$　　(3) $\displaystyle\lim_{x \to 0+0} x(\log x)^2$

解答は p.272

∷ 解 答 ∷　(1)　$\dfrac{\boxed{}^{\text{ア}}}{\boxed{}_{\text{イ}}}$ の不定形になっている．

$\displaystyle\lim_{x \to 0}\frac{x^2}{\sin x} = \lim_{x \to 0}\frac{(x^2)'}{(\sin x)'} = \lim_{x \to 0}\frac{\boxed{}^{\text{ウ}}}{\boxed{}_{\text{エ}}} = \dfrac{\boxed{}^{\text{オ}}}{\boxed{}_{\text{カ}}} = \boxed{}^{\text{キ}}$

ロピタルの定理は
分子と分母を
別々に微分して
使います

(2)　$\dfrac{\boxed{}^{\text{ク}}}{\boxed{}_{\text{ケ}}}$ の不定形である．

$\displaystyle\lim_{x \to \infty}\frac{x^2 + 5x}{e^x} = \boxed{}^{\text{コ}}$

この段階ではまだ $\dfrac{\boxed{}^{\text{サ}}}{\boxed{}_{\text{シ}}}$ の不定形で極限値が確定できないので，さらにロピタル
の定理を使うと

$= \boxed{}^{\text{ス}}$

(3)　$\boxed{}^{\text{セ}} \cdot \boxed{}^{\text{ソ}}$ の不定形であるので，変形してからロピタルの定理を用いると

$\displaystyle\lim_{x \to 0+0} x(\log x)^2 = \lim_{x \to 0+0}\frac{(\log x)^2}{\boxed{}^{\text{タ}}} = \lim_{x \to 0+0}\frac{\{(\log x)^2\}'}{\left(\boxed{}^{\text{チ}}\right)'}$

ここで $y = (\log x)^2$ とおくと

$y' = \boxed{}^{\text{チ}}\left(\boxed{}^{\text{ツ}}\right)' = \boxed{}^{\text{テ}}$

より

与式 $= \boxed{}^{\text{ト}}$

$\displaystyle\lim_{x \to 0+0} x\log x$ は $\boxed{}^{\text{ナ}} \cdot \boxed{}^{\text{ニ}}$ の不定形なのだが，左ページの例題の(4)で解いて
あったのでその結果を使って

$= \boxed{}^{\text{ヌ}}$

【解終】

Section 1.10

テイラーの定理とマクローリン展開

ここでは，関数 $f(x)$ を

$$x \text{ の多項式で近似する}$$

ことを考えよう．

定理 1.10.1　テイラーの定理

関数 $f(x)$ が (a, b) 上で n 回微分可能ならば，ある $c\,(a < c < b)$ が存在して次の式が成立する．

$$f(b) = f(a) + \frac{f'(a)}{1!}(b-a) + \frac{f''(a)}{2!}(b-a)^2 + \cdots + \frac{f^{(n-1)}(a)}{(n-1)!}(b-a)^{n-1} + R_n$$

$$\text{ただし，} \quad R_n = \frac{f^{(n)}(c)}{n!}(b-a)^n$$

証明
(略)

定数 K を

$$f(b) - \left\{ f(a) + \frac{f'(a)}{1!}(b-a) + \frac{f''(a)}{2!}(b-a)^2 + \cdots + \frac{f^{(n-1)}(a)}{(n-1)!}(b-a)^{n-1} \right\}$$

$$= \frac{K}{n!}(b-a)^n$$

となるように定め

$$F(x) = f(b) - \left\{ f(x) + \frac{f'(x)}{1!}(b-x) + \frac{f''(x)}{2!}(b-x)^2 \right.$$

$$\left. + \cdots + \frac{f^{(n-1)}(x)}{(n-1)!}(b-x)^{n-1} + \frac{K}{n!}(b-x)^n \right\}$$

とおくと，$F(x)$ は (a, b) で微分可能で，$F(a) = F(b) = 0$ となっている．したがってロールの定理より $F'(c) = 0$ となる $c\,(a < c < b)$ が存在する．

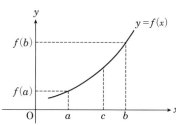

一方，積の微分より

$$F'(x) = -\left\{ f'(x) - f'(x) + f''(x)(b-x) - f''(x)(b-x) + \frac{f'''(x)}{2!}(b-x)^2 + \cdots \right.$$

$$\left. \cdots - \frac{f^{(n-1)}(x)}{(n-2)!}(b-x)^{n-2} + \frac{f^{(n)}(x)}{(n-1)!}(b-x)^{n-1} - \frac{K}{(n-1)!}(b-x)^{n-1} \right\}$$

$$= \frac{(b-x)^{n-1}}{(n-1)!}\left\{ K - f^{(n)}(x) \right\}$$

となるので $x=c$ とおけば，$F'(c)=0$ より

$$K = f^{(n)}(c)$$

【証明終】

 定理における R_n は剰余項と呼ばれ，この項だけが規則性からはずれている．この R_n は，関数が多項式で近似できるかどうか重要な役割を演ずるのだが本書では深入りはしない．また，$b<a$ でもこの定理は成立する．

【解説終】

定理 1.10.2　テイラー展開

$f(x)$ が $x=a$ を含んだ区間で何回でも微分可能であるとする．

$R_n \to 0\,(n \to \infty)$ のとき次の式が成立する．

$$f(x) = f(a) + \frac{f'(a)}{1!}(x-a) + \frac{f''(a)}{2!}(x-a)^2 + \cdots + \frac{f^{(n)}(a)}{n!}(x-a)^n + \cdots$$

 $R_n \to 0\,(n \to \infty)$ のとき，テイラーの定理において，$b=x$ とおけばこの定理を示すことができる．$R_n \to 0\,(n \to \infty)$ を満たす x の範囲内での関数 $f(x)$ は，この定理のように無限級数に表すことができるのである．

【解説終】

定理 1.10.3　マクローリン展開

$f(x)$ が $x=0$ を含んだ区間で何回でも微分可能であるとする．

$R_n \to 0\,(n \to \infty)$ のとき次式が成立する．

$$f(x) = f(0) + \frac{f'(0)}{1!}x + \frac{f''(0)}{2!}x^2 + \cdots + \frac{f^{(n)}(0)}{n!}x^n + \cdots$$

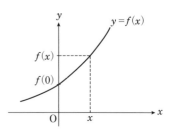

$a=0$ としたテイラー展開がマクローリン展開である。つまり $f(x)$ の値が $f(0)$ と $f^{(n)}(0)$ $(n=1,2,3,\cdots)$ を係数として，x の多項式で近似されるのである．　【解説終】

簡単な関数について，マクローリン展開を求めておこう．

 e^x のマクローリン展開

$$e^x = 1 + \frac{1}{1!}x + \frac{1}{2!}x^2 + \cdots + \frac{1}{n!}x^n + \cdots$$

証明　(1) $f(x)=e^x$ とおくと，定理 1.8.1 (p.55) より $\quad (e^x)'=e^x$
$$f^{(n)}(x)=e^x \qquad (n=1,2,3,\cdots)$$
なので
$$f(0)=e^0=1,\ f'(0)=e^0=1,\ f''(0)=e^0=1,\ \cdots,\ f^{(n)}(0)=e^0=1,\ \cdots$$
となる。ゆえにマクローリン展開すると，

$$e^x = 1 + \frac{f'(0)}{1!}x + \frac{f''(0)}{2!}x^2 + \cdots + \frac{f^{(n)}(0)}{n!}x^n + \cdots$$

$$= 1 + \frac{1}{1!}x + \frac{1}{2!}x^2 + \cdots + \frac{1}{n!}x^n + \cdots$$

ここでどんな実数 x に対しても　$R_n \to 0\ (n \to \infty)$ となるのだが，証明は略す．

【証明終】

解説　下図に $y=e^x$ のグラフと $n=5$ までの $y=e^x$ のマクローリン展開のグラフを描いてある．$x=0$
付近では，両方のグラフがほとんど一致していることに注目しよう．　【解説終】

 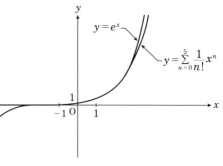

$$\log(1+x) = x - \frac{1}{2}x^2 + \frac{1}{3}x^3 - \cdots + \frac{(-1)^{n-1}}{n}x^n + \cdots \quad (-1 < x \leqq 1)$$

証明　$f(x) = \log(1+x)$ とおくと

$$f'(x) = \frac{1}{1+x} = (1+x)^{-1}$$

$$f''(x) = (-1)(1+x)^{-2}$$

$$f'''(x) = (-1)(-2)(1+x)^{-3}$$

$$\vdots$$

$$f^{(n)}(x) = (-1)(-2)\cdots(-(n-1))(1+x)^{-n}$$

$$= (-1)^{n-1}(n-1)!(1+x)^{-n}$$

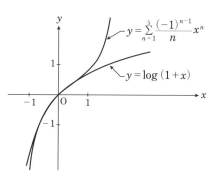

$n! = n(n-1)\cdots3\cdot2\cdot1$

$(\log x)' = \dfrac{1}{x}$

なので

$$f(0) = \log 1 = 0,\ f'(0) = 1,\ f''(0) = -1,\ f'''(0) = 2,\ \cdots,$$

$$f^{(n)}(0) = (-1)^{n-1}(n-1)!$$

となる.

ゆえにマクローリン展開すると

$$f(x) = f(0) + \frac{f'(0)}{1!}x + \frac{f''(0)}{2!}x^2 + \frac{f'''(0)}{3!}x^3 + \cdots + \frac{f^{(n)}(0)}{n!}x^n + \cdots$$

$$= 0 + \frac{1}{1!}x + \frac{(-1)}{2!}x^2 + \frac{2}{3!}x^3 + \cdots + \frac{(-1)^{n-1}(n-1)!}{n!}x^n + \cdots$$

$$= x - \frac{1}{2}x^2 + \frac{1}{3}x^3 - \cdots + \frac{(-1)^{n-1}}{n}x^n + \cdots$$

$R_n \to 0\ (n \to \infty)$ である x の範囲は

$-1 < x \leqq 1$ となるが, 証明は略す.

【証明終】

テイラー展開やマクローリン
展開は, 多項式で関数を
近似できるところが
すばらしいのです!

$y = \displaystyle\sum_{n=1}^{5} \frac{(-1)^{n-1}}{n}x^n$

$y = \log(1+x)$

❶　$\sin x = x - \dfrac{1}{3!} x^3 + \dfrac{1}{5!} x^5 - \cdots + \dfrac{(-1)^m}{(2m+1)!} x^{2m+1} + \cdots$

❷　$\cos x = 1 - \dfrac{1}{2!} x^2 + \dfrac{1}{4!} x^4 - \cdots + \dfrac{(-1)^m}{(2m)!} x^{2m} + \cdots$

証明　❶　$f(x) = \sin x$ とおくと定理 1.8.3 (p.56) より

$$f^{(n)}(x) = \sin\left(x + \frac{n}{2}\pi\right) \quad (n = 1, 2, 3, \cdots)$$

であったから

$$f(0) = \sin 0 = 0$$

$$f'(0) = \sin\left(0 + \frac{1}{2}\pi\right) = \sin\frac{\pi}{2} = 1$$

$$f''(0) = \sin\left(0 + \frac{2}{2}\pi\right) = \sin\pi = 0$$

$$f'''(0) = \sin\left(0 + \frac{3}{2}\pi\right) = \sin\frac{3}{2}\pi = -1$$

$$\vdots$$

$$f^{(n)}(0) = \sin\left(0 + \frac{n}{2}\pi\right)$$

$$= \sin\frac{n}{2}\pi = \begin{cases} 0 & (n = 4k) \\ 1 & (n = 4k+1) \\ 0 & (n = 4k+2) \\ -1 & (n = 4k+3) \end{cases} \quad (k \text{ は } 0 \text{ 以上の整数})$$

$$\vdots$$

> **三角関数の微分公式**
> $(\sin x)' = \cos x$
> $(\cos x)' = -\sin x$

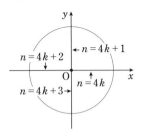

> $\dfrac{n}{2}\pi$ の動径の位置は，n の値により 4 つの場合に分かれます

ゆえに $\sin x$ のマクローリン展開は

$$f(x) = 0 + \frac{1}{1!} x + \frac{0}{2!} x^2 + \frac{-1}{3!} x^3 + \cdots + \frac{(-1)^m}{(2m+1)!} x^{2m+1} + \cdots$$

$$= x - \frac{1}{3!} x^3 + \cdots + \frac{(-1)^m}{(2m+1)!} x^{2m+1} + \cdots$$

すべての実数 x について $R_n \to 0 \, (n \to \infty)$ となるが，証明は省く.

❷ $(\cos x)^{(n)} = \cos\left(x + \dfrac{n}{2}\pi\right)$ を用いると，❶と同様に導かれる． 【証明終】

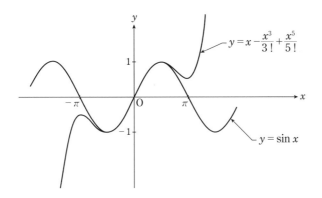

$$y = x - \frac{x^3}{3!} + \frac{x^5}{5!}$$

$$y = \sin x$$

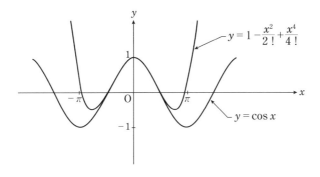

$$y = 1 - \frac{x^2}{2!} + \frac{x^4}{4!}$$

$$y = \cos x$$

すごい！

$x = 0$ 付近では
2 つのグラフはほとんど重なって
います

高階導関数
$(\sin x)^{(n)} = \sin\left(x + \dfrac{n}{2}\pi\right)$
$(\cos x)^{(n)} = \cos\left(x + \dfrac{n}{2}\pi\right)$

α任意の実数αに対して,

$$(1+x)^{\alpha} = \binom{\alpha}{0} + \binom{\alpha}{1}x + \binom{\alpha}{2}x^2 + \cdots + \binom{\alpha}{n}x^n + \cdots \qquad (|x| < 1)$$

ただし $\binom{\alpha}{n} = \dfrac{\alpha(\alpha-1)(\alpha-2)\cdots(\alpha-n+1)}{n!},\quad \binom{\alpha}{0} = 1$

証明　 $f(x) = (1+x)^{\alpha}$ とおくと

$$f'(x) = \alpha(1+x)^{\alpha-1}$$
$$f''(x) = \alpha(\alpha-1)(1+x)^{\alpha-2}$$
$$\vdots$$
$$f^{(n)}(x) = \alpha(\alpha-1)\cdots(\alpha-(n-1))(1+x)^{\alpha-n}$$
$$= \alpha(\alpha-1)\cdots(\alpha-n+1)(1+x)^{\alpha-n}$$
$$\vdots$$

なので

$$f(0) = (1+0)^{\alpha} = 1$$
$$f'(0) = \alpha(1+0)^{\alpha-1} = \alpha$$
$$f''(0) = \alpha(\alpha-1)(1+0)^{\alpha-2} = \alpha(\alpha-1)$$
$$\vdots$$
$$f^{(n)}(0) = \alpha(\alpha-1)\cdots(\alpha-n+1)(1+0)^{\alpha-n} = \alpha(\alpha-1)\cdots(\alpha-n+1)$$
$$\vdots$$

★ $\binom{\alpha}{n}$ は ${}_m C_n$ の拡張

★ α が自然数 m のとき $\binom{\alpha}{n} = {}_m C_n$

となる. ゆえに $(1+x)^{\alpha}$ のマクローリン展開は

$$(1+x)^{\alpha} = f(0) + \frac{f'(0)}{1!}x + \frac{f''(0)}{2!}x^2 + \cdots + \frac{f^{(n)}(0)}{n!}x^n + \cdots$$

$$= 1 + \frac{\alpha}{1!}x + \frac{\alpha(\alpha-1)}{2!}x^2 + \cdots + \frac{\alpha(\alpha-1)\cdots(\alpha-n+1)}{n!}x^n + \cdots$$

$$= \binom{\alpha}{0} + \binom{\alpha}{1}x + \binom{\alpha}{2}x^2 + \cdots + \binom{\alpha}{n}x^n + \cdots$$

となる. $R_n \to 0 \, (n \to \infty)$ となる x の範囲より $|x| < 1$ という条件が出るが, 証明は省略する.

【証明終】

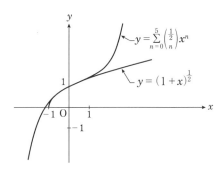

 上図は $y = (1+x)^{\frac{1}{2}} = \sqrt{1+x}$ のグラフとそのマクローリン展開の $n = 5$ までの項で作った多項式のグラフを描いたものである.

これまでみてきたように,関数のグラフとそのマクローリン展開のグラフは(n = 5 で切った多項式でさえも) x = 0 付近でほとんど一致する.

このようにマクローリン展開は関数の近似値を求めるのに有効な手段であり,電卓などにもこの展開を用いてプログラムが組まれている.　　　　　　　　　【解説終】

マクローリン展開を
使って計算して
いるんだ！

例題

> $f(x) = e^{2x}$ のマクローリン展開を求めよう．

∷ 解答 ∷ $f(x) = e^{2x}$ について

$$f'(x) = 2e^{2x}, \ f''(x) = 2^2 e^{2x}, \ \cdots, \ f^{(n)}(x) = 2^n e^{2x}, \ \cdots$$

であるから

$$f(0) = e^0 = 1, \ f'(0) = 2e^0 = 2, \ f''(0) = 2^2 e^0 = 4, \ \cdots, \ f^{(n)}(0) = 2^n e^0 = 2^n, \ \cdots$$

となる．

e^{ax} の微分公式
$(e^{ax})' = ae^{ax}$

したがって e^{2x} のマクローリン展開は

$$e^{2x} = f(0) + \frac{f'(0)}{1!} x + \frac{f''(0)}{2!} x^2 + \cdots + \frac{f^{(n)}(0)}{n!} x^n + \cdots$$

$$= 1 + 2x + \frac{4}{2} x^2 + \cdots + \frac{2^n}{n!} x^n + \cdots$$

$$= 1 + 2x + 2x^2 + \cdots + \frac{2^n}{n!} x^n + \cdots$$

となる．

【別解】 e^x のマクローリン展開はすでに導いてあるので，これを用いよう．
定理 1.10.4（p.70）より

$$e^x = 1 + \frac{1}{1!} x + \frac{1}{2!} x^2 + \cdots + \frac{1}{n!} x^n + \cdots$$

であったから，この x に $2x$ を代入すると

$$e^{2x} = 1 + \frac{1}{1!}(2x) + \frac{1}{2!}(2x)^2 + \cdots + \frac{1}{n!}(2x)^n + \cdots$$

$$= 1 + 2x + \frac{4}{2} x^2 + \cdots + \frac{2^n}{n!} x^n + \cdots$$

$$= 1 + 2x + 2x^2 + \cdots + \frac{2^n}{n!} x^n + \cdots$$

となる．

【解終】

[POINT] $f'(0), f''(0), \cdots, f^{(n)}(0)$ を求めて，マクローリン展開（p.69 定理 1.10.3）を用いる

演習 16

$f(x)=\log(1-3x)$ のマクローリン展開を求めよう． 解答は p.272

解答 $f(x)=\log(1-3x)$ を順に微分すると

$$\{\log(ax+b)\}'=\frac{(ax+b)'}{ax+b}=\frac{a}{ax+b}$$

$$f'(x)=\frac{㋐\square}{1-3x}=㋑\square(1-3x)^{㋒\square}$$

$$f''(x)=㋓\square$$

$$f'''(x)=㋔\square$$

$$\vdots$$

$$f^{(n)}(x)=㋕\square$$

であるから

$f(0)=㋖\square$，$f'(0)=㋗\square$，

$f''(0)=㋘\square$，$\cdots$，

$f^{(n)}(0)=㋙\square$，$\cdots$

となる．ゆえに

$$\log(1-3x)=f(0)+\frac{f'(0)}{1!}x+\frac{f''(0)}{2!}x^2+\cdots+\frac{f^{(n)}(0)}{n!}x^n+\cdots$$

$$=㋚\square$$

とマクローリン展開される．

【別解】 定理 1.10.5 (p.71) における $\log(1+x)$ のマクローリン展開において，x を ㋛$\square$ におきかえて求めると

$$\log(1-3x)=㋜\square$$

となる．

x の範囲は $-1<-3x\leqq 1$ より $-\frac{1}{3}\leqq x<\frac{1}{3}$ となる． 【解終】

例題

$$f(x) = \frac{1}{\sqrt{1-x}} \ \text{の} \ x^3 \ \text{までのマクローリン展開を求めよう.}$$

∷ 解 答 ∷ x^3 までの展開を求めたいから 3 階導関数まで求めておこう.

$f(x) = \dfrac{1}{\sqrt{1-x}} = (1-x)^{-\frac{1}{2}}$ より $\qquad\qquad f(0) = 1$

$f'(x) = \left(-\dfrac{1}{2}\right)(-1)(1-x)^{-\frac{3}{2}} \qquad\qquad f'(0) = \left(-\dfrac{1}{2}\right)(-1) = \dfrac{1}{2}$

$f''(x) = \left(-\dfrac{1}{2}\right)\left(-\dfrac{3}{2}\right)(-1)^2(1-x)^{-\frac{5}{2}} \qquad f''(0) = \left(-\dfrac{1}{2}\right)\left(-\dfrac{3}{2}\right)(-1)^2 = \dfrac{3}{4}$

$f'''(x) = \left(-\dfrac{1}{2}\right)\left(-\dfrac{3}{2}\right)\left(-\dfrac{5}{2}\right)(-1)^3(1-x)^{-\frac{7}{2}} \quad f'''(0) = \dfrac{15}{8}$

となるので

$$f(x) = f(0) + \frac{f'(0)}{1!}x + \frac{f''(0)}{2!}x^2 + \frac{f'''(0)}{3!}x^3 + \cdots = 1 + \frac{1}{2}x + \frac{3}{8}x^2 + \frac{5}{16}x^3 + \cdots$$

【別解】 定理 1.10.7（p.74）の $(1+x)^\alpha$ のマクローリン展開を使って求めてみよう.

$$f(x) = \frac{1}{\sqrt{1-x}} = (1-x)^{-\frac{1}{2}}$$

となるので，$\alpha = -\dfrac{1}{2}$，x を $-x$ におきかえ，x^3 の項までを書き出すと，

$$(1-x)^{-\frac{1}{2}} = \binom{-\frac{1}{2}}{0} + \binom{-\frac{1}{2}}{1}(-x) + \binom{-\frac{1}{2}}{2}(-x)^2 + \binom{-\frac{1}{2}}{3}(-x)^3 + \cdots$$

ここで $\dbinom{-\frac{1}{2}}{0} = 1,\quad \dbinom{-\frac{1}{2}}{1} = \dfrac{-\frac{1}{2}}{1!} = -\dfrac{1}{2},\quad \dbinom{-\frac{1}{2}}{2} = \dfrac{-\frac{1}{2}\left(-\frac{1}{2}-1\right)}{2!} = \dfrac{3}{8}$

$$\binom{-\frac{1}{2}}{3} = \frac{-\frac{1}{2}\left(-\frac{1}{2}-1\right)\left(-\frac{1}{2}-2\right)}{3!} = \frac{5}{16}$$

$$\therefore \quad \frac{1}{\sqrt{1-x}} = 1 - \frac{1}{2}(-x) + \frac{3}{8}x^2 - \frac{5}{16}(-x^3) + \cdots = 1 + \frac{1}{2}x + \frac{3}{8}x^2 + \frac{5}{16}x^3 + \cdots$$

x の範囲は $|-x| < 1$ より $|x| < 1$ となる. **【解終】**

演習 17

$f(x) = \sqrt[3]{1+x}$ の x^3 までのマクローリン展開を求めよう． 　解答は p.273

∷ 解答 ∷ $f(x) = \sqrt[3]{1+x}$ の 3 階導関数まで求めておこう．

$f(x) \quad = \sqrt[3]{1+x} = (1+x)^{\boxed{ア}}$ より　　　　$f(0) \quad = \boxed{イ}$

$f'(x) \quad = \boxed{ウ}$　　　　$f'(0) \quad = \boxed{エ}$

$f''(x) \quad = \boxed{オ}$　　　　$f''(0) \quad = \boxed{カ}$

$f'''(x) \quad = \boxed{キ}$　　　　$f'''(0) \quad = \boxed{ク}$

となるので

$$\sqrt[3]{1+x} = f(0) + \frac{f'(0)}{1!}x + \frac{f''(0)}{2!}x^2 + \frac{f'''(0)}{3!}x^3 + \cdots$$

$$= 1 + \boxed{ケ}x + \boxed{コ}x^2 + \boxed{サ}x^3 + \cdots = \boxed{シ}$$

【別解】 定理 1.10.7 (p.74) の $(1+x)^\alpha$ のマクローリン展開を用いて求めてみよう．

$$f(x) \quad = \sqrt[3]{1+x} = (1+x)^{\boxed{ス}}$$

であるから，$\alpha = \boxed{セ}$ とおく．定理 1.10.7 (p.74) に代入して x^3 の項までかき出すと

$$(1+x)^{\frac{1}{3}} = \boxed{ソ} + \boxed{タ}x + \boxed{チ}x^2 + \boxed{ツ}x^3 + \cdots$$

ここで $\begin{pmatrix} \frac{1}{3} \\ 0 \end{pmatrix} = \boxed{テ}$, $\begin{pmatrix} \frac{1}{3} \\ 1 \end{pmatrix} = \boxed{ト}$, $\begin{pmatrix} \frac{1}{3} \\ 2 \end{pmatrix} = \boxed{ナ}$

$\begin{pmatrix} \frac{1}{3} \\ 3 \end{pmatrix} = \boxed{ニ}$

∴ $\sqrt[3]{1+x} = \boxed{ヌ}$ 　$(|x| < 1)$ 　　　**【解終】**

関数の積のマクローリン展開

例題

> $f(x) = x\cos x$ の x^3 までのマクローリン展開を求めよう.

∷ 解 答 ∷ $f(x)$ の 3 階導関数まで求めておく.

$f(x) \quad = x\cos x$

$f'(x) = (x\cos x)' = (x)'\cdot\cos x + x\cdot(\cos x)'$
$\qquad = \cos x - x\sin x$

$f''(x) = (\cos x - x\sin x)' = (\cos x)' - (x\sin x)'$
$\qquad = -\sin x - \{(x)'\cdot\sin x + x\cdot(\sin x)'\}$
$\qquad = -2\sin x - x\cos x$

$f'''(x) = (-2\sin x - x\cos x)'$
$\qquad = -2(\sin x)' - (x\cos x)'$
$\qquad = -2\cos x - (\cos x - x\sin x)$
$\qquad = -3\cos x + x\sin x$

$f(0) \quad = 0\cdot\cos 0 = 0\cdot 1 = 0$

$f'(0) = \cos 0 - 0\cdot\sin 0$
$\qquad = 1 - 0\cdot 1 = 1$

$f''(0) = -2\sin 0 - 0\cdot\cos 0$
$\qquad = -2\cdot 0 - 0\cdot 1 = 0$

$f'''(0) = -3\cos 0 + 0\cdot\sin 0$
$\qquad = -3\cdot 1 + 0\cdot 0 = -3$

$$\therefore \quad x\cos x = f(0) + \frac{f'(0)}{1!}x + \frac{f''(0)}{2!}x^2 + \frac{f'''(0)}{3!}x^3 + \cdots$$

$$= 0 + \frac{1}{1!}x + \frac{0}{2!}x^2 + \frac{-3}{3!}x^3 + \cdots$$

$$= x - \frac{1}{2}x^3 + \cdots$$

【別解】 $\cos x$ のマクローリン展開を用いて求めてみよう. 定理 1.10.6 (p.72) より

$$x\cos x = x\left(1 - \frac{1}{2!}x^2 + \frac{1}{4!}x^4 + \cdots\right)$$

$$= x - \frac{1}{2!}x^3 + \frac{1}{4!}x^5 + \cdots$$

x^3 まで求めればよいから

$$x\cos x = x - \frac{1}{2}x^3 + \cdots$$

【解終】

$f'(0), f''(0), f'''(0)$ を求めて，マクローリン展開（p.69 定理 1.10.3）を用いる

演習 18

> $f(x) = e^x \sin x$ の x^3 までのマクローリン展開を求めよう。　　解答は p.273

解 答　$f(x) = e^x \sin x$ の 3 階導関数まで求める．

$f'(x) = $ ㋐

$f''(x) = $ ㋑

$f'''(x) = $ ㋒

したがって

$f(0) = $ ㋓

$f'(0) = $ ㋔

$f''(0) = $ ㋕

$f'''(0) = $ ㋖

したがって $e^x \sin x$ のマクローリン展開は

$e^x \sin x = $ ㋗

【別解】 定理 1.10.4 (p.70) の e^x と，定理 1.10.6 (p.72) の $\sin x$ の，マクローリン展開を使おう．

$e^x \sin x = \left(\text{㋘} \right) \cdot \left(\text{㋙} \right)$

であるから，はじめの数項をかけ合わせて x^3 までの項を求めると

$e^x \sin x = $ ㋚

【解終】

Section 1.11

関数のグラフを描く──増減と極値

　関数の値の変化を調べることにより，そのグラフのだいたいの形は描ける．ここでは，今まで勉強してきた"微分"という概念を応用して，少し詳しくグラフを描いてみよう．

　まず"極値"の定義より始める．

● 極値の定義 ●

関数 $f(x)$ が，点 a に十分近いすべての x について

$$f(x) < f(a)$$

が成立しているとき

　$f(x)$ は $x = a$ で**極大**である

といい，$f(a)$ を**極大値**という．
また，点 b に十分近いすべての x について

$$f(x) > f(b)$$

が成立しているとき

　$f(x)$ は $x = b$ で**極小**である

といい，$f(b)$ を**極小値**という．
極大値と極小値を総称して**極値**という．

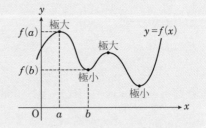

　"最大値"，"最小値"というのは

　　　ある一定の区間全体での一番大きい値，一番小さい値

ということであるが，"極大値"，"極小値"
というのは

　　　部分的，局所的にみた

　　　最大値，最小値

のこと．　　　　　　　　　【解説終】

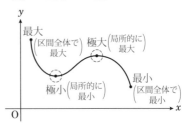

次の定理は，関数のグラフを描く上で有効となる．

定理 1.11.1 **関数の増加，減少**

$f(x)$ が a を含む区間で微分可能とする．このとき，次のことが成立する．

❶ $f'(a) > 0$ ならば，$f(x)$ は $x = a$ で増加の状態にある．

❷ $f'(a) < 0$ ならば，$f(x)$ は $x = a$ で減少の状態にある．

証明 ❶ $f'(a) = \lim_{x \to a} \dfrac{f(x) - f(a)}{x - a}$

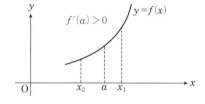

なので，$f'(a) > 0$ のとき，a に十分近い
ところでは

$a < x_1$ ならば $f(x_1) - f(a) > 0$

$\qquad \therefore \quad f(a) < f(x_1)$

$x_2 < a$ ならば $f(x_2) - f(a) < 0$

$\qquad \therefore \quad f(x_2) < f(a)$

ゆえに $f(x)$ は $x = a$ で "増加の状態" に
あることがわかる．

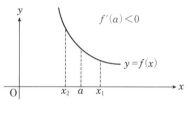

❷ 同様に $f'(a) < 0$ のとき，a に十分近い
ところでは

$a < x_1$ ならば $f(x_1) - f(a) < 0$

$\qquad \therefore \quad f(x_1) < f(a)$

$x_2 < a$ ならば $f(x_2) - f(a) > 0$

$\qquad \therefore \quad f(a) < f(x_2)$

ゆえに $f(x)$ は $x = a$ で "減少の状態"
となっている． 【証明終】

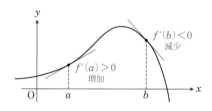

解説 $f'(a)$ は $x = a$ における関数のグラフの接線の傾きであった．

この定理は，その点の微分係数の正負によりグラフの増加，減少の状態
がわかることを示している． 【解説終】

$f(x)$ が点 a を含む区間で微分可能であるとする．このとき，$f(x)$ が $x=a$ で
極値をとれば

$$f'(a) = 0$$

である．

証明　　$f(x)$ が $x=a$ で極大値をとるとする．

　　$f(a)$ が極大値であるということは，
点 a の十分近くの x については

$$f(x) < f(a)$$

が成立することであった．

　ゆえに

　　$a < x_1$ のときも $f(x_1) < f(a)$

　　$x_2 < a$ のときも $f(x_2) < f(a)$

である．ゆえに

$$\lim_{x \to a-0} \frac{f(x) - f(a)}{x - a} \geqq 0$$

$$\lim_{x \to a+0} \frac{f(x) - f(a)}{x - a} \leqq 0$$

となる．

　一方

$$f'(a) = \lim_{x \to a} \frac{f(x) - f(a)}{x - a}$$

の値は仮定より存在しているので

　　$f'(a) \geqq 0$ かつ $f'(a) \leqq 0$

したがって

$$f'(a) = 0$$

が成立する．

　$f(x)$ が $x=a$ で極小値をとるときも全く同じ．

【証明終】

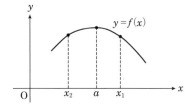

$\displaystyle\lim_{x \to a+0}$ とは	x を a より大きい方から a に近づけること（右側極限）
$\displaystyle\lim_{x \to a-0}$ とは	x を a より小さい方から a に近づけること（左側極限）
$\displaystyle\lim_{x \to a}$ とは	x をあらゆる方向から a に近づけること（極限）

（p.2, 3 を参照）

この定理は

$$x=a \text{ で極値をとる} \Rightarrow f'(a)=0$$

ということを述べているのであって

$$f'(a)=0 \text{ であっても，} x=a \text{ で極値をとるとは限らない}$$

ことに注意しよう．

$f'(x)=0$ となる x の値は

極値をとる"候補"

であり，それが極値をとるかどうかは，下図のようにその前後の $f'(x)$ の符号の変化により関数の増加，減少の状態を調べなくてはいけない． 【解説終】

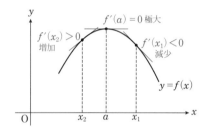

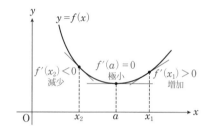

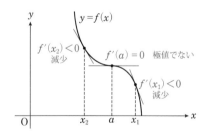

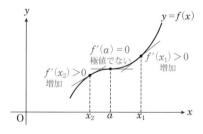

下の 2 つのグラフでは $f'(a)=0$ ですが，$x=a$ で極大でも極小でもありません

$f'(a)=0$ であっても $x=a$ で極値をとるとは限らないので注意しましょう

$f(x)$ のグラフ上の点 A $(a,f(a))$ に十分近い前後の点において接線の傾きが

増加しているとき $x=a$ で**下に凸**の状態

減少しているとき $x=a$ で**上に凸**の状態

という．また，グラフの凹凸が変わる点を**変曲点**という．

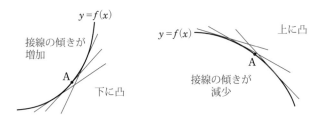

定理 1.11.3 　**曲線の凹凸**

$f(x)$ が点 a を含む区間で 2 階微分可能であるとする．このとき

❶ $f''(a)>0$ のとき，$f(x)$ のグラフは $x=a$ で下に凸の状態にある．

❷ $f''(a)<0$ のとき，$f(x)$ のグラフは $x=a$ で上に凸の状態にある．

証明　$f''(a)$ は $f'(x)$ の $x=a$ における微分係数なので次式が成立する．

$$f''(a) = \lim_{x \to a} \frac{f'(x) - f'(a)}{x - a}$$

❶ $f''(a)>0$ のとき，a に十分近いところでは

$$a < x_1 \text{ ならば } f'(a) < f'(x_1)$$
$$x_2 < a \text{ ならば } f'(x_2) < f'(a)$$

したがって，$x=a$ の前後で接線の傾きが増加しているので，下に凸の状態である．

❷ $f''(a)<0$ のとき，a に十分近いところでは

$$a < x_1 \text{ ならば } f'(a) > f'(x_1)$$
$$x_2 < a \text{ ならば } f'(x_2) > f'(a)$$

したがって，$x=a$ の前後で接線の傾きが減少しているので，上に凸の状態である．

【証明終】

定理 1.11.4　変曲点であるための必要条件

$f(x)$ が点 a を含む区間で微分可能であると
する．このとき，$f(x)$ のグラフが $x=a$ で
変曲点をもてば

$$f''(a) = 0$$

である．

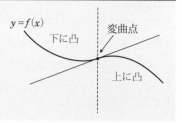

証明　$f(x)$ のグラフが $x=a$ で変曲点をもつとすると，$x=a$ の前後で $f(x)$ の
グラフの凹凸は変わる．つまり，$f''(x)$ の符号が変わる．今，$x=a$ の十
分近くで

$a < x_1$ のとき　$f''(x_1) < 0$　（上に凸）

$x_2 < a$ のとき　$f''(x_2) > 0$　（下に凸）

と仮定すると

$a < x_1$ のとき，グラフは上に凸なので

接線の傾きより $f'(a) > f'(x_1)$

$x_2 < a$ のとき，グラフは下に凸なので

接線の傾きより $f'(x_2) < f'(a)$

これより

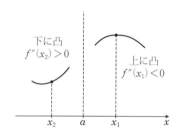

$$\lim_{x \to a+0} \frac{f'(x) - f'(a)}{x - a} \leq 0,$$

$$\lim_{x \to a+0} \frac{f'(x) - f'(a)}{x - a} \geq 0$$

であることがわかるが

$$f''(a) = \lim_{x \to a} \frac{f'(x) - f'(a)}{x - a}$$

は収束するので

$f''(a) \leq 0$　かつ　$f''(a) \geq 0$

したがって

$f''(a) = 0$

が成立する．　　　　　　　　　　【証明終】

$f''(a) = 0$ であっても
$x = a$ で変曲点にならないときも
あるので注意して下さい

関数の増減，極値，凹凸，変曲点①

例題

> 関数 $y = x^4 - 4x^3$ のグラフを次の順で描こう.
>
> (1) y', y'' を求め，因数分解しておこう.
>
> (2) $y' = 0$, $y'' = 0$ となる x をそれぞれ求めよう.
>
> (3) 増減表を作成しよう.
>
> (4) 極値があれば求めよう.
>
> (5) 変曲点があれば求めよう.
>
> (6) グラフを描こう.

∷ 解 答 ∷ (1) y', y'' を順に求め，因数分解しておこう.

$$y' = (x^4 - 4x^3)' = 4x^3 - 12x^2 = 4x^2(x-3)$$

$$y'' = (4x^3 - 12x^2)' = 12x^2 - 24x = 12x(x-2)$$

(2) $y' = 0$ となる x を求めよう.

$$4x^2(x-3) = 0 \quad \text{より} \quad x = 0 \ \text{または} \ x = 3$$

$y'' = 0$ となる x を求めよう.

$$12x(x-2) = 0 \quad \text{より} \quad \therefore \quad x = 0 \ \text{または} \ x = 2$$

(3) (2)で求めた x の値を小さい順に増減表（次頁上）
の x の欄へ記入しよう.

次に，y' の式を見ながら y' の欄に

$y' > 0$ の範囲には ＋（この範囲で y の値は増加↗）

$y' < 0$ の範囲には －（この範囲で y の値は減少↘）

$y' = 0$ の所には 0 （ここで極値の可能性あり）

を記入しよう.

さらに，y'' の式を見ながら y'' の欄に

$y'' > 0$ の範囲には ＋（この範囲でグラフは下に凸∪）

$y'' < 0$ の範囲には －（この範囲でグラフは上に凸∩）

$y'' = 0$ の所には 0 （ここで変曲点の可能性あり）

を記入しよう.

最後に，y の欄に増減と凹凸を合わせて記入して出来上がり.

極値と変曲点

$f'(a) = 0$ なら
　$x = a$ で極値をとる
　可能性あり

$f''(a) = 0$ なら
　$x = a$ で変曲点をと
　る可能性あり

グラフの増減

$f'(a) > 0$ なら
　$x = a$ で ↗ の状態

$f'(a) < 0$ なら
　$x = a$ で ↘ の状態

グラフの凹凸

$f''(a) > 0$ なら
　$x = a$ で ∪ の状態

$f''(a) < 0$ なら
　$x = a$ で ∩ の状態

増減表

x	$\cdots$	0	$\cdots$	2	$\cdots$	3	$\cdots$	
y'	$\underset{(\searrow)}{-}$	0		$\underset{(\searrow)}{-}$		0	$\underset{(\nearrow)}{+}$	← y' の＋（↗），－（↘）を記入
y''	$\underset{(\cup)}{+}$	0	$\underset{(\cap)}{-}$	0		$\underset{(\cup)}{+}$		← y'' の＋（∪），－（∩）を記入
y	$\searrow$	0	$\searrow$	-16	$\searrow$	-27	$\nearrow$	← y'，y'' の欄を見ながら↗,↗,↘,↘を記入

← $y'=0$, $y''=0$ となる x の値を小さい順に記入

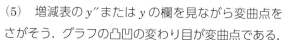

（4） 増減表の y' または y の欄を見ながら極値をさがそう．局所的に y の値が一番小さい所，または大きい所が極値なので

$x=0$ では極値をとらない．

$x=3$ で極小値 $y=3^4-4\cdot3^3=-27$ をとる．

（5） 増減表の y'' または y の欄を見ながら変曲点をさがそう．グラフの凸凹の変わり目が変曲点である．

$x=0$ で ∪ から ∩ に変わっているので変曲点である．

このとき $y=0^4-4\cdot0^3=0$

$x=2$ でも ∩ から ∪ に変わっているので変曲点である．

このとき $y=2^4-4\cdot2^3=-16$

ゆえに，変曲点は $(0,0)$ と $(2,-16)$．

（6） 増減表を見ながらグラフを描くと下図のようになる．

【解終】

このような表を**増減表**といいグラフを描くときとっても役に立ちます

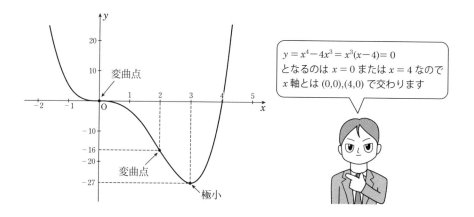

$y=x^4-4x^3=x^3(x-4)=0$
となるのは $x=0$ または $x=4$ なので
x 軸とは $(0,0),(4,0)$ で交わります

POINT P.88 極値と変曲点，グラフの増減，グラフの凹凸を用いてグラフを描く

演習 19

関数 $y=-\frac{1}{2}x^4-2x^3$ のグラフを次の順で描こう．

(1) y'，y'' を求め因数分解しておこう．

(2) $y'=0$，$y''=0$ となる x をそれぞれ求めよう．

(3) 増減表を作成しよう．

(4) 極値があれば求めよう．

(5) 変曲点があれば求めよう．

(6) グラフを描こう．

解答は p.274

解答 (1) y'，y'' を順に求め，因数分解しておく．

$y'=$ ㋐ □

$y''=$ ㋑ □

(2) (1) の結果より

$y'=0$ のとき $x=$ ㋒ □ または $x=$ ㋓ □

$y''=0$ のとき $x=$ ㋔ □ または $x=$ ㋕ □

(3) 増減表を作成する．

x の欄へ(2)で求めた値を小さい順に記入．

y'の式を見ながら，y'の欄へ＋(↗)，－(↘)，0 を記入．

y''の式を見ながら，y''の欄へ＋(∪)，－(∩)，0 を記入．

最後に y'，y'' の欄を見ながら，y の欄へ ↗，↗，↘，↘ を記入する．

増減表

㋖

x	$\cdots$		$\cdots$		$\cdots$		$\cdots$
y'							
y''							
y							

(4)　増減表より，$x=$ [ク]□ のとき極 [ケ]□ となり，極 [コ]□ 値は

$y=$ [サ]□

(5)　変曲点は $x=$ [シ]□ と $x=0$ のときで

$x=$ [ス]□ のとき　$y=$ [セ]□

$x=0$ のとき　　　$y=-\frac{1}{2}\cdot 0^4-2\cdot 0^3=0$

ゆえに，変曲点は ([ソ]□, [タ]□) と $(0, 0)$.

(6)　x 軸との共有点も求めておく.

$y=0$ とおくと

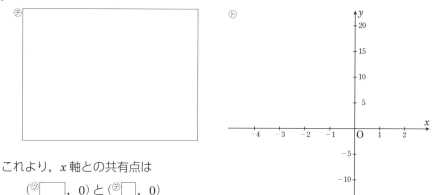

[チ]□

[ト]

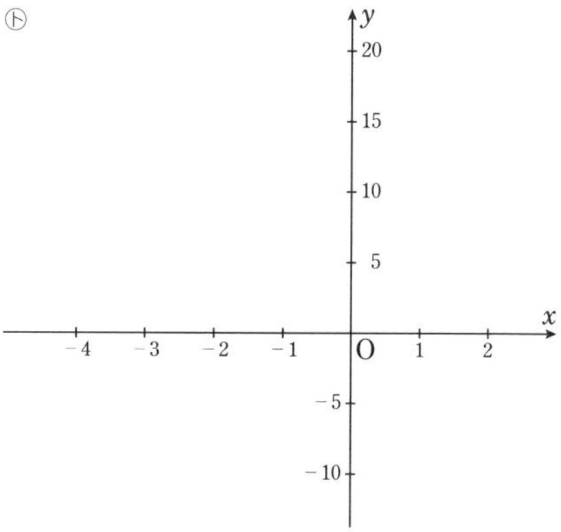

y
20
15
10
5
x
−4
−3
−2
−1
O
1
2
−5
−10

これより，x 軸との共有点は

([ツ]□, 0) と ([テ]□, 0)

増減表を見ながらグラフを描くと右図のようになる.

【解終】

(0,0) の変曲点では
グラフは x 軸に接して
いるので, うまく描いて
くださいね
変曲点で曲線の
凸凹が変わります

関数の増減，極値，凹凸，変曲点②

例題

関数 $y = xe^{-x}$ について，次の順に調べてグラフを描こう.

(1) y', y'' を求めよう.

(2) $y' = 0$, $y'' = 0$ となる x をそれぞれ求めよう.

(3) $\lim_{x \to \infty} y$, $\lim_{x \to -\infty} y$ を調べよう.

(4) 増減表を作成しよう.

(5) グラフを描こう.

解答 (1) 積の微分公式を使って y', y'' を順に求めよう.

$$y' = (xe^{-x})' = (x)' \cdot e^{-x} + x \cdot (e^{-x})'$$
$$= 1 \cdot e^{-x} + x(-e^{-x}) = e^{-x} - xe^{-x}$$
$$= (1-x)e^{-x}$$

積の微分公式
$(f \cdot g)' = f' \cdot g + f \cdot g'$

$$y'' = \{(1-x)e^{-x}\}' = (1-x)' \cdot e^{-x} + (1-x) \cdot (e^{-x})'$$
$$= -1 \cdot e^{-x} + (1-x)(-e^{-x}) = \{-1 - (1-x)\}e^{-x}$$
$$= (x-2)e^{-x}$$

指数関数の微分公式
$(e^{ax})' = ae^{ax}$

(2) $y' = 0$ のとき

$(1-x)e^{-x} = 0$, $e^{-x} \neq 0$ より $x = 1$

$y'' = 0$ のとき

$(x-2)e^{-x} = 0$, $e^{-x} \neq 0$ より $x = 2$

(3) $x \to \infty$ のときの y を調べてみよう.

$$\lim_{x \to \infty} y = \lim_{x \to \infty} xe^{-x} = \lim_{x \to \infty} \frac{x}{e^x}$$

ロピタルの定理
$\lim_{x \to \infty} f(x) = \lim_{x \to \infty} g(x) = \infty$ のとき
$\lim_{x \to \infty} \dfrac{f(x)}{g(x)} = \lim_{x \to \infty} \dfrac{f'(x)}{g'(x)}$

これは，$\lim_{x \to \infty} x = \infty$, $\lim_{x \to \infty} e^x = \infty$ なので $\dfrac{\infty}{\infty}$ の不定形

である. ロピタルの定理を使うと

$$= \lim_{x \to \infty} \frac{(x)'}{(e^x)'} = \lim_{x \to \infty} \frac{1}{e^x} = 0 \quad (収束)$$

$x \to -\infty$ のときは，$\lim_{x \to -\infty} x = -\infty$, $\lim_{x \to -\infty} e^{-x} = \infty$ より

$$\lim_{x \to -\infty} y = \lim_{x \to -\infty} xe^{-x} = -\infty \quad (発散)$$

ロピタルの定理を
使うときは
分母と分子を
別々に微分します

(4) (1)〜(3)で調べた結果を使って増減表を作成しよう.

増減表

x	$-\infty$	$\cdots$	1	$\cdots$	2	$\cdots$	∞
y'		$\begin{array}{c}+\\(\nearrow)\end{array}$	0		$\begin{array}{c}-\\(\searrow)\end{array}$		
y''			$\begin{array}{c}-\\(\cap)\end{array}$		0	$\begin{array}{c}+\\(\cup)\end{array}$	
y	$(-\infty)$	$\nearrow$	e^{-1}	$\searrow$	$2e^{-2}$	$\searrow$	(0)

$\leftarrow y' = (1-x)e^{-x}$

$\leftarrow y'' = (x-2)e^{-x}$

$\leftarrow y = xe^{-x}$

増減表の$\searrow$だけでは,
$x\to\infty$としたとき, yがどこまで
減少するかわかりません.
よって $\lim\limits_{x\to\infty} y$ を求めないと正確に
グラフは描けません.

(5) グラフを描くために, 極値, 変曲点,
x, y 軸との交点等を調べておこう.

  $x=1$ のとき　極大値　$y = 1 \cdot e^{-1} = e^{-1}$

  $x=2$ のとき　変曲点をとり　$y = 2e^{-2}$

x 軸, y 軸の交点を求める.

　y 軸との交点は $x=0$ とおき　　$y = 0 \cdot e^0 = 0$

　x 軸との交点は $y=0$ とおき　　$0 = xe^{-x}$ より　$x=0$

つまり, x, y 軸とは原点 $(0, 0)$ でしか交わらない.

以上よりグラフは下図のようになる.　　　【解終】

エクセルやスマホで求めると
$e \fallingdotseq 2.718$
$e^{-1} \fallingdotseq 0.368$
$2e^{-2} \fallingdotseq 0.271$

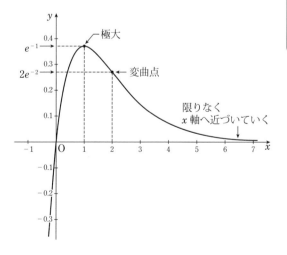

POINT $y', y'', \lim y$ を求め，極値と変曲点，グラフの増減，グラフの凹凸を用いてグラフを描く

演習 20

関数 $y=(1-x)e^{-x}$ について，次の順に調べてグラフを描きなさい．

(1) y'，y'' を求めよう．

(2) $y'=0$，$y''=0$ となる x をそれぞれ求めよう．

(3) $\lim_{x \to \infty} y$，$\lim_{x \to -\infty} y$ を調べよう．

(4) 増減表を作成しよう．

(5) グラフを描こう．

解答は p.274

解答 (1) 積の微分公式を使って y'，y'' を順に求めると

$y' =$ ㋐ [ ]

$y'' =$ ㋑ [ ]

(2) $y'=0$ のときの x を求めると

㋒ [ ]

$y''=0$ のときの x を求めると

㋓ [ ]

(3) $x \to \infty$ のときの y を調べる．

$$\lim_{x \to \infty} y = \lim_{x \to \infty} (1-x)e^{-x} = \lim_{x \to \infty} \frac{㋔\square}{㋕\square}$$

ここで $\lim_{x \to \infty}(1-x) =$ ㋖ $\square$，$\lim_{x \to \infty} e^{x} =$ ㋗ $\square$ なので，これは $\dfrac{-\infty}{\infty}$ の不定形である．

ロピタルの定理を使うと

$$= \lim_{x \to \infty} \frac{(㋘\square)'}{(㋙\square)'} = ㋚\square$$ （収束）

$x \to -\infty$ のときは $\lim_{x \to -\infty}(1-x) =$ ㋛ $\square$，$\lim_{x \to -\infty} e^{-x} =$ ㋜ $\square$ より

$$\lim_{x \to -\infty} y = \lim_{x \to -\infty}(1-x)e^{-x} = ㋝\square$$ （発散）

(4)　(1)～(3)で調べた結果を使って増減表を作成すると，次のようになる．

増減表

㋞

x	$-\infty$	$\cdots$		$\cdots$		$\cdots$	∞	
y'								← $y' =$ ㋟ [　　]
y''								← $y'' =$ ㋠ [　　]
y								← $y = (1-x)e^{-x}$

(5)　グラフを描くために，極値，変曲点，軸との交点を求めておく．

増減表より

$x=2$　のとき　極㋡[　]値　$y=$ ㋢[　　　　]をとる．

$x=3$　のとき㋣[　　　]をとり，このとき $y=$ ㋤[　　　　]

x，y 軸との交点を求める．

y 軸との交点は $x=0$ とおいて

㋥[　　　　　　　]　より　$(0,$ ㋦[　]$)$

x 軸との交点は $y=0$ とおいて

㋧[　　　　　　　]　より　$($㋨[　]$, 0)$

以上よりグラフを描くと，右下㋫のようになる．　**【解終】**

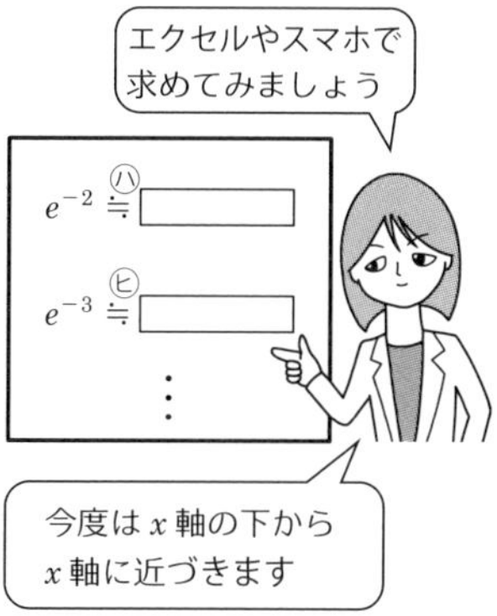
エクセルやスマホで
求めてみましょう
e^{-2} ≒ ㋩[　　]
e^{-3} ≒ ㋪[　　]
⋮
今度は x 軸の下から
x 軸に近づきます

㋫

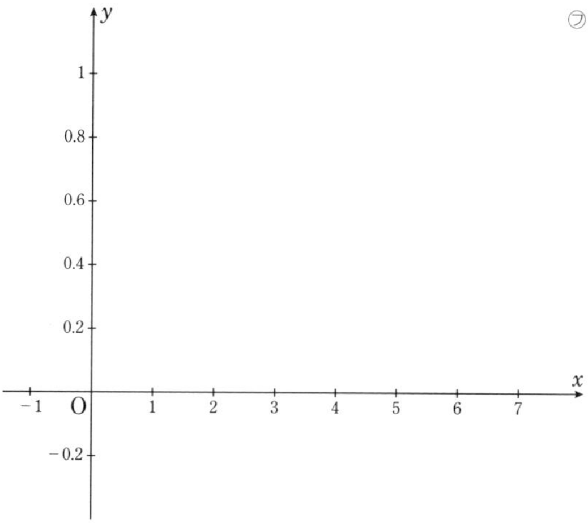
y
1
0.8
0.6
0.4
0.2
x
−1
O
1
2
3
4
5
6
7
−0.2

問 1 ～ 5 は，次の関数を微分しなさい.

問1 (1) $y = (x^2 + 2x - 5)^5$　　(2) $y = \dfrac{3x - 2}{2x + 1}$　　(3) $y = \sqrt[4]{1 + x^3}$

問2 (1) $y = \tan^3(2x + 1)$　　(2) $y = \dfrac{\sin x}{1 + \cos^2 x}$　　(3) $y = x^2 \sin \dfrac{1}{x}$

問3 (1) $y = \dfrac{1}{e^x - e^{-x}}$　　(2) $y = \sqrt[3]{1 + e^{3x}}$　　(3) $y = \log(x + \sqrt{x^2 + 1})$

問4 (1) $y = (1 + 2x)^{\frac{1}{x}}$　　(2) $y = e^{\sin^{-1} x}$　　(3) $y = \dfrac{\sqrt{x^2 - 1}}{(1 - 3x^2)^5}$

問5 (1) $y = \sin^{-1}(x - 1) - \sqrt{2x - x^2}$　　(2) $y = \tan^{-1} \dfrac{x}{\sqrt{1 - x^2}}$

問6 次の関数の n 階導関数を求め，マクローリン展開しなさい.

(1) $f(x) = 2^x$　　(2) $f(x) = \log \dfrac{1 + x}{1 - x}$

問7 次の関数の増減，凹凸，極値，変曲点等を調べ，グラフを描きなさい.

(1) $y = \dfrac{x + 1}{x^2 + 1}$

(2) $y = \sin x(1 - \cos x)$　$(-\pi \leq x \leq \pi)$

(3) $y = x^3 \log x$　$(x > 0)$

(4) $y = x + \sqrt{9 - x^2}$　$(-3 \leq x \leq 3)$

微分の知識を総動員して，
レベルアップ
しましょう.

総合演習のヒント

問1

問2 } 合成関数の微分，積や商の微分の混合計算です.

問3

問4 対数微分法で微分しましょう.

問5 逆三角関数の微分公式を思い出して！

$$(\sin^{-1}x)' = \frac{1}{\sqrt{1-x^2}}, \quad (\cos^{-1}x)' = -\frac{1}{\sqrt{1-x^2}}, \quad (\tan^{-1}x)' = \frac{1}{1+x^2}$$

問6 (1) $(a^x)' = a^x \log a$

(2) $f(x) = \log(1+x) - \log(1-x)$ として微分.

$$\left[\text{マクローリン展開} : f(x) = \sum_{n=0}^{\infty} \frac{f^{(n)}(0)}{n!} x^n \right]$$

問7 (1) ロピタルの定理を用いて $\lim_{x \to \infty} y$, $\lim_{x \to -\infty} y$ も調べましょう.

(2) $y' = 0$ となる点や y' の符号に気をつけて.

$y'' = 0$ となる x を求めるときには逆三角関数を思い出しましょう.

(3) ロピタルの定理を用いて $\lim_{x \to 0+0} y$, $\lim_{x \to \infty} y$ も調べましょう.

(4) $y' = 0$ として無理方程式を解くとき気をつけて.

Column　折り紙を置く順番は？

　右図のように同じ大きさの折り紙が8枚重ねてあります. さあ, どのような順で置いていったのでしょう.

　答えを見つける方法として, 実際に折り紙を使って確認しながら答えを探す方法, これは

具体的操作による解決

です. 新しい概念に出会ったときは, この方法でその考え方に慣れていきます.

　次の方法としては, 頭の中で折り紙を思い浮かべて, いろいろ並べて考えます. このとき, 具体的な折り紙は一切使いません. これを

念頭操作による解決

といい, 抽象的思考のもととなります. どうして頭の中で考えられるかというと, それは過去に具体的に折り紙を使った具体的操作の経験があるからなのです.

　最後に数学的にちょっと抽象化して考えてみましょう.

　重なっている折り紙に

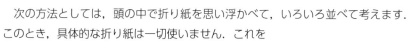

と名前をつけ, 「隣どうし, 上にある方が大きい」として不等号で関係をつけてみます. たとえば, Aの上にBを置かないと図のようにならないので, $A < B$ です.

　すると

$A < B, \ B < C, \ C < D, \ D < E, \ E > F, \ F < G, \ G < A$

となり, Hは一番上にあるので, 一番大きくなります.

　この不等式の関係より

$F < G < A < B < C < D < E < H$

となりました.

　みなさんはどのように見つけましたか？

参考文献：『数学は生きている―身近に潜む数学の不思議―』
　　　　　テオニ・パパス著, 秋山仁監訳, 東海大学出版会

1 変数関数の積分

不定積分

不定積分は，次の定義で述べるように

微分方程式を解く

という考え方から出発している.

• 原始関数の定義 •

関数 $f(x)$ に対し，

$$F'(x) = f(x)$$

を満たす関数 $F(x)$ を $f(x)$ の**原始関数**という.

解説 微分すると $f(x)$ になる関数 $F(x)$ のことを，$f(x)$ の**原始関数**という.

$f(x)$ に対し，原始関数は必ず存在するとは限らない. また存在しても，その $F(x)$ を多項式や $\sin x$, $\cos x$ などの初等関数で表せるとは限らない. さらに次の定理にあるように，$f(x)$ に対し原始関数が存在すれば，無数に存在してしまうのである. 【解説終】

定理 2.1.1　原始関数の特性

$F(x)$, $G(x)$ がともに $f(x)$ の原始関数であるとき，

$$F(x) = G(x) + C \quad (C：定数)$$

と表すことができる.

証明 原始関数の定義より

$$F'(x) = f(x), \quad G'(x) = f(x)$$

であるから，$H(x) = F(x) - G(x)$ とおくと

$$H'(x) = (F(x) - G(x))' = F'(x) - G'(x)$$
$$= f(x) - f(x) = 0$$

となる. 微分して 0 となるのは定数のみなので，

$$H(x) = F(x) - G(x) = C \quad (C：定数)$$

$$\therefore \quad F(x) = G(x) + C \quad (C：定数)$$

【証明終】

● 不定積分の定義 ●

$f(x)$ の原始関数の 1 つを $F(x)$ とするとき

$$F(x) + C \quad (C:任意定数)$$

を $f(x)$ の**不定積分**といい

$$\int f(x)\,dx$$

で表す．また，$f(x)$ を**被積分関数**といい，C を**積分定数**という．

原始関数と不定積分はどうちがうのか，理解しましょう

解説 前の定理より $f(x)$ の原始関数 $F(x)$ は 1 通りには定まらないが，原始関数 $F(x)$ が 1 つ求まれば，$f(x)$ のすべての原始関数は C を任意の定数として $F(x) + C$ の形で表せる．そこで，任意定数 C を不定のままで残し，原始関数を

$$F(x) + C$$

と表現したのが**不定積分**である．したがって，原始関数 $F(x)$ が 1 つ求まれば他の原始関数はすべて求まるので，任意定数である積分定数 C を省略する場合もある．

$$
\left[
\begin{array}{c}
1 つ 1 つは \\
f(x) の原始関数
\end{array}
\left\{
\begin{array}{l}
F(x) \\
F(x) + 1 \\
F(x) + 2 \\
F(x) + \sqrt{3} \\
\vdots
\end{array}
\right.
\xrightarrow{\substack{\text{すべてを} \\ \text{ひとまとめにする}}} F(x) + C \xrightarrow{\text{微分}} f(x)
\right]
$$

【解説終】

定義より，次の積分の線形性はすぐ導ける．

定理 2.1.2 　積分の線形性

$$\int k f(x)\,dx = k \int f(x)\,dx \quad (k:定数)$$

$$\int \{f(x) \pm g(x)\}\,dx = \int f(x)\,dx \pm \int g(x)\,dx \quad (複号同順)$$

それでは，不定積分の定義

$$F'(x) = f(x) \Rightarrow \int f(x)\,dx = F(x) + C \quad (C：積分定数)$$

を頭に入れて，各種微分基本公式より積分の基本公式を導こう．

まず，x^a と対数関数の微分公式より次の公式が導ける（C は積分定数）．

x^a の積分公式

❶ $\displaystyle \int x^a dx = \frac{1}{a+1} x^{a+1} + C \quad \left(\begin{array}{l} a：実数，\ a \neq -1 \\ x > 0 \end{array}\right)$

❷ $\displaystyle \int \frac{1}{x}\,dx = \log x + C \quad (x > 0)$

❸ $\displaystyle \int \frac{1}{x}\,dx = \log|x| + C \quad (x \neq 0)$

x^a，対数関数の微分公式

$(x^a)' = ax^{a-1} \quad \left(\begin{array}{l} a：実数 \\ x > 0 \end{array}\right)$

$(\log x)' = \dfrac{1}{x} \quad (x > 0)$

$(\log|x|)' = \dfrac{1}{x} \quad (x \neq 0)$

特に，x^a の積分公式の❶にそれぞれ $a = 0,\ \dfrac{1}{2},\ -\dfrac{1}{2}$ を代入すると次の公式が導ける．

x^a の積分公式（$a = 0, \frac{1}{2}, -\frac{1}{2}$ の場合）

❶ $\displaystyle \int 1\,dx = x + C$

❷ $\displaystyle \int \sqrt{x}\,dx = \frac{2}{3} x^{\frac{3}{2}} + C = \frac{2}{3} x\sqrt{x} + C$

❸ $\displaystyle \int \frac{1}{\sqrt{x}}\,dx = 2x^{\frac{1}{2}} + C = 2\sqrt{x} + C$

x^a の積分公式は
最もよく使いますよ

さらに，三角関数の微分公式より次の公式が導ける．

三角関数の積分公式

❶ $\displaystyle \int \sin x\,dx = -\cos x + C$

❷ $\displaystyle \int \cos x\,dx = \sin x + C$

❸ $\displaystyle \int \frac{1}{\cos^2 x}\,dx = \tan x + C \quad (\cos x \neq 0)$

三角関数の微分公式

$(\sin x)' = \cos x$

$(\cos x)' = -\sin x$

$(\tan x)' = \dfrac{1}{\cos^2 x}$

$(\cos x \neq 0)$

逆三角関数については，逆三角関数の微分公式より次の公式が導ける．このあたりで微分の公式と積分の公式がごちゃごちゃになりやすいので気をつけよう．

逆三角関数の微分公式

$$(\sin^{-1}x)' = \frac{1}{\sqrt{1-x^2}}$$
$$(|x| < 1)$$

$$(\cos^{-1}x)' = -\frac{1}{\sqrt{1-x^2}}$$
$$(|x| < 1)$$

$$(\tan^{-1}x)' = \frac{1}{1+x^2}$$

━● 逆三角関数の積分公式 ●━

❶ $\displaystyle\int \frac{1}{\sqrt{1-x^2}}\,dx = \sin^{-1}x + C \quad (|x| < 1)$

❷ $\displaystyle\int \frac{1}{1+x^2}\,dx = \tan^{-1}x + C$

逆三角関数については

$$\int \frac{-1}{\sqrt{1-x^2}}\,dx = \cos^{-1}x + C$$

も成立するが，$\sin^{-1}x$ となる方だけ覚えておけば十分である．実は，第 1 章 p.36 下部にも記したように，

$$\sin^{-1}x + \cos^{-1}x = \frac{\pi}{2}$$

という関係がある．

最後に，指数関数については，e^x と a^x の微分公式より導ける．

━● e^x と a^x の積分公式 ●━

❶ $\displaystyle\int e^x dx = e^x + C$

❷ $\displaystyle\int a^x dx = \frac{a^x}{\log a} + C \quad \begin{pmatrix} a > 0 \\ a \neq 1 \end{pmatrix}$

e^x と a^x の微分公式

$$(e^x)' = e^x$$
$$(a^x)' = a^x \log a \quad (a > 0)$$

これで積分の基本公式は終り．あとはこれらを組み合わせ，後で出てくる置換積分法，部分積分法を用いると様々な関数の不定積分を求めることができる．

積分の線形性を用いた不定積分①

例題

次の不定積分を求めよう.

(1) $\displaystyle\int\left(x^2 - \frac{3}{x}\right)dx$　　　(2) $\displaystyle\int(4\sin x + \cos x)\,dx$　　　(3) $\displaystyle\int\left(6\sqrt{x} - \frac{1}{\sqrt{x}}\right)dx$

:: 解答 ::　基本公式を確認しながら計算していこう.

積分すると各項から積分定数が出てくるが, まとめて 1 つ + C としておけばよい.

(1)　まず線形性により

$$\int\left(x^2 - \frac{3}{x}\right)dx = \int x^2 dx - 3\int \frac{1}{x}\,dx$$

となる. 次に x^a の積分公式を用いて

$$= \frac{1}{2+1}x^{2+1} - 3\log|x| + C$$

$$= \frac{1}{3}x^3 - 3\log|x| + C$$

(2)　線形性を用いてバラバラにする.

$$\int(4\sin x + \cos x)\,dx$$

$$= 4\int \sin x\,dx + \int \cos x\,dx$$

三角関数の積分公式を使って

$$= 4(-\cos x) + \sin x + C$$

$$= -4\cos x + \sin x + C$$

(3)　まずバラバラにする.

$$\int\left(6\sqrt{x} - \frac{1}{\sqrt{x}}\right)dx = 6\int \sqrt{x}\,dx - \int \frac{1}{\sqrt{x}}\,dx$$

x^a の積分公式 $\left(a = \dfrac{1}{2},\ -\dfrac{1}{2}\text{の場合}\right)$ より

$$= 6 \times \frac{2}{3}x\sqrt{x} - 2\sqrt{x} + C$$

$$= 4x\sqrt{x} - 2\sqrt{x} + C \qquad\qquad \text{【解終】}$$

積分の線形性

$$\int kf dx = k\int f dx$$

$$\int(f \pm g)\,dx = \int f dx \pm \int g dx$$

---

x^a の積分公式

$$\int x^a dx = \frac{1}{a+1}x^{a+1} + C$$
$$(a \neq -1)$$

$$\int \frac{1}{x}\,dx = \log|x| + C$$

---

x^a の積分公式 $\left(a = \dfrac{1}{2},\ -\dfrac{1}{2}\text{の場合}\right)$

$$\int 1\,dx = x + C$$

$$\int \sqrt{x}\,dx = \frac{2}{3}x\sqrt{x} + C$$

$$\int \frac{1}{\sqrt{x}}\,dx = 2\sqrt{x} + C$$

三角関数の積分公式

$$\int \sin x\,dx = -\cos x + C$$

$$\int \cos x\,dx = \sin x + C$$

$$\int \frac{1}{\cos^2 x}\,dx = \tan x + C$$

[POINT] 積分の線形性（定理 2.1.2），x^a の積分公式，三角関数の積分公式を使う

演習 21

次の関数の不定積分を求めよう．

(1) $\displaystyle\int(5x^4-4x+3)\,dx$　　(2) $\displaystyle\int\left(\sin x-\frac{3}{\cos^2 x}\right)dx$

(3) $\displaystyle\int\left(\frac{1}{x^2}+3\sqrt{x}\right)dx$　　(4) $\displaystyle\int\left(\frac{1}{2\sqrt{x}}+\frac{1}{3x}\right)dx$

解答は p.279

解答 線形性を用いてバラバラにし，各種積分公式を使えばよい．

(1) x^a の積分公式を用いて，

$$\int(5x^4-4x+3)\,dx = ㋐\square\int x^4dx - ㋑\square\int x\,dx + ㋒\square\int dx$$

$$= ㋓\square$$

$\displaystyle\int dx=\int 1\,dx$

(2) 三角関数の積分公式を用いて

$$\int\left(\sin x-\frac{3}{\cos^2 x}\right)dx=\int\sin x\,dx - ㋔\square\int\frac{1}{\cos^2 x}\,dx$$

$$= ㋕\square$$

(3) $\dfrac{1}{x^2}$ はベキの形に直しておく方が，公式が使いやすい．

$$\int\left(\frac{1}{x^2}+3\sqrt{x}\right)dx=\int x^{㋖\square}\,dx + ㋗\square\int\sqrt{x}\,dx$$

$\dfrac{1}{x^a}$ は x^{-a} に直して積分

x^a の積分公式を使って

$$= ㋘\square$$

(4) 係数に気をつけながら x^a の積分公式を使うと

$$\int\left(\frac{1}{2\sqrt{x}}+\frac{1}{3x}\right)dx = ㋙\square\int\frac{1}{\sqrt{x}}\,dx + ㋚\square\int\frac{1}{x}\,dx$$

$$= ㋛\square$$

【解終】

例題

次の不定積分を求めよう.

(1) $\displaystyle\int\left(\frac{4}{\sqrt{1-x^2}}-\frac{1}{\sqrt[4]{x}}\right)dx$　　(2) $\displaystyle\int\left(\frac{2}{1+x^2}+\frac{3}{x}\right)dx$　　(3) $\displaystyle\int 5(e^x-3^x)\,dx$

:: **解答** ::　基本公式を見ながら計算してゆこう.

逆三角関数の積分公式

$$\int\frac{1}{\sqrt{1-x^2}}\,dx=\sin^{-1}x+C$$

$$\int\frac{1}{1+x^2}\,dx=\tan^{-1}x+C$$

(1)　まず線形性により

$$\int\left(\frac{4}{\sqrt{1-x^2}}-\frac{1}{\sqrt[4]{x}}\right)dx=4\int\frac{1}{\sqrt{1-x^2}}\,dx-\int\frac{1}{\sqrt[4]{x}}\,dx$$

$\dfrac{1}{\sqrt[4]{x}}$ は $x^{-\frac{1}{4}}$ と直して，逆三角関数と x^a の積分公式を使うと

$$=4\int\frac{1}{\sqrt{1-x^2}}\,dx-\int x^{-\frac{1}{4}}\,dx$$

$$=4\sin^{-1}x-\frac{1}{-\frac{1}{4}+1}\,x^{-\frac{1}{4}+1}+C$$

$$=4\sin^{-1}x-\frac{4}{3}\,x^{\frac{3}{4}}+C$$

$$=4\sin^{-1}x-\frac{4}{3}\sqrt[4]{x^3}+C$$

x^a の積分公式

$$\int x^a dx=\frac{1}{a+1}\,x^{a+1}+C$$
$$(a\neq-1)$$

$$\int\frac{1}{x}\,dx=\log|x|+C$$

(2)　バラバラにしてから逆三角関数と x^a の積分公式を使って

$$\int\left(\frac{2}{1+x^2}+\frac{3}{x}\right)dx=2\int\frac{1}{1+x^2}\,dx+3\int\frac{1}{x}\,dx$$

$$=2\tan^{-1}x+3\log|x|+C$$

(3)　バラバラにしてから e^x と a^x の積分公式を使えばすぐに計算できる.

$$\int 5(e^x-3^x)\,dx=5\int(e^x-3^x)\,dx$$

$$=5\left(\int e^x dx-\int 3^x dx\right)$$

$$=5\left(e^x-\frac{3^x}{\log 3}\right)+C$$

【解終】

e^x と a^x の積分公式

$$\int e^x dx=e^x+C$$

$$\int a^x dx=\frac{a^x}{\log a}+C$$

POINT 逆三角関数，x^a，e^x，a^x の積分公式を使う

演習 22

次の関数の不定積分を求めよう.

(1) $\displaystyle\int\left(\frac{1}{x^2}+\frac{2}{1+x^2}\right)dx$ (2) $\displaystyle\int\left(\frac{3}{\sqrt{x}}-\frac{2}{\sqrt{1-x^2}}\right)dx$

(3) $\displaystyle\int\left(\frac{1}{x}-2^x+3e^x\right)dx$

解答は p.279

解答 基本公式の“総まとめ”のつもりでやってみよう.

(1) 線形性よりバラバラにし，x^a と逆三角関数の積分公式を使うと

$$\int\left(\frac{1}{x^2}+\frac{2}{1+x^2}\right)dx$$

$$=\int x^{㋐\square}\,dx+{}^{㋑}\square\int\frac{1}{1+x^2}\,dx$$

$=$ ㋒ □

(2) バラバラにしてから $x^a\left(a=-\dfrac{1}{2}\right)$ と逆三角関数の積分公式を使うと

$$\int\left(\frac{3}{\sqrt{x}}-\frac{2}{\sqrt{1-x^2}}\right)dx$$

$$={}^{㋓}\square\int\frac{1}{\sqrt{x}}\,dx-{}^{㋔}\square\int\frac{1}{\sqrt{1-x^2}}\,dx$$

$=$ ㋕ □

x^a の積分公式 $\left(a=\frac{1}{2},\ -\frac{1}{2}\right)$

$$\int\sqrt{x}\,dx=\frac{2}{3}x\sqrt{x}+C$$

$$\int\frac{1}{\sqrt{x}}\,dx=2\sqrt{x}+C$$

(3) $\dfrac{1}{x}$, e^x, a^x の積分公式を間違えないように使おう.

$$\int\left(\frac{1}{x}-2^x+3e^x\right)dx$$

$=$ ㋖ □

【解終】

置換積分

| 定理 2.2.1 | 置換積分法 |

$u = f(x)$ が微分可能ならば次式が成立する.

$$\int g(f(x)) \cdot f'(x)\, dx = \int g(u)\, du$$

合成関数の微分公式
$$\frac{dy}{dx} = \frac{dy}{du} \cdot \frac{du}{dx}$$

証明 $g(u)$ の原始関数の 1 つを $G(u)$ とすると

$$\int g(u)\, du = G(u) + C \quad (C：積分定数)$$

とかける. この両辺を x で微分すると

$$\frac{d}{dx}\left\{ \int g(u)\, du \right\} = \frac{d}{dx}\{G(u) + C\}$$

★ $\dfrac{d}{dx} C = C' = 0$

★ $\dfrac{d}{du}\left\{\int f(u)\,du\right\} = f(u)$
└ 積分 ┘
└── 微分 ──┘

左辺に合成関数の微分法を用いると

$$\frac{d}{du}\left\{ \int g(u)\, du \right\} \frac{du}{dx} = \frac{d}{dx} G(u) + \frac{d}{dx} C \quad \cdots ①$$

仮定より $u = f(x)$ で,両辺を x で微分すると $\dfrac{du}{dx} = f'(x)$ となり,①は

$$g(u)f'(x) = \frac{d}{dx} G(u)$$

と書き直せる. この式は "$G(u)$ を x で微分すると $g(u)f'(x)$ となる" ということだから,不定積分の定義より

$$\int g(u)f'(x)\, dx = G(u) + C \quad (C：積分定数)$$

$$\therefore \quad \int g(f(x)) \cdot f'(x)\, dx = \int g(u)\, du$$

【証明終】

解説 $u = f(x)$ を x で微分すると $\dfrac{du}{dx} = f'(x)$ となるが,この定理 2.2.1 は形式的に

$$du = f'(x)\, dx$$

とおきかえても問題がないことを示している. このことにより,合成関数の微分

公式と同様に，微分の記号である $\dfrac{du}{dx}$ を，分数のように取り扱えるということになる．

この置換積分の定理より，次の公式が導ける．　　　　　　　　　　【解説終】

系 2.2.2

❶ $\displaystyle\int g(x)\,dx = G(x) + C \Rightarrow \int g(ax+b)\,dx = \dfrac{1}{a}G(ax+b) + C \quad (a \neq 0)$

❷ $\displaystyle\int \{f(x)\}^a \cdot f'(x)\,dx = \dfrac{1}{a+1}\{f(x)\}^{a+1} + C \quad (a \neq -1)$

❸ $\displaystyle\int \dfrac{f'(x)}{f(x)}\,dx = \log|f(x)| + C$

 ❶は仮定の式を $\displaystyle\int g(u)\,du = G(u)$ とかき替えてから $u = ax+b$ とおけば，❷と❸は $u = f(x)$ とおけば，置換積分法より簡単に導ける．あるいは右辺を x で微分して導いてもよい．この系は無理に覚える必要はない．まず定理 2.2.1 の置換積分法を十分にマスターしよう．はじめのうちは $u = f(x)$ としっかり置換して計算してほしい．だんだん慣れてくると，何をどのように置換したらよいかわかってくる．そのくらいになったら，この系を使おう．これは"置換をしないで置換積分をする"方法である．　　　　　　　　　　【解説終】

$u = ax+b$ とおいて $du = a\,dx$ であることを用いて，定理 2.2.1 の置換積分法を行うと次の公式が導ける．

● $f(ax+b)$ の積分公式 ●

❶ $\displaystyle\int (ax+b)^p\,dx = \dfrac{1}{a} \cdot \dfrac{1}{p+1}(ax+b)^{p+1} + C \quad (p \neq -1)$

❷ $\displaystyle\int \dfrac{1}{ax+b}\,dx = \dfrac{1}{a}\log|ax+b| + C$

❸ $\displaystyle\int \sin(ax+b)\,dx = -\dfrac{1}{a}\cos(ax+b) + C$

❹ $\displaystyle\int \cos(ax+b)\,dx = \dfrac{1}{a}\sin(ax+b) + C$

❺ $\displaystyle\int e^{ax+b}\,dx = \dfrac{1}{a}e^{ax+b} + C$ 　　　　　　　　（いずれも $a \neq 0$）

$(ax+b)^p$ **の不定積分**

例題

> （　）内の置換を行うことにより，次の不定積分を求めよう．
>
> (1) $\displaystyle\int (5x-1)^{10}\, dx$ $(u=5x-1)$　　(2) $\displaystyle\int \frac{2}{4x+1}\, dx$ $(u=4x+1)$
>
> (3) $\displaystyle\int \frac{1}{\sqrt{1-3x}}\, dx$ $(u=1-3x)$

解答 (1) $u=5x-1$ とおいて，左辺を u で微分，右辺を x で微分すると考えると，$du=5\,dx$.

これより $dx=\dfrac{1}{5}\,du$ となるので，置換積分法より

置換積分法
$u=f(x) \Rightarrow du=f'(x)\,dx$
$\displaystyle\int g\,(f(x))\cdot f'(x)\,dx$
$\displaystyle\qquad =\int g\,(u)\,du$

$$\int (5x-1)^{10}\, dx = \int u^{10}\cdot \frac{1}{5}\, du$$

$$= \frac{1}{5}\int u^{10}\, du = \frac{1}{5}\cdot\frac{1}{10+1}\, u^{10+1}+C = \frac{1}{55}\, u^{11}+C$$

u をもとにもどして

$$= \frac{1}{55}\, (5x-1)^{11}+C$$

(2) $u=4x+1$ より $du=4\,dx$ なので $dx=\dfrac{1}{4}\,du$. したがって

$$\int \frac{2}{4x+1}\, dx = 2\int \frac{1}{4x+1}\, dx = 2\int \frac{1}{u}\cdot\frac{1}{4}\, du$$

$$= \frac{2}{4}\int \frac{1}{u}\, du = \frac{1}{2}\int \frac{1}{u}\, du = \frac{1}{2}\log|u|+C$$

ここで u をもとにもどすと

$$= \frac{1}{2}\log|4x+1|+C$$

(3) $u=1-3x$ より $du=-3\,dx$ なので $dx=-\dfrac{1}{3}\,du$. したがって

$$\int \frac{1}{\sqrt{1-3x}}\, dx = \int \frac{1}{\sqrt{u}}\left(-\frac{1}{3}\, du\right) = -\frac{1}{3}\int \frac{1}{\sqrt{u}}\, du = -\frac{1}{3}\cdot 2\sqrt{u}+C$$

ここで u をもどすと

$$= -\frac{2}{3}\sqrt{1-3x}+C$$

【解終】

POINT 置換積分法を使う．
慣れれば，$f(ax+b)$ の❶，❷を使う．

演習 23

(　) 内の置換を行って次の不定積分を求めよう．

(1) $\int (3x+2)^4 dx \quad (u=3x+2)$　　(2) $\int \frac{1}{2x+1} dx \quad (u=2x+1)$

(3) $\int \sqrt[3]{(6x-5)^2}\, dx \quad (u=6x-5)$　　解答は p.279

解答 (1) $u=3x+2$ において，左辺を u で微分，右辺を x で微分して

$du=$ ㋐ $\square$ dx，これより $dx=$ ㋑ $\square$ du．置換積分法より

$\int (3x+2)^4 dx = \int u^4 \cdot$ ㋒ $\square$ $du =$ ㋓ $\square$ $\int u^4\, du$

$=$ ㋔ $\square$

u をもとにもどして

$=$ ㋕ $\square$

x^a の積分公式

$\int x^a dx = \frac{1}{a+1} x^{a+1} + C$

$(a \neq -1)$

$\int \frac{1}{x} dx = \log|x| + C$

(2) $u=2x+1$ より

$du=$ ㋖ $\square$ dx なので $dx=$ ㋗ $\square$ du.

したがって置換積分法より

$\int \frac{1}{2x+1} dx =$ ㋘ $\square$

u をもとにもどすと

$=$ ㋙ $\square$

x^a の積分公式 $\left(a=\frac{1}{2},\ -\frac{1}{2}\right)$

$\int \sqrt{x}\, dx = \frac{2}{3} x\sqrt{x} + C$

$\int \frac{1}{\sqrt{x}} dx = 2\sqrt{x} + C$

(3) $u=6x-5$ より $du=$ ㋚ $\square$ dx.

ゆえに $dx=$ ㋛ $\square$ du より

$\int \sqrt[3]{(6x-5)^2}\, dx =$ ㋜ $\square$

【解終】

問題 24　頭の中で置換する $(ax+b)^p$ の不定積分

例題

次の不定積分を求めよう.

(1) $\displaystyle\int (2x-3)^5\,dx$　　(2) $\displaystyle\int \frac{1}{3x-1}\,dx$　　(3) $\displaystyle\int \sqrt{4x+3}\,dx$

(4) $\displaystyle\int \frac{1}{(5x-2)^2}\,dx$

∷解答∷　(1)　頭の中で $2x-3$
を u とおいて積分する. x の係数
で割ることに注意して

$$\int (2x-3)^5\,dx$$

$$=\frac{1}{2}\cdot\frac{1}{5+1}(2x-3)^{5+1}+C$$

$$=\frac{1}{12}(2x-3)^6+C$$

> **$f(ax+b)$ の積分公式 (p.109)**
>
> ❶ $\displaystyle\int (ax+b)^p\,dx=\frac{1}{a}\frac{1}{p+1}(ax+b)^{p+1}+C$
>
> $\qquad\qquad\qquad\qquad\qquad (p\neq -1)$
>
> ❷ $\displaystyle\int \frac{1}{ax+b}\,dx=\frac{1}{a}\log|ax+b|+C$
>
> $\qquad\qquad\qquad\qquad （いずれも a\neq 0）$

$ax+b$ を頭の中で
u とおけばいいですね

(2)　$3x-1$ を u とみなして積分し, x の係数で割ると

$$\int \frac{1}{3x-1}\,dx=\frac{1}{3}\log|3x-1|+C$$

(3)　$4x+3$ を u とみなして積分. x の係数で割ることを忘れずに.

$$\int \sqrt{4x+3}\,dx=\int (4x+3)^{\frac{1}{2}}\,dx=\frac{1}{4}\cdot\frac{1}{\frac{1}{2}+1}(4x+3)^{\frac{1}{2}+1}+C$$

$$=\frac{1}{4}\cdot\frac{1}{\frac{3}{2}}(4x+3)^{\frac{3}{2}}+C=\frac{1}{4}\cdot\frac{2}{3}(4x+3)^{\frac{3}{2}}+C$$

$$=\frac{1}{6}(4x+3)^{\frac{3}{2}}+C$$

(4)　$5x-2$ を u とみなして積分.

$$\int \frac{1}{(5x-2)^2}\,dx=\int (5x-2)^{-2}\,dx$$

$$=\frac{1}{5}\cdot\frac{1}{-2+1}(5x-2)^{-2+1}+C=\frac{1}{5}\cdot\frac{1}{-1}(5x-2)^{-1}+C$$

$$=-\frac{1}{5}\cdot\frac{1}{5x-2}+C=-\frac{1}{5(5x-2)}+C$$

【解終】

[POINT] **頭の中で $ax+b=u$ とおいて，p.109 $f(ax+b)$ の積分公式❶，❷をイメージして積分する**

演習 24

次の不定積分を求めよう．

(1) $\displaystyle\int(6x+5)^8\,dx$　(2) $\displaystyle\int\frac{1}{4-3x}\,dx$　(3) $\displaystyle\int\sqrt[3]{2x-1}\,dx$

(4) $\displaystyle\int\frac{1}{\sqrt{4x+3}}\,dx$

解答は p.279

解答 (1) ㋐□ を u とみなして積分する．x の係数は㋑□ なので

$$\int(6x+5)^8\,dx=\frac{1}{㋒\square}\cdot\frac{1}{㋓\square}(6x+5)^{㋔\square}+C=\frac{1}{㋕\square}(6x+5)^{㋖\square}+C$$

(2) ㋗□ を u とみなす．x の係数は㋘□ なので

$$\int\frac{1}{4-3x}\,dx=\frac{1}{㋙\square}\cdot ㋚\square+C=㋛\square$$

(3) ㋜□ を u とみなす．x の係数は㋝□ なので

$$\int\sqrt[3]{2x-1}\,dx=\int(2x-1)^{㋞\square}dx=\frac{1}{㋟\square}\cdot\frac{1}{㋠\square}(2x-1)^{㋡\square}+C$$

$$=㋢\square$$

(4) ㋣□ を u とみなす．x の係数は㋤□ なので

$$\int\frac{1}{\sqrt{4x+3}}\,dx=\int(4x+3)^{㋥\square}dx$$

$$=㋦\square$$

【解終】

問題 25 $\sin(ax+b), \cos(ax+b), e^{ax+b}$, 逆三角関数の積分公式を用いた不定積分

例題

次の不定積分を求めよう.

(1) $\displaystyle\int \sin\frac{x}{2}\,dx$　　　(2) $\displaystyle\int e^{3x}\,dx$　　　(3) $\displaystyle\int \frac{1}{\sqrt{1-9x^2}}\,dx$

⁘解答⁘ (1)と(2)を2通りの方法で解いてみよう.

(1)　$u=\dfrac{x}{2}$ とおくと $du=\dfrac{1}{2}\,dx$ となるので, $dx=2\,du$. ゆえに置換積分法より

$$\int \sin\frac{x}{2}\,dx = \int \sin u \cdot 2\,du$$

$$= 2\int \sin u\,du = 2(-\cos u)+C$$

$$= -2\cos u + C$$

$$= -2\cos\frac{x}{2}+C$$

(2)　$u=3x$ とおくと $du=3\,dx$.

ゆえに $dx=\dfrac{1}{3}\,du$. これより

$$\int e^{3x}\,dx = \int e^u \cdot \frac{1}{3}\,du$$

$$= \frac{1}{3}\int e^u\,du = \frac{1}{3}e^u + C$$

$$= \frac{1}{3}e^{3x}+C$$

$f(ax+b)$ の積分公式 (p.109)

❸ $\displaystyle\int \sin(ax+b)\,dx = -\frac{1}{a}\cos(ax+b)+C$

❹ $\displaystyle\int \cos(ax+b)\,dx = \frac{1}{a}\sin(ax+b)+C$

❺ $\displaystyle\int e^{ax+b}\,dx = \frac{1}{a}e^{ax+b}+C$

（いずれも $a\neq0$）

(1)　$f(ax+b)$ の積分公式❸において $a=\dfrac{1}{2}$, $b=0$ の場合だから

$$\int \sin\frac{x}{2}\,dx = -\frac{1}{\frac{1}{2}}\cos\frac{x}{2}+C$$

$$= -2\cos\frac{x}{2}+C$$

(2)　$f(ax+b)$ の積分公式❺において $a=3$, $b=0$ とおけば, すぐに

$$\int e^{3x}\,dx = \frac{1}{3}e^{3x}+C$$

---

(3)　$9x^2=(3x)^2$ なので, $u=3x$ とおくと $du=3\,dx$. ゆえに $dx=\dfrac{1}{3}\,du$ となるので

$$\int \frac{1}{\sqrt{1-9x^2}}\,dx = \int \frac{1}{\sqrt{1-(3x)^2}}\,dx$$

$$= \int \frac{1}{\sqrt{1-u^2}}\cdot\frac{1}{3}\,du = \frac{1}{3}\int \frac{1}{\sqrt{1-u^2}}\,du$$

$$= \frac{1}{3}\sin^{-1}u + C = \frac{1}{3}\sin^{-1}3x + C$$

【解終】

逆三角関数の積分公式

$\displaystyle\int \frac{1}{\sqrt{1-x^2}}\,dx = \sin^{-1}x + C$

$\displaystyle\int \frac{1}{1+x^2}\,dx = \tan^{-1}x + C$

POINT ＞ p.109 $f(ax+b)$ の積分公式❸, ❹, ❺と, 逆三角関数の積分公式を使う

演習 25

次の不定積分を求めよう.

(1) $\displaystyle\int \cos 5x\,dx$　　(2) $\displaystyle\int e^{-\frac{x}{2}}dx$　　(3) $\displaystyle\int \frac{1}{1+4x^2}dx$　　解答は p.280

解答 (1)と(2)を 2 通りの方法で求める.

(1) $u=5x$ とおくと $du=$ ㋐□ dx.

したがって $dx=$ ㋑□ du より

$\displaystyle\int \cos 5x\,dx$

$=$ ㋒□

(2) $u=-\dfrac{x}{2}$ とおくと $du=$ ㋔□ dx.

ゆえに $dx=$ ㋕□ du となるから

$\displaystyle\int e^{-\frac{x}{2}}dx$

$=$ ㋖□

(1) $f(ax+b)$ の積分公式❹において $a=5$, $b=0$ の場合なので, すぐに

$\displaystyle\int \cos 5x\,dx=$ ㋓□

(2) $f(ax+b)$ の積分公式❺において

$a=$ ㋗□, $b=$ ㋘□ とおけば

$\displaystyle\int e^{-\frac{x}{2}}dx=$ ㋙□ $e^{-\frac{x}{2}}+C$

$=$ ㋚□

(3) $4x^2=($㋛□$)^2$ なので $u=$ ㋜□ とおくと $du=$ ㋝□ dx.

ゆえに $dx=$ ㋞□ du となる. したがって

$\displaystyle\int \frac{1}{1+4x^2}dx=\int \frac{1}{1+(2x)^2}dx$

$=$ ㋞□

【解終】

問題26 $g(f(x))f'(x)$ の形の置換積分①

例題

次の不定積分を求めよう.

(1) $\displaystyle\int 6x(3x^2-1)^{10}\,dx$ (2) $\displaystyle\int \sin^7 x\cos x\,dx$

∷ 解 答 ∷ 積分の中身が $g(f(x))f'(x)$ の形なので,$u=f(x)$ とおく "しっかりと置換" する方法と,置換積分の系 2.2.2（p.109）を用いて "頭の中で置換" する方法の 2 通りで解いてみよう.

(1) $u=3x^2-1$ とおくと $du=6x\,dx$.

$\therefore \displaystyle\int 6x(3x^2-1)^{10}\,dx$

$\displaystyle=\int (3x^2-1)^{10}\cdot 6x\,dx$

$\displaystyle=\int u^{10}\,du=\frac{1}{10+1}u^{10+1}+C$

$\displaystyle=\frac{1}{11}u^{11}+C$

$\displaystyle=\frac{1}{11}(3x^2-1)^{11}+C$

(2) $u=\sin x$ とおくと $du=\cos x\,dx$.

$\therefore \displaystyle\int \sin^7 x\cos x\,dx=\int u^7\,du$

$\displaystyle=\frac{1}{8}u^8+C$

$\displaystyle=\frac{1}{8}(\sin x)^8+C$

$\displaystyle=\frac{1}{8}\sin^8 x+C$

(1) $(3x^2-1)'=6x$ ということに注意して系 2.2.2 の ❷ を使おう.

$\displaystyle\int 6x(3x^2-1)^{10}\,dx$

$\displaystyle=\int (3x^2-1)^{10}\cdot 6x\,dx$

$\displaystyle=\int (3x^2-1)^{10}\cdot (3x^2-1)'\,dx$

$\displaystyle=\frac{1}{10+1}(3x^2-1)^{10+1}+C$

$\displaystyle=\frac{1}{11}(3x^2-1)^{11}+C$

(2) $(\sin x)'=\cos x$ に注意して系 2.2.2 の ❷ を用いると,

$\displaystyle\int \sin^7 x\cos x\,dx$

$\displaystyle=\int (\sin x)^7\cdot (\sin x)'\,dx$

$\displaystyle=\frac{1}{7+1}(\sin x)^{7+1}+C$

$\displaystyle=\frac{1}{8}\sin^8 x+C$

【解終】

置換積分の系2.2.2(p.109)

❷ $\displaystyle\int \{f(x)\}^a\cdot f'(x)\,dx=\frac{1}{a+1}\{f(x)\}^{a+1}+C$

$(a\neq -1)$

❸ $\displaystyle\int \frac{f'(x)}{f(x)}\,dx=\log|f(x)|+C$

(1) $f(x)=3x^2-1$
(2) $f(x)=\sin x$
とおけば積分の中身が
$f(x)$ と $f'(x)$ で表せます

POINT $f(x)$ と $f'(x)$ で表現できれば，$u=f(x)$ と置換して積分する
（慣れたら p.109 置換積分の系 2.2.2 を用いて積分する）

演習 26

次の不定積分を求めよう．

(1) $\displaystyle\int \frac{x^2}{(4-5x^3)^2}\,dx$　　(2) $\displaystyle\int \cos^8 x\cdot\sin x\,dx$　　解答は p.280

解答 左ページの例題と同様，2 通りの方法で解いてみよう．

(1) $u=$ ㋐[　　] とおくと

$du=$ ㋑[　　] dx，$x^2dx=$ ㋒[　　] du.

$\therefore\ \displaystyle\int \frac{x^2}{(4-5x^3)^2}\,dx$

$\displaystyle=\int (4-5x^3)^{㋓\square}\cdot x^2dx$

$=$ ㋔[　　]

(1) $(4-5x^3)'=$ ㋑[　　] に注意すると，

$\displaystyle\int \frac{x^2}{(4-5x^3)^2}\,dx=\int \frac{1}{(4-5x^3)^2}\cdot x^2dx$

$\displaystyle=\int \frac{1}{(4-5x^3)^2}\cdot$ ㋕[　　] $(4-5x^3)'\,dx$

$=$ ㋖[　　] $\displaystyle\int (4-5x^3)^{㋗\square}\cdot(4-5x^3)'\,dx$

系 2.2.2 の❷を用いて

$=$ ㋘[　　]

(2) $u=\cos x$ とおくと

$du=$ ㋙[　　] dx，

$\sin x\,dx=($ ㋚[　　] $)\,du$

$\therefore\ \displaystyle\int \cos^8 x\cdot\sin x\,dx$

$=$ ㋛[　　]

(2) $(\cos x)'=$ ㋙[　　] に注意して

$\displaystyle\int \cos^8 x\sin x\,dx$

$\displaystyle=-\int(\cos x)^8\cdot(-\sin x)\,dx$

$\displaystyle=-\int(\cos x)^8\cdot(\cos x)'\,dx$

$=$ ㋜[　　]

【解終】

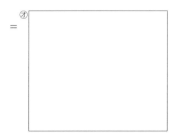

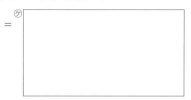

$g\left(f(x)\right)f'(x)$ の形の置換積分②

例題

次の不定積分を求めよう.

$$(1)\quad \int \frac{e^{2x}}{e^{2x}+1}\,dx \qquad\qquad (2)\quad \int \frac{\log x}{x}\,dx$$

∷ 解 答 ∷　これも問題 26 のように 2 通りの方法で解こう.

(1)　$u = e^{2x}+1$ とおくと $du = 2e^{2x}dx$.

$$\therefore\quad \int \frac{e^{2x}}{e^{2x}+1}\,dx = \int \frac{1}{e^{2x}+1}\cdot \underline{e^{2x}dx}$$

$$= \int \frac{1}{u}\cdot \underline{\frac{1}{2}\,du} = \frac{1}{2}\int \frac{1}{u}\,du$$

$$= \frac{1}{2}\log|u| + C$$

$$= \frac{1}{2}\log|e^{2x}+1| + C$$

ここで $e^{2x}+1 > 0$ より

$$= \frac{1}{2}\log(e^{2x}+1) + C$$

(2)　$u = \log x$ とおくと $du = \frac{1}{x}\,dx$.

$$\therefore\quad \int \frac{\log x}{x}\,dx = \int \log x \cdot \underline{\frac{1}{x}\,dx}$$

$$= \int u\,du$$

$$= \frac{1}{2}u^2 + C$$

$$= \frac{1}{2}(\log x)^2 + C$$

(1)　$(e^{2x}+1)' = 2e^{2x}$ に注意して系 2.2.2 の❸を使うと,

$$\int \frac{e^{2x}}{e^{2x}+1}\,dx = \frac{1}{2}\int \frac{(e^{2x}+1)'}{e^{2x}+1}\,dx$$

$$= \frac{1}{2}\log|e^{2x}+1| + C$$

$$= \frac{1}{2}\log(e^{2x}+1) + C$$

(2)　$(\log x)' = \frac{1}{x}$ に気がつけば,

$$\int \frac{\log x}{x}\,dx = \int \log x \cdot \frac{1}{x}\,dx$$

$$= \int (\log x)^1 \cdot (\log x)'\,dx$$

系 2.2.2 ❷において $f(x) = \log x,\ a = 1$ の場合だから

$$= \frac{1}{1+1}(\log x)^{1+1} + C$$

$$= \frac{1}{2}(\log x)^2 + C$$

【解終】

(1) $f(x) = e^{2x}+1$,　(2) $f(x) = \log x$ とおけば
積分の中身が $f(x)$ と $f'(x)$ で表せます

POINT $f(x)$ と $f'(x)$ で表現できれば，$u=f(x)$ と置換して積分する
(慣れたら p.109 置換積分の系 2.2.2 を用いて積分する)

演習 27

次の不定積分を求めよう.

(1) $\displaystyle\int\frac{(\log x)^3}{x}dx$　　(2) $\displaystyle\int\frac{\sin x}{1+\cos x}dx$　　解答は p.280

解 答

(1) $u=\log x$ とおくと $du=$ ㋐[　　] dx.

$\therefore\ \displaystyle\int\frac{(\log x)^3}{x}dx$

$=\displaystyle\int(\log x)^3\cdot$ ㋑[　　] dx

$=$ ㋒[　　]

(2) $u=1+\cos x$ とおくと

$du=$ ㋔[　　] dx.

$\therefore\ \displaystyle\int\frac{\sin x}{1+\cos x}dx$

$=-\displaystyle\int\frac{1}{1+\cos x}\cdot($ ㋕[　　] $)\,dx$

$=$ ㋖[　　]

(1) $(\log x)'=\dfrac{1}{x}$ なので

$\displaystyle\int\frac{(\log x)^3}{x}dx$

$=\displaystyle\int(\log x)^3\cdot(\log x)'\,dx$

系 2.2.2 ❷において $f(x)=\log x$，$a=3$ の場合なので

$=$ ㋓[　　]

(2) $(1+\cos x)'=-\sin x$ なので

$\displaystyle\int\frac{\sin x}{1+\cos x}dx$

$=-\displaystyle\int\frac{(\text{㋗[　　]})'}{1+\cos x}dx$

系 2.2.2 の❸を使うと

$=$ ㋘[　　]

【解終】

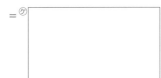

置換積分の系 2.2.2 (p.109)

❷ $\displaystyle\int\{f(x)\}^a\cdot f'(x)\,dx=\frac{1}{a+1}\{f(x)\}^{a+1}+C$

$(a\neq-1)$

❸ $\displaystyle\int\frac{f'(x)}{f(x)}dx=\log|f(x)|+C$

部分積分

定理 2.3.1	**部分積分法**

$f(x)$, $g(x)$ がともに微分可能ならば次式が成立する.

$$\int f'(x)g(x)\,dx = f(x)g(x) - \int f(x)g'(x)\,dx$$

 証明　2つの関数の積 $f(x)g(x)$ を微分して得られる

$$(f(x)g(x))' = f'(x)g(x) + f(x)g'(x)$$

より, $f(x)g(x)$ は $f'(x)g(x) + f(x)g'(x)$ の原始関数であり,

$$\int \{(f'(x)g(x) + f(x)\cdot g'(x)\}\,dx = f(x)g(x)$$

$$\int f'(x)g(x)\,dx + \int f(x)g'(x)\,dx = f(x)g(x)$$

すなわち,

$$\int f'(x)\cdot g(x)\,dx = f(x)\cdot g(x) - \int f(x)\cdot g'(x)\,dx$$

となる.　　　　　　　　　　　　　　　　　　　　　　　　　　【証明終】

解説　なかなか覚えにくい公式なのだが

$$\int f'\cdot g\,dx = g\cdot f - \int f\cdot g'\,dx$$
$$= f\cdot g - \int f\cdot g'\,dx$$

と書き, 矢印の通りに $f' \to g \to f \to g'$ とたどると公式を覚えやすい.　【解説終】

部分積分は間違いやすいので
上の図式のように
　f' に対する f
　g に対する g'
を書き出しておきましょう

公式をすぐに覚えられれば,
図を使わなくてもいいですよ

系 2.3.2

$g(x)$ が微分可能ならば次式が成立する.

$$\int g(x)\,dx = x\,g(x) - \int x\,g'(x)\,dx$$

証明 前定理において
$$f'(x) = 1, \qquad f(x) = x$$
とすると

$$\int g(x)\,dx = x f(x) - \int x\,g'(x)\,dx$$

【証明終】

解説 部分積分法の特別な使い方である. 左頁の部分積分法を覚えておけば, こちらの方は特に覚える必要はないが, この方法により対数関数や逆三角関数の不定積分を求めることができる (問題 30).

また, どの関数を f', どの関数を g とおいてよいのか, とまどうことも多いので, 次のめやすを参考にして, たくさん計算練習して, 慣れましょう.

【解説終】

【f' と g のおき方のめやす】

・e^{ax}, $\sin ax$, $\cos ax$ は微分しても積分しても複雑化しない.

・x^n は積分すると $\dfrac{x^{n+1}}{n+1}$ で次数が上がる. 微分すると nx^{n-1} で次数が下がる.

・$\log x$, $\sin^{-1}x$, $\cos^{-1}x$, $\tan^{-1}x$ は積分すると複雑になり,

　微分するとそれぞれ $\dfrac{1}{x}$, $\dfrac{1}{\sqrt{1-x^2}}$, $-\dfrac{1}{\sqrt{1-x^2}}$, $\dfrac{1}{1+x^2}$ でシンプルになる.

よって, 微分する $g(x)$ にした方がよい優先度は次のようになる.

① $\log x$, $\sin^{-1}x$, $\cos^{-1}x$, $\tan^{-1}x$, ② x^n, ③ $\sin ax$, $\cos ax$, ④ e^{ax}

例題

部分積分法により次の不定積分を求めよう.

(1) $\displaystyle\int xe^{-x}dx$　　　　(2) $\displaystyle\int x\cos x\,dx$

‡‡ 解答 ‡‡　積分する関数は2つの関数の積の形である. 積分した後が複雑にならないように f' を選ぶことが原則.

（1）　$f'=e^{-x},\ g=x$　とおくと

より, 部分積分法を使って

$$\int xe^{-x}dx=\int \underset{f'}{\underline{e^{-x}}}\cdot\underset{g}{\underline{x}}\,dx=\underset{f}{\underline{(-e^{-x})}}\cdot\underset{g}{\underline{x}}-\int \underset{f}{\underline{(-e^{-x})}}\cdot\underset{g'}{\underline{1}}\,dx$$

$$=-xe^{-x}+\int e^{-x}dx=-xe^{-x}-e^{-x}+C$$

（2）　$f'=\cos x,\ g=x$ とおくと

より, 部分積分法を使って

$$\int x\cos x\,dx=\int \underset{f'}{\underline{\cos x}}\cdot\underset{g}{\underline{x}}\,dx=\underset{f}{\underline{\sin x}}\cdot\underset{g}{\underline{x}}-\int \underset{f}{\underline{\sin x}}\cdot\underset{g'}{\underline{1}}\,dx=x\sin x-\int \sin x\,dx$$

$$=x\sin x-(-\cos x)+C=x\sin x+\cos x+C$$

【解終】

部分積分法

$$\int f'\cdot g\,dx=f\cdot g-\int f\cdot g'\,dx$$

$$
\begin{array}{ccc}
f' & \xrightarrow{\text{積分}} & f\\[4pt]
g & \xrightarrow[\text{微分}]{} & g'
\end{array}
$$

$$\int e^{ax}dx=\frac{1}{a}e^{ax}+C$$
$$(a\neq 0)$$

図を使うときは
矢印に沿って
$\displaystyle\int f'\cdot g\,dx=g\cdot f-\int f\cdot g'\,dx$
としてもいいですよ

$(\sin x)'=\cos x$　　　$\displaystyle\int \sin x\,dx=-\cos x+C$

$(\cos x)'=-\sin x$　　　$\displaystyle\int \cos x\,dx=\sin x+C$

POINT 部分積分後の積分$\int f(x)\,g'(x)\,dx$がシンプルになるように$f'(x)$と$g(x)$を決める

演習 28

次の不定積分を求めよう．

(1) $\int xe^{2x}dx$　　(2) $\int x\sin x\,dx$　　解答は p.281

解答 f'からf，gからg'をしっかり求めてから部分積分を行おう．

(1) $f'=$ ㋐□，$g=$ ㋑□ とおくと

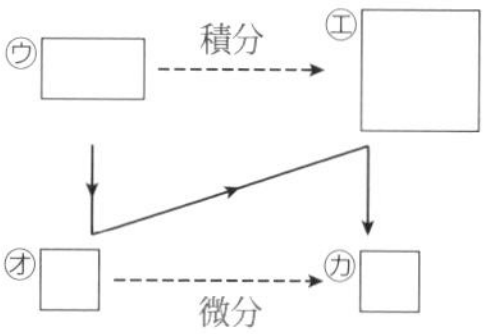

部分積分法より

$$\int xe^{2x}dx=\int \underset{f'}{\text{㋐}\square}\cdot\underset{g}{\text{㋑}\square}\,dx=\underset{f}{\text{㋖}\square}\cdot\underset{g}{\text{㋗}\square}-\int\underset{f}{\text{㋘}\square}\cdot\underset{g'}{\text{㋙}\square}\,dx$$

$$=\frac{1}{2}\text{㋚}\square-\frac{1}{2}\int\text{㋛}\square\,dx$$

$$=\frac{1}{2}\text{㋜}\square-\frac{1}{2}\cdot\text{㋝}\square+C=\text{㋞}\square$$

(2) $f'=$ ㋟□，$g=$ ㋠□ とおくと

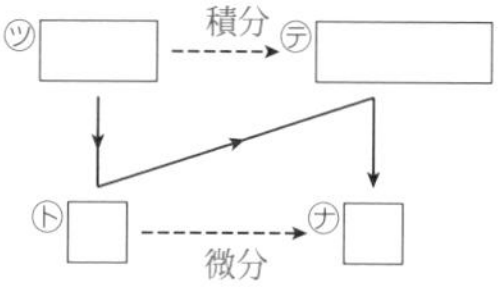

部分積分法より

$$\int x\sin x\,dx=\int\underset{f'}{\text{㋟}\square}\cdot\underset{g}{\text{㋠}\square}\,dx$$

$$=(\underset{f}{\text{㋥}\square})\cdot\underset{g}{\text{㋦}\square}-\int(\underset{f}{\text{㋧}\square})\cdot\underset{g'}{\text{㋨}\square}\,dx$$

$$=\text{㋩}\square+\int\text{㋪}\square\,dx$$

$$=\text{㋫}\square$$

【解終】

複数回部分積分を行う問題

例題

部分積分を2回行って次の不定積分を求めよう.

$$\int x^2 e^{2x}\, dx$$

∷ 解 答 ∷ $f' = e^{2x}$, $g = x^2$とおくと,部分積分法より

部分積分法

$$\int f' \cdot g\, dx = f \cdot g - \int f \cdot g'\, dx$$

$$\int x^2 e^{2x}\, dx = \int \underset{f'}{\underline{e^{2x}}} \cdot \underset{g}{\underline{x^2}}\, dx$$

$$= \underset{f}{\underline{\frac{1}{2} e^{2x}}} \cdot \underset{g}{\underline{x^2}} - \int \underset{f}{\underline{\frac{1}{2} e^{2x}}} \cdot \underset{g'}{\underline{2x}}\, dx$$

$$= \frac{1}{2} x^2 e^{2x} - \int x e^{2x}\, dx$$

ここで,第2項の不定積分を求めるのにさらに部分積分法を使う.

前と同じパターンで$f' = e^{2x}$, $g = x$とおくと

$$= \frac{1}{2} x^2 e^{2x} - \left(\underset{f}{\underline{\frac{1}{2} e^{2x}}} \cdot \underset{g}{\underline{x}} - \int \underset{f}{\underline{\frac{1}{2} e^{2x}}} \cdot \underset{g'}{\underline{1}}\, dx \right)$$

$$= \frac{1}{2} x^2 e^{2x} - \frac{1}{2} x e^{2x} + \frac{1}{2} \int e^{2x}\, dx$$

$$= \frac{1}{2} x^2 e^{2x} - \frac{1}{2} x e^{2x} + \frac{1}{2} \cdot \frac{1}{2} e^{2x} + C$$

$$= \frac{1}{2} x^2 e^{2x} - \frac{1}{2} x e^{2x} + \frac{1}{4} e^{2x} + C$$

【解終】

【f'とgのおき方のめやす】(p.121 の再掲)

・e^{ax}, $\sin ax$, $\cos ax$ は微分しても積分しても複雑化しない.

・x^n は積分すると $\dfrac{x^{n+1}}{n+1}$ で次数が上がる. 微分すると nx^{n-1} で次数が下がる.

・$\log x$, $\sin^{-1} x$, $\cos^{-1} x$, $\tan^{-1} x$ は積分すると複雑になり,

微分するとそれぞれ $\dfrac{1}{x}$, $\dfrac{1}{\sqrt{1-x^2}}$, $-\dfrac{1}{\sqrt{1-x^2}}$, $\dfrac{1}{1+x^2}$ でシンプルになる.

よって,微分する$g(x)$にした方がよい優先度は次のようになる.

① $\log x$, $\sin^{-1} x$, $\cos^{-1} x$, $\tan^{-1} x$, ② x^n, ③ $\sin ax$, $\cos ax$, ④ e^{ax}

POINT▶ p.121 下【めやす】を参考にして，$\int f(x)\,g'(x)\,dx$ がシンプルになるように $f'(x)$ と $g(x)$ を決める

演習 29

部分積分を 2 回行って次の不定積分を求めよう．

$$\int x^2 \sin 3x \, dx$$

解答は p.281

∷ 解 答 ∷ $f' = \sin 3x,\ g = x^2$ とおくと，部分積分法より

$$\int x^2 \sin 3x \, dx = \int \underbrace{\sin 3x}_{f'} \cdot \underbrace{x^2}_{g} \, dx$$

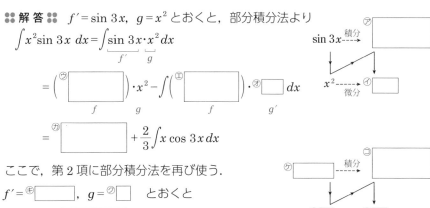

$$= \left(\underset{f}{\overset{⊕}{\boxed{}}} \right) \cdot \underset{g}{x^2} - \int \left(\underset{f}{\overset{①}{\boxed{}}} \right) \cdot \underset{g'}{\overset{②}{\boxed{}}} \, dx$$

$$= \overset{⑦}{\boxed{}} + \frac{2}{3} \int x \cos 3x \, dx$$

ここで，第 2 項に部分積分法を再び使う．

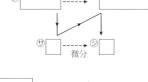

$f' = \overset{④}{\boxed{}}$, $g = \overset{②}{\boxed{}}$ とおくと

$$= \overset{②}{\boxed{}}$$

$$+ \frac{2}{3} \left(\underset{f}{\overset{④}{\boxed{}}} \cdot \underset{g}{\overset{②}{\boxed{}}} - \int \underset{f}{\overset{④}{\boxed{}}} \cdot \underset{g'}{\overset{④}{\boxed{}}} \, dx \right)$$

$$= \overset{④}{\boxed{}} + \overset{⑦}{\boxed{}} - \overset{⑦}{\boxed{}} \int \sin 3x \, dx$$

$$= \overset{⑦}{\boxed{}}$$

【解終】

部分積分法を
うまく使えましたか？

$(\sin ax)' = a \cos ax$

$(\cos ax)' = -a \sin ax$

$\displaystyle \int \sin ax \, dx = -\frac{1}{a} \cos ax + C$

$\displaystyle \int \cos ax \, dx = \frac{1}{a} \sin ax + C$
$(a \neq 0)$

問題 30 　対数関数や逆三角関数を含む部分積分

例題

次の不定積分を求めよう.

(1) $\displaystyle\int \log x\, dx$ 　　(2) $\displaystyle\int \tan^{-1}x\, dx$

** 解答 ** 　(1) 　これは部分積分の特別な使い方. 関数は積の形になっていないが, 無理に $f'=1$, $g=\log x$ とみなすと

$$\int \log x\, dx = \int \underbrace{1}_{f'}\cdot\underbrace{\log x}_{g}\, dx = \underbrace{x}_{f}\cdot\underbrace{(\log x)}_{g} - \int \underbrace{x}_{f}\cdot\underbrace{\frac{1}{x}}_{g'}\, dx$$

$$= x\log x - \int 1\, dx = x\log x - x + C$$

$$= x(\log x - 1) + C$$

(2) 　逆三角関数の不定積分も(1)と同じように求める.

$f'=1$, $g=\tan^{-1}x$ とおくと

$$\int \tan^{-1}x\, dx = \int \underbrace{1}_{f'}\cdot\underbrace{\tan^{-1}x}_{g}\, dx$$

$$= \underbrace{x}_{f}\cdot\underbrace{(\tan^{-1}x)}_{g} - \int \underbrace{x}_{f}\cdot\underbrace{\frac{1}{1+x^2}}_{g'}\, dx$$

ここで, 第2項の積分において $u=1+x^2$ とおくと $du=2x\, dx$, $x\, dx = \dfrac{1}{2}du$.

$$\therefore \int x\cdot\frac{1}{1+x^2}\, dx = \int \frac{1}{1+x^2}\cdot x\, dx$$

$$= \int \frac{1}{u}\cdot\frac{1}{2}\, du = \frac{1}{2}\int \frac{1}{u}\, du = \frac{1}{2}\log|u| + C = \frac{1}{2}\log(1+x^2) + C$$

ゆえに

$$\int \tan^{-1}x\, dx = x\tan^{-1}x - \frac{1}{2}\log(1+x^2) + C$$

【解終】

部分積分法

$$\int f'\cdot g\, dx = f\cdot g - \int f\cdot g'\, dx$$

p.121 の系 2.3.2 を使っています

演習 30

> 次の不定積分を求めよう．
>
> (1) $\displaystyle\int (\log x)^2\, dx$　　(2) $\displaystyle\int \sin^{-1}x\, dx$
>
> 解答は p.282

∷ 解 答 ∷　(1)　$f'=1$，$g=(\log x)^2$ とおくと

$$\int (\log x)^2\, dx = \int \underbrace{\boxed{}}_{f'} \cdot \underbrace{\boxed{}}_{g}\, dx$$

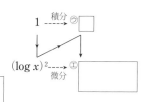

$$\overset{オ}{=}\boxed{}$$

ここでまた，$f'=\overset{カ}{\boxed{}}$，$g=\overset{キ}{\boxed{}}$ とおくと

$$\overset{シ}{=}\boxed{}$$

(2)　$f'=\overset{ス}{\boxed{}}$，$g=\overset{セ}{\boxed{}}$ とおくと

$$\int \sin^{-1}x\, dx \overset{テ}{=}\boxed{}$$

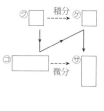

ここで $u=1-x^2$ とおくと $du=\overset{ト}{\boxed{}}\, dx$，

$x\, dx = \overset{ナ}{\boxed{}}\, du$ より

$$\therefore \int x\cdot \frac{1}{\sqrt{1-x^2}}\, dx = \int \overset{ニ}{\boxed{}}\cdot \underset{\sim}{x\, dx}$$

$$\overset{ヌ}{=}\boxed{}$$

$$\therefore \int \sin^{-1}x\, dx$$

$$\overset{ネ}{=}\boxed{}$$

【解終】

有理関数の積分

$$\frac{2x^4 - x^3 + 3x^2 - x - 1}{x^3 - x^2 + x - 1}$$

のように

$$\frac{多項式}{多項式} \text{ を } \textbf{有理関数}$$

という.

　有理関数の不定積分を求めるには，今まで学んできた方法を応用しながら次の手順に従えば，必ず求めることができる.

【有理関数の積分の手順】

手順1. （分子の次数）≧（分母の次数）のときは割り算などをして

$$\frac{2x^4 - x^3 + 3x^2 - x - 1}{x^3 - x^2 + x - 1} = 2x + 1 + \frac{2x^2}{x^3 - x^2 + x - 1}$$

　　と変形し，分子の次数を分母の次数より下げておく.

手順2. 分母を1次式または2次式の積に実数の範囲で因数分解する.

$$x^3 - x^2 + x - 1 = (x-1)(x^2+1)$$

手順3. 因数分解された分母により，**部分分数に分解**する.

$$\begin{aligned}
\frac{2x^4 - x^3 + 3x^2 - x - 1}{x^3 - x^2 + x - 1} &= 2x + 1 + \frac{2x^2}{x^3 - x^2 + x - 1} \\
&= 2x + 1 + \frac{2x^2}{(x-1)(x^2+1)} \\
&= 2x + 1 + \frac{1}{x-1} + \frac{x+1}{x^2+1}
\end{aligned}$$

手順4. 積分公式を用いて積分する.

$$\begin{aligned}
\int \frac{2x^4 - x^3 + 3x^2 - x - 1}{x^3 - x^2 + x - 1}\,dx &= \int (2x+1)\,dx + \int \frac{1}{x-1}\,dx + \int \frac{x+1}{x^2+1}\,dx \\
&= x^2 + x + \log|x-1| + \frac{1}{2}\int \frac{2x}{x^2+1}\,dx + \int \frac{1}{x^2+1}\,dx \\
&= x^2 + x + \log|x-1| + \frac{1}{2}\log(x^2+1) + \tan^{-1}x + C
\end{aligned}$$

有理関数の積分に必要な基本公式をまとめておこう.

有理関数の積分公式

❶ $\displaystyle\int \frac{1}{x-a}\,dx = \log|x-a| + C$　　❷ $\displaystyle\int \frac{2x}{x^2+a}\,dx = \log|x^2+a| + C$

❸ $\displaystyle\int \frac{1}{x^2+1}\,dx = \tan^{-1}x + C$　　❹ $\displaystyle\int \frac{1}{x^2+a^2}\,dx = \frac{1}{a}\tan^{-1}\frac{x}{a} + C$

（❹では $a \neq 0$）

 証明

❶〜❸はすでに使っている基本公式なので, ❹のみ示そう.

❹　❸を使うために次のように変形する.

$$\int \frac{1}{x^2+a^2}\,dx = \frac{1}{a^2}\int \frac{1}{\left(\dfrac{x}{a}\right)^2+1}\,dx$$

ここで $u = \dfrac{x}{a}$ とおくと, $du = \dfrac{1}{a}\,dx$, $dx = a\,du$ なので

$$= \frac{1}{a^2}\int \frac{1}{u^2+1}\cdot a\,du = \frac{a}{a^2}\int \frac{1}{u^2+1}\,du$$

$$= \frac{1}{a}\tan^{-1}u + C = \frac{1}{a}\tan^{-1}\frac{x}{a} + C$$

【証明終】

解説

手順3における部分分数分解は, 分母の因数の種類により次のような形になる.

$$\frac{1}{(x-1)(x+2)} = \frac{A}{x-1} + \frac{B}{x+2}$$

$$\frac{1}{(x-1)(x^2+x-1)} = \frac{A}{x-1} + \frac{Bx+C}{x^2+x-1}$$

$$\frac{1}{(x-1)^2(x+2)} = \frac{A}{x-1} + \frac{B}{(x-1)^2} + \frac{C}{x+2}$$

【解説終】

手順1で分子の次数を
分母より下げてから,
この方法を使いましょう

有理関数の積分

例題

> 次の不定積分を求めよう.
>
> (1) $\displaystyle\int \frac{x^2+1}{x+1}\,dx$ (2) $\displaystyle\int \frac{3}{x^2+x-2}\,dx$

:: 解 答 :: 手順に従って計算していこう.

(1) 分子の方が次数が高いので，右の割り算をおこなって

$$\int \frac{x^2+1}{x+1}\,dx = \int \left\{ (x-1) + \frac{2}{x+1} \right\}\,dx$$
$$= \int (x-1)\,dx + 2\int \frac{1}{x+1}\,dx$$

第2項は有理関数の積分公式❶を用いて

$$= \frac{1}{2}x^2 - x + 2\log|x+1| + C$$

(2) 分母を因数分解すると

$$\int \frac{3}{x^2+x-2}\,dx = \int \frac{3}{(x+2)(x-1)}\,dx$$

ここで部分分数に展開して，

$$= \int \left(\frac{-1}{x+2} + \frac{1}{x-1} \right) dx$$
$$= -\int \frac{1}{x+2}\,dx + \int \frac{1}{x-1}\,dx$$

有理関数の積分公式❶を用いて

$$= -\log|x+2| + \log|x-1| + C$$
$$= \log\left| \frac{x-1}{x+2} \right| + C$$

【解終】

［(1)の割り算］

$$\begin{array}{r} x-1 \\ x+1\overline{)x^2+1} \\ \underline{x^2+x} \\ -x+1 \\ \underline{-x-1} \\ 2 \end{array}$$

［(2)の部分分数分解］

$$\frac{3}{(x+2)(x-1)} = \frac{A}{x+2} + \frac{B}{x-1}$$

とおくと

$$= \frac{A(x-1)+B(x+2)}{(x+2)(x-1)}$$
$$= \frac{(A+B)x+(-A+2B)}{(x+2)(x-1)}$$

両辺の分子を比較して

$$\begin{cases} A+B=0 \\ -A+2B=3 \end{cases} \text{これを解くと} \begin{cases} A=-1 \\ B=1 \end{cases}$$

$$\log X + \log Y = \log XY$$
$$\log X - \log Y = \log \frac{X}{Y}$$

POINT ▷ p.128 の【有理関数の積分の手順】に従って計算する

演習 31

次の不定積分を求めよう.

(1) $\displaystyle\int \frac{x^3}{x-1}\,dx$ (2) $\displaystyle\int \frac{1}{x^2-5x+6}\,dx$

解答は p.282

∷ 解答 ∷ (1) まず割り算をおこなってから積分しよう.

$\displaystyle\int \frac{x^3}{x-1}\,dx$

$\displaystyle = \int \Big(^{\textcircled{イ}}\boxed{} + \frac{^{\textcircled{ウ}}\boxed{}}{x-1}\Big)dx$

$= {}^{\textcircled{エ}}\boxed{}$

［割り算］

${}^{\textcircled{ア}}\boxed{}$

(2) 分母を因数分解してから部分分数に分け，それから積分しよう.

$\displaystyle\int \frac{1}{x^2-5x+6}\,dx$

$\displaystyle = \int \frac{1}{(^{\textcircled{オ}}\boxed{})(^{\textcircled{カ}}\boxed{})}\,dx$

$\displaystyle = \int \Big(\frac{^{\textcircled{キ}}\boxed{}}{x-2} + \frac{^{\textcircled{ク}}\boxed{}}{x-3}\Big)dx$

$= {}^{\textcircled{ケ}}\boxed{}$

【解終】

［部分分数分解］

$$\frac{1}{(x-2)(x-3)} = \frac{A}{x-2} + \frac{B}{x-3}$$

とおくと

${}^{\textcircled{コ}}\boxed{}$

有理関数の積分公式

❶ $\displaystyle\int \frac{dx}{x-a} = \log|x-a| + C$

❷ $\displaystyle\int \frac{2x}{x^2+a}\,dx = \log|x^2+a| + C$

❸ $\displaystyle\int \frac{dx}{x^2+1} = \tan^{-1}x + C$

❹ $\displaystyle\int \frac{dx}{x^2+a^2} = \frac{1}{a}\tan^{-1}\frac{x}{a} + C \quad (a \neq 0)$

積分記号は
分子が1の場合には
左の❶,❸,❹の左辺の
ように表記する場合
もあります

部分分数分解が複雑な場合の有理関数の積分

例題

次の関数の不定積分を求めよう.

(1) $\displaystyle\int \frac{9}{x(x-3)^2}\,dx$ (2) $\displaystyle\int \frac{x^2+x+3}{(x-1)(x^2+4)}\,dx$

∷ 解 答 ∷ 部分分数に分けるとき気をつけよう.

(1) $\displaystyle\int \frac{9}{x(x-3)^2}\,dx$

$\displaystyle = \int \left\{ \frac{1}{x} + \frac{-1}{x-3} + \frac{3}{(x-3)^2} \right\} dx$

$= \log|x| - \log|x-3|$

$\qquad + 3\displaystyle\int (x-3)^{-2}\,dx$

第 3 項の積分は置換積分または
$f(ax+b)$ の積分公式❶より

$= \log\left| \dfrac{x}{x-3} \right|$

$\qquad + 3 \cdot \dfrac{1}{-2+1}(x-3)^{-2+1} + C$

$= \log\left| \dfrac{x}{x-3} \right| - 3(x-3)^{-1} + C$

$= \log\left| \dfrac{x}{x-3} \right| - \dfrac{3}{x-3} + C$

(2) $\displaystyle\int \frac{x^2+x+3}{(x-1)(x^2+4)}\,dx$

$\displaystyle = \int \left(\frac{1}{x-1} + \frac{1}{x^2+4} \right) dx$

$\displaystyle = \int \frac{1}{x-1}\,dx + \int \frac{1}{x^2+2^2}\,dx$

$= \log|x-1| + \dfrac{1}{2}\tan^{-1}\dfrac{x}{2} + C$

【解終】

［(1) の部分分数分解］

$\dfrac{9}{x(x-3)^2} = \dfrac{A}{x} + \dfrac{B}{x-3} + \dfrac{C}{(x-3)^2}$

とおくと

$= \dfrac{A(x-3)^2 + Bx(x-3) + Cx}{x(x-3)^2}$

$= \dfrac{(A+B)x^2 + (-6A-3B+C)x + 9A}{x(x-3)^2}$

分子を比較して $A,\ B,\ C$ を求めると

$\begin{cases} A+B=0 \\ -6A-3B+C=0 \\ 9A=9 \end{cases} \Rightarrow \begin{cases} A=1 \\ B=-1 \\ C=3 \end{cases}$

［(2) の部分分数分解］

$\dfrac{x^2+x+3}{(x-1)(x^2+4)} = \dfrac{A}{x-1} + \dfrac{Bx+C}{x^2+4}$

とおくと

$= \dfrac{A(x^2+4) + (x-1)(Bx+C)}{(x-1)(x^2+4)}$

$= \dfrac{(A+B)x^2 + (C-B)x + (4A-C)}{(x-1)(x^2+4)}$

分子を比較して

$\begin{cases} A+B=1 \\ C-B=1 \quad \text{これを解いて} \\ 4A-C=3 \end{cases} \begin{cases} A=1 \\ B=0 \\ C=1 \end{cases}$

$$\int (ax+b)^p\,dx = \frac{1}{a} \cdot \frac{1}{p+1}(ax+b)^{p+1} + C \quad (p \neq -1,\ a \neq 0)$$

[POINT] p.129 の解説を参考に部分分数に分解する

演習 32

次の関数の不定積分を求めよう.

(1) $\displaystyle\int \frac{9}{x^2(x-3)}\,dx$ (2) $\displaystyle\int \frac{5}{x(x^2+5)}\,dx$ 解答は p.282

解答 (1) 部分分数に分けるとき気をつけよう.

$$\int \frac{9}{x^2(x-3)}\,dx$$

$$=\int\left\{\frac{㋔\square}{㋐\square}+\frac{㋕\square}{㋑\square}+\frac{㋖\square}{x-3}\right\}dx$$

$$= ㋗\square$$

[(1)の部分分数分解]

$$\frac{9}{x^2(x-3)}=\frac{A}{㋐\square}+\frac{B}{㋑\square}+\frac{C}{㋒\square}$$

とおくと

㋓ $\square$

(2) 部分分数に分けてから積分する.

$$\int \frac{5}{x(x^2+5)}\,dx$$

$$=\int\left\{\frac{㋙\square}{x}+\frac{㋚\square}{x^2+5}\right\}dx$$

$$=\int\frac{㋙\square}{x}\,dx-\int\frac{㋛\square}{x^2+5}\,dx$$

後の項は有理関数の積分公式❷が使えるように変形して積分すると,

$$=㋜\square-㋝\square\int\frac{㋞\square}{x^2+5}\,dx$$

$$=㋟\square$$

【解終】

[(2)の部分分数分解]

$$\frac{5}{x(x^2+5)}=\frac{A}{x}+\frac{Bx+C}{x^2+5}$$ とおくと

㋘ $\square$

有理関数の積分公式

❶ $\displaystyle\int\frac{dx}{x-a}=\log|x-a|+C$

❷ $\displaystyle\int\frac{2x}{x^2+a}\,dx=\log|x^2+a|+C$

❸ $\displaystyle\int\frac{dx}{x^2+1}=\tan^{-1}x+C$

❹ $\displaystyle\int\frac{dx}{x^2+a^2}=\frac{1}{a}\tan^{-1}\frac{x}{a}+C\quad(a\neq 0)$

$\sin x,\ \cos x$ の有理関数の積分

$$\frac{(\cos x)^2}{1 + \cos x + \sin x}$$

のような，$\sin x,\ \cos x$ の有理式となっている関数の不定積分を求めよう．三角関数の公式を使って変形したり，適当な置換をおこなって求められればそれにこしたことはないが

$$\tan \frac{x}{2} = t$$

という置換をおこなえば，必ず t の有理関数になり，不定積分が求まる．

<hr>

◆ 置換公式 ◆

$\tan \dfrac{x}{2} = t$ とおくと次式が成立する．

$$\sin x = \frac{2t}{1 + t^2}, \quad \cos x = \frac{1 - t^2}{1 + t^2}, \quad dx = \frac{2}{1 + t^2}\, dt$$

<hr>

証明	この公式を導くには，三角関数のいろいろな公式が必要である．

$\sin x$ から始めよう．

$\sin x = 2 \sin \dfrac{x}{2} \cos \dfrac{x}{2}$

倍角の公式

$\sin 2\theta = 2 \sin\theta \cos\theta$

$\cos 2\theta = \cos^2\theta - \sin^2\theta$

$$= \frac{2 \sin \dfrac{x}{2} \cos \dfrac{x}{2}}{\cos^2 \dfrac{x}{2} + \sin^2 \dfrac{x}{2}} = \frac{2 \cdot \dfrac{\sin \dfrac{x}{2}}{\cos \dfrac{x}{2}}}{1 + \left(\dfrac{\sin \dfrac{x}{2}}{\cos \dfrac{x}{2}}\right)^2}$$

三角関数の基本公式

$$\cos^2 \frac{x}{2} + \sin^2 \frac{x}{2} = 1$$

↑ 分母・分子を $\cos^2 \dfrac{x}{2}$ で割る

$$= \frac{2\tan^2 \dfrac{x}{2}}{1 + \tan^2 \dfrac{x}{2}} = \frac{2t}{1 + t^2}$$

次は $\cos x$ について

$$\cos x = \cos^2 \frac{x}{2} - \sin^2 \frac{x}{2} = \frac{\cos^2 \dfrac{x}{2} - \sin^2 \dfrac{x}{2}}{\cos^2 \dfrac{x}{2} + \sin^2 \dfrac{x}{2}} = \frac{1 - \left(\dfrac{\sin \dfrac{x}{2}}{\cos \dfrac{x}{2}}\right)^2}{1 + \left(\dfrac{\sin \dfrac{x}{2}}{\cos \dfrac{x}{2}}\right)^2} = \frac{1 - \tan^2 \dfrac{x}{2}}{1 + \tan^2 \dfrac{x}{2}} = \frac{1 - t^2}{1 + t^2}$$

↑ 分母・分子を $\cos^2 \dfrac{x}{2}$ で割る

最後に微分の式を示そう.

$$t = \tan \frac{x}{2}$$

において, 両辺を x で微分すると

$$\frac{dt}{dx} = \frac{d}{dx}\left(\tan \frac{x}{2}\right)$$

> **合成関数の微分公式**
> $$\frac{dy}{dx} = \frac{dy}{du}\frac{du}{dx}$$

> **$\tan x$ の微分公式**
> $$(\tan x)' = \frac{1}{\cos^2 x}$$

合成関数の微分公式より, $u = \dfrac{x}{2}$ とおくと

$$\frac{dt}{dx} = \frac{d}{dx}\left(\tan \frac{x}{2}\right) = \frac{d}{du}(\tan u)\frac{du}{dx} = \frac{1}{\cos^2 u} \cdot \frac{1}{2} = \frac{1}{2} \cdot \frac{1}{\cos^2 \dfrac{x}{2}}$$

$$= \frac{1}{2}\left(1 + \tan^2 \frac{x}{2}\right) = \frac{1}{2}(1 + t^2)$$

ゆえに

$$\frac{dt}{dx} = \frac{1}{2}(1 + t^2) \quad より \quad dx = \frac{2}{1 + t^2}\,dt$$

が導けた. 【証明終】

 解説 この置換は少し複雑だが

$$\tan \frac{x}{2} = t$$

とおけば, $\sin x$, $\cos x$, $\dfrac{dx}{dt}$ がすべて

t の有理関数

で表されるというところがミソ. 【解説終】

$$\sin x, \cos x \text{ の有理式} \left.\right) \xrightarrow{\substack{\tan \frac{x}{2} = t \\ \text{とおくと}}} t \text{ の有理式}$$

問題 33　$\sin x,\ \cos x$ **の有理関数の積分**

例題

次の不定積分を求めよう.

(1) $\displaystyle\int \frac{1}{1+\sin x}\,dx$　　　　(2) $\displaystyle\int \frac{1}{\cos x}\,dx$

∷ 解 答 ∷ (1)　$\tan\dfrac{x}{2}=t$ とおくと，置換公式を用いて

$$\int \frac{1}{1+\sin x}\,dx = \int \frac{1}{1+\dfrac{2t}{1+t^2}}\cdot\frac{2}{1+t^2}\,dt$$

となる．分母に気をつけながら計算すると

$$=\int \frac{2}{\left(1+\dfrac{2t}{1+t^2}\right)(1+t^2)}\,dt = \int \frac{2}{1+t^2+2t}\,dt$$

$$=\int \frac{2}{(1+t)^2}\,dt = 2\int (1+t)^{-2}\,dt$$

$$=2\cdot\frac{1}{-2+1}(1+t)^{-2+1}+C = -2(1+t)^{-1}+C$$

$$=\frac{-2}{1+t}+C = \frac{-2}{1+\tan\dfrac{x}{2}}+C$$

(2)　$\tan\dfrac{x}{2}=t$ とおくと，置換公式を用いて

$$\int \frac{1}{\cos x}\,dx = \int \frac{1}{\dfrac{1-t^2}{1+t^2}}\cdot\frac{2}{1+t^2}\,dt$$

$$=\int \frac{2}{1-t^2}\,dt = -\int \frac{2}{t^2-1}\,dt = -2\int \frac{1}{(t+1)(t-1)}\,dt$$

部分分数に分けて

$$=-2\left\{\int \frac{1}{2}\left(-\frac{1}{t+1}+\frac{1}{t-1}\right)dt\right\}$$

$$=\int\left(\frac{1}{t+1}-\frac{1}{t-1}\right)dt$$

$$=\log|t+1|-\log|t-1|+C$$

$$=\log\left|\tan\frac{x}{2}+1\right|-\log\left|\tan\frac{x}{2}-1\right|+C \qquad \text{【解終】}$$

置換公式

$\tan\dfrac{x}{2}=t$ とおくと

$$\sin x = \frac{2t}{1+t^2}$$

$$\cos x = \frac{1-t^2}{1+t^2}$$

$$dx = \frac{2}{1+t^2}\,dt$$

有理関数の積分公式

$$\int \frac{dx}{x-a}=\log|x-a|+C$$

$$\int \frac{2x}{x^2+a}\,dx=\log|x^2+a|+C$$

$$\int \frac{dx}{x^2+1}=\tan^{-1}x+C$$

$$\int \frac{dx}{x^2+a^2}=\frac{1}{a}\tan^{-1}\frac{x}{a}+C$$

$$(a\neq 0)$$

最後は，tan の
加法定理を使うと
$\log\left|\tan\left(\dfrac{x}{2}+\dfrac{\pi}{4}\right)\right|+C$
と変形もできますよ

POINT $\tan\dfrac{x}{2}=t$ とおいて，p.134 置換公式を使う

演習 33

次の不定積分を求めよう．

(1) $\displaystyle\int\frac{1}{(1+\cos x)^2}\,dx$　　(2) $\displaystyle\int\frac{1}{1+\sin x+\cos x}\,dx$　　解答は p.283

解 答 (1) $\tan\dfrac{x}{2}=t$ とおくと，置換公式を用いて

$$\int\frac{1}{(1+\cos x)^2}\,dx=\int\frac{1}{\left(1+\text{㋐}\boxed{}\right)^2}\cdot\text{㋑}\boxed{}\,dt$$

$$=\text{㋒}\boxed{}$$

もとにもどして

$$=\text{㋓}\boxed{}$$

(2) $\tan\dfrac{x}{2}=t$ とおくと，置換公式を用いて

$$\int\frac{1}{1+\sin x+\cos x}\,dx=\int\frac{1}{1+\text{㋔}\boxed{}+\text{㋕}\boxed{}}\cdot\text{㋖}\boxed{}\,dt$$

$$=\text{㋗}\boxed{}$$

もとにもどして

$$=\text{㋘}\boxed{}$$

【解終】

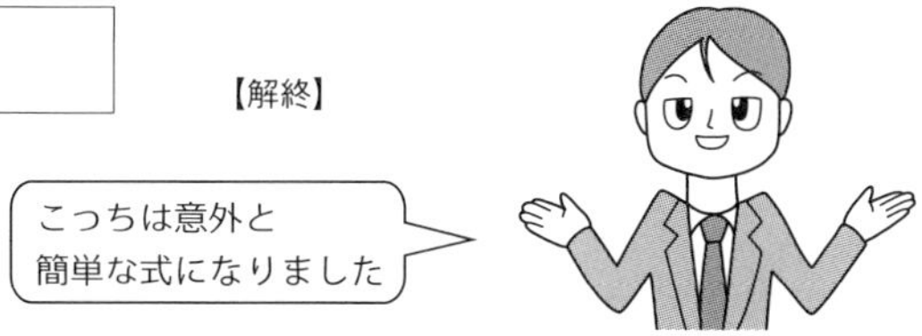
こっちは意外と
簡単な式になりました

定積分

定積分は"面積"の概念の一般化である.

これから下図のような図形の面積を求めることを考えよう.

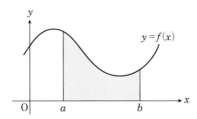

はじめに閉区間 $[a, b]$ をいくつかの点

$$a = x_0 < x_1 < x_2 < \cdots < x_{n-1} < x_n = b$$

で分ける. これを $[a, b]$ の分割という.

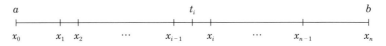

この分割から得られた各小区間 $[x_{i-1}, x_i)$ から t_i を
1つ選び

$$底辺の長さ = x_i - x_{i-1}$$
$$高さ = f(t_i)$$

の長方形を考える.

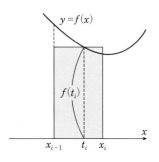

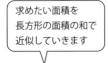
求めたい面積を
長方形の面積の和で
近似していきます

面積の求め方は
古代エジプトの時代から
考えられてきました

$[a, b]$：$a \leqq x \leqq b$ である実数 x の集まり

$[x_{i-1}, x_i)$：$x_{i-1} \leqq x < x_i$ である実数 x の集まり

そして，求めたい面積をこれらの長方形の面積の和

$$R_n = \sum_{i=1}^{n} f(t_i)\,(x_i - x_{i-1})$$

で近似しよう．この R_n は

リーマン和

と呼ばれる．このリーマン和を用いて定積分を次のように定義できる．

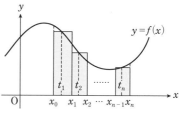

● 定積分の定義 ●

関数 $f(x)$ が $[a,b]$ 上で有界であるとする．$[a,b]$ の分割を限りなく細かくしてゆく（分割数 n の値を大きくしてゆく）．このとき，分割および $\{t_i\}$ の取り方に関係なく，リーマン和 R_n の値がある一定の値 S に近づく，すなわち

$$\lim_{n \to \infty} R_n = \lim_{n \to \infty} \sum_{i=1}^{n} f(t_i)\,(x_i - x_{i-1}) = S$$

が成り立つならば，$f(x)$ は $[a,b]$ 上で**定積分可能**であるという．また，その値 S を $f(x)$ の $[a,b]$ における**定積分**といい $\int_a^b f(x)\,dx$ で表す．つまり，

$$\int_a^b f(x)\,dx = \lim_{n \to \infty} \sum_{i=1}^{n} f(t_i)\,(x_i - x_{i-1})$$

が成り立つ．
そして，a をこの定積分の**下端**，b を**上端**という．

$f(x)$ が $[a,b]$ 上で有界であるとは，右図のように $[a,b]$ で有限の値におさまっているということである．リーマン和 R_n の値は，$[a,b]$ の分割を細かくすればするほど求めたい面積に近づいていきそうだが，

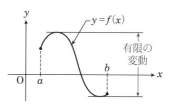

小さな面積の値を無限に多く加えるので，関数によっては収束しない場合もある．そこで，収束する場合に限り"定積分可能"ということにする．次の定理にあるように，この本で取り扱う関数はほとんど定積分可能なので，収束するかしないかの心配はいらない．

【解説終】

$f(x)$ が $[a, b]$ 上で連続ならば，$[a, b]$ 上で定積分可能である．

定理 2.6.1 は
証明なしで
紹介しておきます

さらに定義より，次の定理が導ける．

定理 2.6.2 ● 定積分の性質

❶ $\displaystyle\int_a^b \{f(x) + g(x)\}\, dx = \int_a^b f(x)\, dx + \int_a^b g(x)\, dx$

❷ $\displaystyle\int_a^b kf(x)\, dx = k\int_a^b f(x)\, dx$　　（k は定数）

❸ $\displaystyle\int_a^b f(x)\, dx + \int_b^c f(x)\, dx = \int_a^c f(x)\, dx$

❹ $[a, b]$ 上で $f(x) \leqq g(x)$　　ならば　　$\displaystyle\int_a^b f(x)\, dx \leqq \int_a^b g(x)\, dx$

❺ $\displaystyle\left| \int_a^b f(x)\, dx \right| \leqq \int_a^b |f(x)|\, dx$

また，便宜上，次の約束をしておこう．

● 約束 ●

$$\int_a^b f(x)\, dx = -\int_b^a f(x)\, dx$$

$$\int_a^a f(x)\, dx = 0$$

$f(x)$ が $[a, b]$ 上で連続ならば

$$\int_a^b f(x)\,dx = f(c)(b-a) \qquad (a < c < b)$$

となる c が存在する.

解説　右図において，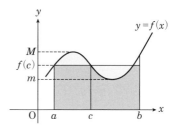の面積は適当な $c\,(a < c < b)$ をとると，底辺の長さ $(b-a)$，高さ $f(c)$ の長方形の面積に等しくなる，というのがこの定理である.　【解説終】

証明
（略）

閉区間 $[a, b]$ において

$$m = f(x) \text{ の最小値}, \quad M = f(x) \text{ の最大値}$$

とおくと，$m \leq f(x) \leq M$ が成立するので，定理 2.6.2 の❹より

$$\int_a^b m\,dx \leq \int_a^b f(x)\,dx \leq \int_a^b M\,dx$$

$$m\int_a^b 1\,dx \leq \int_a^b f(x)\,dx \leq M\int_a^b 1\,dx$$

定積分の定義に従って $\displaystyle\int_a^b 1\,dx$ を求めると

$$\int_a^b 1\,dx = b - a$$

が示せるので，次式が成立する.

$$m(b-a) \leq \int_a^b f(x)\,dx \leq M(b-a)$$

これより

$$m \leq \frac{1}{b-a}\int_a^b f(x)\,dx \leq M$$

$[a, b]$ で連続な関数は m（$f(x)$ の最小値）と M（$f(x)$ の最大値）の中間のすべての値を $[a, b]$ のなかでとるので，

$$\frac{1}{b-a}\int_a^b f(x)\,dx = f(c)$$

となる $c\,(a < c < b)$ が必ず存在する.　【略証明終】

$f(x)$ は $[a, b]$ 上で連続とする.

$$S(x) = \int_a^x f(t)\,dt$$

とおくとき

❶ $S(x)$ は $f(x)$ の原始関数である.

❷ $F(x)$ を $f(x)$ の原始関数の 1 つとするとき

$$\int_a^b f(x)\,dx = F(b) - F(a)$$

が成立する.

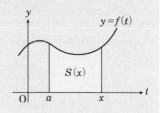

原始関数や不定積分と
定積分をつなげる
重要な定理です

解説 ❶は,$f(x)$ の "原始関数の存在" を "定積分"
を使って示しているところがポイント.

❷は,$f(x)$ の原始関数 $F(x)$ が 1 つわかれば,定積
分の値は区間の端点における $F(a)$,$F(b)$ の値のみ
で決定されることを示している.この式は次のようにもかく.

$$\int_a^b f(x)\,dx = \Big[\, F(x) \,\Big]_a^b = F(b) - F(a)$$

【解説終】

証明 ❶ $S(x)$ は微分可能で,$S'(x) = f(x)$ であることを示す.

$$\frac{S(x+h) - S(x)}{h} = \frac{1}{h}\left\{ \int_a^{x+h} f(t)\,dt - \int_a^x f(t)\,dt \right\}$$

$$= \frac{1}{h}\int_x^{x+h} f(t)\,dt$$

$f(t)$ は $[x, x+h]$ $(h > 0)$ または $[x+h, x]$ $(h < 0)$ において連続なので,定理
2.6.3 より

$$\int_x^{x+h} f(t)\,dt = f(c)h \qquad (x < c < x+h \ \text{または} \ x+h < c < x)$$

となる c が存在する.$h \to 0$ のとき,$c \to x$ であり $f(c) \to f(x)$ なので,

$$\lim_{h \to 0} \frac{S(x+h) - S(x)}{h} = \lim_{h \to 0} \frac{1}{h}\Big\{ f(c)h \Big\} = \lim_{h \to 0} f(c) = f(x)$$

ゆえに $S(x)$ は微分可能で $S'(x) = f(x)$ が成立する.

❷ $F(x)$ を $f(x)$ の原始関数の１つとすると，**❶** より

$$S(x) = F(x) + C \qquad (C : \text{定数}) \cdots (\ast)$$

とかける．また

$$S(x) = \int_a^x f(t)\,dt \qquad \text{より} \qquad S(a) = \int_a^a f(t)\,dt = 0$$

となるので，$(\ast)$ に $x = a$ を代入することにより $C = -F(a)$ が得られ

$$S(x) = F(x) - F(a)$$

が成り立つ．したがって

$$\int_a^b f(t)\,dt = S(b) = F(b) - F(a)$$

【証明終】

不定積分のときと同様，定積分においても次の置換積分，部分積分の計算方法が用いられる．

定理 2.6.5 **置換積分法**

$u = f(x)$ が $[\alpha, \beta]$ で微分可能，$a = f(\alpha)$，$b = f(\beta)$ のとき，

$$\int_\alpha^\beta g(f(x)) \cdot f'(x)\,dx = \int_a^b g(u)\,du$$

 置換積分法を用いて定積分を求めるときは，置換により積分区間が $[\alpha, \beta]$ から $[a, b]$ に変わるところに注意しよう．

【解説終】

定理 2.6.6 **部分積分法**

$$\int_a^b f'(x)g(x)\,dx = \Big[f(x)g(x)\Big]_a^b - \int_a^b f(x)g'(x)\,dx$$

 不定積分のときと同じように右の図式で覚え よう．ただし定積分の場合は，端点の値を代

入するのを忘れないように．また $\Big[f(x) \cdot g(x)\Big]_a^b$ は

$$\Big[f(x) \cdot g(x)\Big]_a^b = f(b)g(b) - f(a)g(a)$$

のことである．

【解説終】

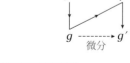

不定積分のときと同じです

例題

次の定積分の値を求めよう.

(1) $\displaystyle\int_1^3 \left(x+\frac{1}{x}\right)dx$ 　(2) $\displaystyle\int_0^2 \sqrt{x}\,dx$ 　(3) $\displaystyle\int_0^4 e^x dx$ 　(4) $\displaystyle\int_0^{\frac{\pi}{2}} \sin x\,dx$

:: **解 答** :: それぞれの関数の不定積分をしっかり思い出してから定積分の計算を
おこなおう.

(1) $\displaystyle\int_1^3 \left(x+\frac{1}{x}\right)dx = \left[\frac{1}{2}x^2+\log|x|\right]_1^3$

$\qquad = \left(\frac{1}{2}\cdot 3^2+\log 3\right)-\left(\frac{1}{2}\cdot 1^2+\log 1\right)$

ここで $\log 1 = 0$ なので

$\qquad = \dfrac{9}{2}+\log 3-\dfrac{1}{2} = 4+\log 3$

> **微積分学の基本定理**
>
> $\displaystyle\int f(x)\,dx = F(x)+C$ のとき
>
> $\displaystyle\int_a^b f(x)\,dx = \Big[F(x)\Big]_a^b$
>
> $\qquad = F(b)-F(a)$

(2) $\displaystyle\int_0^2 \sqrt{x}\,dx = \int_0^2 x^{\frac{1}{2}}\,dx$

$\qquad = \left[\dfrac{1}{\frac{1}{2}+1}x^{\frac{1}{2}+1}\right]_0^2 = \left[\dfrac{1}{\frac{3}{2}}x^{\frac{3}{2}}\right]_0^2$

$\qquad = \dfrac{2}{3}\left[\sqrt{x^3}\right]_0^2 = \dfrac{2}{3}\left(\sqrt{2^3}-\sqrt{0^3}\right)$

$\qquad = \dfrac{2}{3}\left(\sqrt{8}-0\right) = \dfrac{2}{3}\left(2\sqrt{2}\right) = \dfrac{4}{3}\sqrt{2}$

> **x^a の積分公式**
>
> $\displaystyle\int x^a dx = \frac{1}{a+1}x^{a+1}+C$
> $\qquad\qquad (a\neq -1)$
>
> $\displaystyle\int\frac{1}{x}\,dx = \log|x|+C$

(3) $\displaystyle\int_0^4 e^x dx = \Big[e^x\Big]_0^4 = e^4-e^0$

$e^0 = 1$ より

$\qquad = e^4-1$

(4) $\displaystyle\int_0^{\frac{\pi}{2}} \sin x\,dx = \Big[-\cos x\Big]_0^{\frac{\pi}{2}}$

$\qquad = -\cos\dfrac{\pi}{2}-(-\cos 0)$

ここで $\cos\dfrac{\pi}{2} = 0$, $\cos 0 = 1$ より

$\qquad = -0+1 = 1$

> **三角関数の積分公式**
>
> $\displaystyle\int\sin x\,dx = -\cos x+C$
>
> $\displaystyle\int\cos x\,dx = \sin x+C$
>
> $\displaystyle\int\frac{1}{\cos^2 x}\,dx = \tan x+C$

> **指数関数の積分公式**
>
> $\displaystyle\int e^x dx = e^x+C$

【解終】

POINT まずは，不定積分（原始関数）を求める

演習 34

次の定積分の値を求めよう．

(1) $\displaystyle\int_1^8\left(\sqrt[3]{x}-\frac{2}{x}\right)dx$　(2) $\displaystyle\int_0^1(1-3e^x)\,dx$　(3) $\displaystyle\int_{\frac{\pi}{6}}^{\frac{\pi}{3}}\cos x\,dx$

解答は p.283

解答　(1) $\displaystyle\int_1^8\left(\sqrt[3]{x}-\frac{2}{x}\right)dx=\int_1^8\left(x^{\text{㋐}\square}-\frac{2}{x}\right)dx$

$\displaystyle=\Big[\text{㋑}\square\Big]_{\text{㋓}\square}^{\text{㋒}\square}$

$\displaystyle=\left[\frac{3}{4}x^{\text{㋔}\square}-2\,\text{㋕}\square\right]_{\text{㋓}\square}^{\text{㋒}\square}$

$=(\text{㋖}\square)-(\text{㋗}\square)$

$\displaystyle=\frac{3}{4}\cdot 8\cdot\text{㋘}\square-2\log 2^{\text{㋙}\square}-\frac{3}{4}+2\cdot\text{㋚}\square$

$\displaystyle=\text{㋛}\square-\text{㋜}\square\log 2-\frac{3}{4}$

$=\text{㋝}\square$

指数の性質

$\sqrt[m]{x^n}=x^{\frac{n}{m}}$

対数の性質

$\log a+\log b=\log ab$

$\log a^b=b\log a$

$\log 1=0$

$\log e=1$

(2) $\displaystyle\int_0^1(1-3e^x)\,dx=\Big[\text{㋞}\square\Big]_{\text{㋠}\square}^{\text{㋟}\square}$

$=(\text{㋡}\square)-(\text{㋢}\square)$

$=1-3e+3\cdot\text{㋣}\square$

$=\text{㋤}\square$

(3) $\displaystyle\int_{\frac{\pi}{6}}^{\frac{\pi}{3}}\cos x\,dx=\Big[\text{㋥}\square\Big]_{\text{㋧}\square}^{\text{㋦}\square}$

$=\text{㋨}\square-\text{㋩}\square$

$=\text{㋪}\square-\text{㋫}\square$

$=\text{㋬}\square$

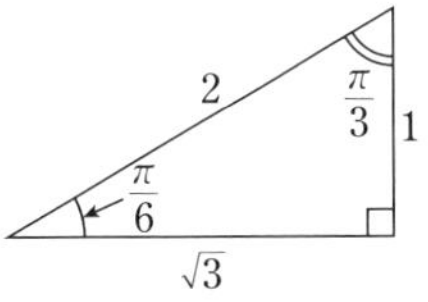

【解終】

例題

次の定積分の値を求めよう.

(1) $\displaystyle\int_1^2 \frac{1}{\sqrt[3]{x}}\,dx$　(2) $\displaystyle\int_3^4 \frac{1}{x-2}\,dx$　(3) $\displaystyle\int_0^{\frac{1}{2}} \frac{1}{\sqrt{1-x^2}}\,dx$　(4) $\displaystyle\int_0^1 \frac{1}{1+x^2}\,dx$

∷ 解 答 ∷　不定積分を復習しながら計算しよう.

x^a の積分公式

$$\int x^a dx = \frac{1}{a+1}x^{a+1}+C$$
$$(a \neq -1)$$

(1) $\displaystyle\int_1^2 \frac{1}{\sqrt[3]{x}}\,dx = \int_1^2 \frac{1}{x^{\frac{1}{3}}}\,dx = \int_1^2 x^{-\frac{1}{3}}\,dx$

$\displaystyle = \left[\frac{1}{-\frac{1}{3}+1} x^{-\frac{1}{3}+1} \right]_1^2 = \left[\frac{1}{\frac{2}{3}} x^{\frac{2}{3}} \right]_1^2 = \frac{3}{2} \left[\sqrt[3]{x^2} \right]_1^2$

$\displaystyle = \frac{3}{2}(\sqrt[3]{2^2} - \sqrt[3]{1^2}) = \frac{3}{2}(\sqrt[3]{4} - 1)$

$f(ax+b)$ の積分公式❷

$$\int \frac{1}{ax+b}\,dx = \frac{1}{a}(\log|ax+b|)+C$$

(2) $\displaystyle\int_3^4 \frac{1}{x-2}\,dx = \Big[\log|x-2| \Big]_3^4 = \log 2 - \log 1$

$\displaystyle = \log 2 - 0 = \log 2$

逆三角関数の積分公式

$$\int \frac{1}{\sqrt{1-x^2}}\,dx = \sin^{-1}x + C$$
$$\int \frac{1}{1+x^2}\,dx = \tan^{-1}x + C$$

(3) $\displaystyle\int_0^{\frac{1}{2}} \frac{1}{\sqrt{1-x^2}}\,dx = \Big[\sin^{-1}x \Big]_0^{\frac{1}{2}}$

$\displaystyle = \sin^{-1}\frac{1}{2} - \sin^{-1}0$

ここで $\sin^{-1}\dfrac{1}{2} = \dfrac{\pi}{6}$, $\sin^{-1}0 = 0$ なので

$\displaystyle = \frac{\pi}{6} - 0 = \frac{\pi}{6}$

(4) $\displaystyle\int_0^1 \frac{1}{1+x^2}\,dx = \Big[\tan^{-1}x \Big]_0^1$

$\displaystyle = \tan^{-1}1 - \tan^{-1}0$

ここで $\tan^{-1}1 = \dfrac{\pi}{4}$, $\tan^{-1}0 = 0$ なので

$\displaystyle = \frac{\pi}{4} - 0 = \frac{\pi}{4}$

【解終】

逆三角関数の定義

$\sin^{-1}x = y \iff x = \sin y \quad \left(-\dfrac{\pi}{2} \leqq y \leqq \dfrac{\pi}{2} \right)$

$\cos^{-1}x = y \iff x = \cos y \quad (0 \leqq y \leqq \pi)$

$\tan^{-1}x = y \iff x = \tan y \quad \left(-\dfrac{\pi}{2} < y < \dfrac{\pi}{2} \right)$

POINT x^a, $\dfrac{1}{ax+b}$, 逆三角関数の積分公式を使う

演習 35

次の定積分の値を求めよう．

(1) $\displaystyle\int_3^9 \frac{4}{\sqrt{x}}dx$ (2) $\displaystyle\int_0^1 \frac{1}{x+1}dx$ (3) $\displaystyle\int_{-\frac{1}{\sqrt{2}}}^{\frac{1}{\sqrt{2}}} \frac{1}{\sqrt{1-x^2}}dx$ (4) $\displaystyle\int_0^{\sqrt{3}} \frac{1}{1+x^2}dx$

解答は p.283

解答 (1) $\displaystyle\int_3^9 \frac{4}{\sqrt{x}}dx = $ ㋐$\square$ $\displaystyle\int_3^9 \frac{1}{\sqrt{x}}dx = 4\int_3^9 \frac{1}{x^{\frac{1}{2}}}dx = 4\int_3^9 x^{㋑\square}dx$

$\displaystyle = 4\left[\frac{1}{㋒\square}x^{㋓\square}\right]_3^9 = 4\left[\frac{1}{㋔\square}x^{㋕\square}\right]_3^9 = 4\left[㋖\square\right]_3^9$

$=$ ㋗$\square$

(2) $\displaystyle\int_0^1 \frac{1}{x+1}dx = \left[㋘\square\right]_0^1 = $ ㋙$\square$

(3) $\displaystyle\int_{-\frac{1}{\sqrt{2}}}^{\frac{1}{\sqrt{2}}} \frac{1}{\sqrt{1-x^2}}dx = \left[㋚\square\right]_{-\frac{1}{\sqrt{2}}}^{\frac{1}{\sqrt{2}}}$

$=$ ㋛$\square$

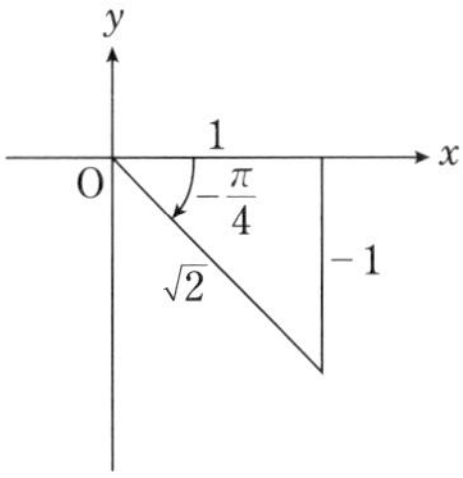

y
x
O
1
$-\frac{\pi}{4}$
$\sqrt{2}$
-1

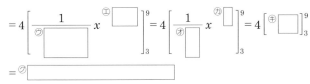

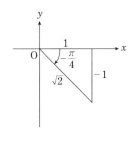

ここで $\sin^{-1}\dfrac{1}{\sqrt{2}} = $ ㋜$\square$, $\sin^{-1}\left(-\dfrac{1}{\sqrt{2}}\right) = $ ㋝$\square$ なので

$=$ ㋞$\square$

(4) $\displaystyle\int_0^{\sqrt{3}} \frac{1}{1+x^2}dx = \left[㋟\square\right]_0^{\sqrt{3}} = $ ㋠$\square$

ここで $\tan^{-1}\sqrt{3} = $ ㋡$\square$, $\tan^{-1}0 = $ ㋢$\square$ なので

$=$ ㋣$\square$

【解終】

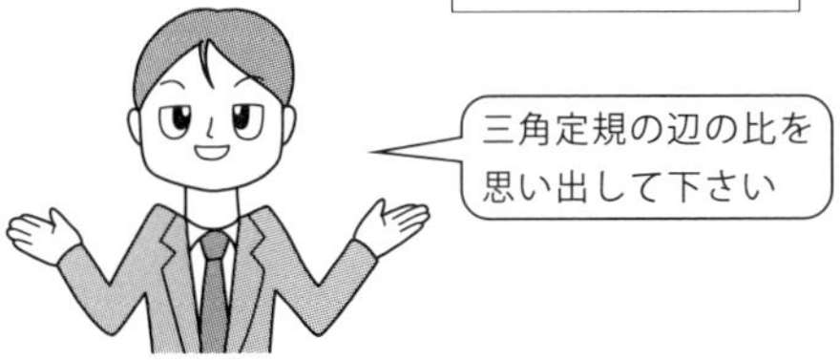

三角定規の辺の比を
思い出して下さい

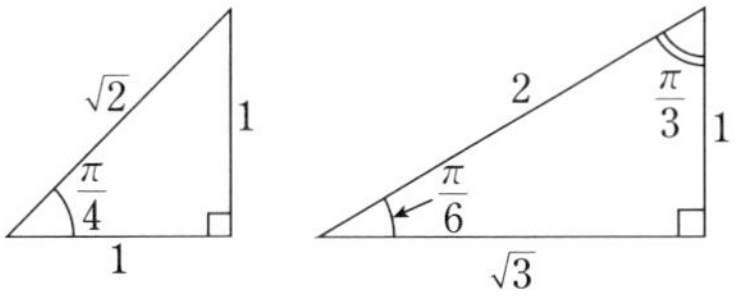

$\sqrt{2}$
1
$\frac{\pi}{4}$
1
2
$\frac{\pi}{3}$
1
$\frac{\pi}{6}$
$\sqrt{3}$

頭の中で置換すべき置換積分

例題

次の定積分の値を求めよう.

(1) $\displaystyle\int_0^1 (2x-1)^8\,dx$　　(2) $\displaystyle\int_0^2 \frac{1}{3x+1}\,dx$　　(3) $\displaystyle\int_0^{\frac{\pi}{3}} \sin 2x\,dx$

(4) $\displaystyle\int_0^1 e^{-x}\,dx$

解 答 $f(ax+b)$ の積分公式を使って定積分の値を求めてみよう.

(1) 公式❶において $a=2,\ b=-1,\ p=8$ とすると

$$\int_0^1 (2x-1)^8\,dx = \left[\frac{1}{2}\cdot\frac{1}{8+1}(2x-1)^{8+1}\right]_0^1 = \frac{1}{18}\Big[(2x-1)^9\Big]_0^1$$

$$= \frac{1}{18}\Big\{1^9 - (-1)^9\Big\} = \frac{1}{18}\Big(1+1\Big) = \frac{1}{9}$$

$e^0 = 1$
$\log 1 = 0$

(2) 公式❷において $a=3,\ b=1$ とすると

$$\int_0^2 \frac{1}{3x+1}\,dx = \left[\frac{1}{3}\log|3x+1|\right]_0^2 = \frac{1}{3}\Big(\log|6+1| - \log|0+1|\Big)$$

$$= \frac{1}{3}\Big(\log 7 - \log 1\Big) = \frac{1}{3}\Big(\log 7 - 0\Big) = \frac{1}{3}\log 7$$

(3) 公式❸において $a=2,\ b=0$ とおくと

$$\int_0^{\frac{\pi}{3}} \sin 2x\,dx = \left[-\frac{1}{2}\cos 2x\right]_0^{\frac{\pi}{3}} = -\frac{1}{2}\Big(\cos\frac{2}{3}\pi - \cos 0\Big)$$

$$= -\frac{1}{2}\Big(-\frac{1}{2}-1\Big) = -\frac{1}{2}\Big(-\frac{3}{2}\Big) = \frac{3}{4}$$

(4) 公式❺において $a=-1,\ b=0$ とおくと

$$\int_0^1 e^{-x}\,dx = \left[\frac{1}{-1}e^{-x}\right]_0^1 = -\Big[e^{-x}\Big]_0^1 = -(e^{-1} - e^0) = -(e^{-1} - 1) = 1 - \frac{1}{e}$$ 【解終】

$f(ax + b)$ の積分公式❶, ❷

❶ $\displaystyle\int (ax+b)^p\,dx = \frac{1}{a}\cdot\frac{1}{p+1}(ax+b)^{p+1} + C$
$$(p \neq -1,\ a \neq 0)$$

❷ $\displaystyle\int \frac{1}{ax+b}\,dx = \frac{1}{a}\log|ax+b| + C$
$$(a \neq 0)$$

POINT ⋗ $f(ax+b)$ の積分公式を使う

演習 36

次の定積分の値を求めよう.

(1) $\displaystyle\int_1^2 (3x-2)^4\,dx$　　(2) $\displaystyle\int_2^4 \frac{1}{2x-3}\,dx$　　(3) $\displaystyle\int_0^{\frac{\pi}{4}} \cos 3x\,dx$

(4) $\displaystyle\int_0^1 e^{2x}\,dx$

解答は p.284

解答

(1)　公式❶において $a=3$, $b=-2$, $p=4$ とすると

$\displaystyle\int_1^2 (3x-2)^4\,dx = \left[\frac{1}{㋐\square}\cdot\frac{1}{㋑\square}(3x-2)^{㋒\square}\right]_1^2 = ㋓\square\left[(3x-2)^{㋔\square}\right]_1^2$

$= ㋕\square$

(2)　公式❷において $a=2$, $b=-3$ とすると

$\displaystyle\int_2^4 \frac{1}{2x-3}\,dx = \left[\frac{1}{㋖\square}\log ㋗\square\right]_2^4 = ㋘\square$

(3)　公式❹において $a=3$, $b=0$ とおくと

$\displaystyle\int_0^{\frac{\pi}{4}} \cos 3x\,dx = \left[\frac{1}{㋙\square}\sin 3x\right]_0^{\frac{\pi}{4}}$

$= ㋚\square$

(4)　公式❺において $a=2$, $b=0$ とおくと

$\displaystyle\int_0^1 e^{2x}\,dx = \left[\frac{1}{㋛\square}㋜\square\right]_0^1 = ㋝\square$

【解終】

$f(ax+b)$ の積分公式❸, ❹, ❺

❸ $\displaystyle\int \sin(ax+b)\,dx = -\frac{1}{a}\cos(ax+b)+C$

❹ $\displaystyle\int \cos(ax+b)\,dx = \frac{1}{a}\sin(ax+b)+C$

❺ $\displaystyle\int e^{ax+b}\,dx = \frac{1}{a}e^{ax+b}+C$

（いずれも $a \neq 0$）

置換積分法を用いた定積分

例題

次の定積分の値を求めよう.

(1) $\displaystyle\int_1^2 x(x-1)^5\,dx$　　(2) $\displaystyle\int_0^{\frac{\pi}{6}} \cos^3 x \sin x\,dx$　　(3) $\displaystyle\int_0^1 \frac{e^x}{\sqrt{e^x+1}}\,dx$

✇ 解 答 ✇ 定積分の置換積分法を使おう.

▸ 置換積分法 ◂

$u=f(x)$ とおくと $du=f'(x)dx$

$$\int_\alpha^\beta g(f(x))\cdot f'(x)\,dx = \int_a^b g(u)\,du$$

x	$\alpha \longrightarrow \beta$
u	$a \longrightarrow b$

(1) $u=x-1$ とおくと $du=dx$. $x=u+1$.
また，積分範囲の変化をみると

x	$1 \longrightarrow 2$
u	$0 \longrightarrow 1$

となるから

$$\int_1^2 x(x-1)^5\,dx = \int_0^1 (u+1)\cdot u^5\,du = \int_0^1 (u^6+u^5)\,du = \left[\frac{1}{7}u^7 + \frac{1}{6}u^6\right]_0^1$$

$$= \left(\frac{1}{7}\cdot 1^7 + \frac{1}{6}\cdot 1^6\right) - \left(\frac{1}{7}\cdot 0 + \frac{1}{6}\cdot 0\right) = \frac{1}{7} + \frac{1}{6} = \frac{13}{42}$$

(2) $(\cos x)' = -\sin x$ に注意して，$u=\cos x$ とおくと $du = -\sin x\,dx$.
また $\cos 0 = 1$, $\cos\dfrac{\pi}{6} = \dfrac{\sqrt{3}}{2}$ より
x の積分範囲は右のように変わるので

x	$0 \longrightarrow \dfrac{\pi}{6}$
u	$1 \longrightarrow \dfrac{\sqrt{3}}{2}$

$$\int_0^{\frac{\pi}{6}} \cos^3 x \sin x\,dx = -\int_0^{\frac{\pi}{6}} (\cos x)^3 \cdot (-\sin x)\,dx$$

$$= -\int_1^{\frac{\sqrt{3}}{2}} u^3\,du = -\left[\frac{1}{4}u^4\right]_1^{\frac{\sqrt{3}}{2}} = -\frac{1}{4}\left\{\left(\frac{\sqrt{3}}{2}\right)^4 - 1^4\right\} = -\frac{1}{4}\left(\frac{9}{16} - 1\right) = \frac{7}{64}$$

(3) $(e^x+1)' = e^x$ に気をつけて，$u = e^x+1$ とおくと $du = e^x dx$.
また $e^0+1 = 1+1 = 2$, $e^1+1 = e+1$ より
x の積分範囲は右のように変わるので

x	$0 \longrightarrow 1$
u	$2 \longrightarrow e+1$

$$\int_0^1 \frac{e^x}{\sqrt{e^x+1}}\,dx = \int_0^1 \frac{1}{\sqrt{e^x+1}}\cdot e^x dx$$

$$= \int_2^{e+1} \frac{1}{\sqrt{u}}\,du = \left[2\sqrt{u}\right]_2^{e+1}$$

$$= 2(\sqrt{e+1} - \sqrt{2})$$

【解終】

POINT ▷ 置換の $u = f(x)$ をうまく選び，置換積分法を使う

演習 37

> 次の定積分の値を求めよう.
>
> (1) $\displaystyle\int_0^2 \frac{x}{\sqrt{x^2+5}}\,dx$　　(2) $\displaystyle\int_0^{\frac{\pi}{4}} \sin^4 x \cos x\,dx$　　(3) $\displaystyle\int_0^1 \frac{e^x}{(e^x+3)^3}\,dx$
>
> 解答は p.284

∷ 解 答 ∷　頭の中で置換して不定積分を求めることができれば，すぐ端点を代入してよい．ここではしっかり置換して解いてみよう．

(1) $(x^2+5)' = 2x$ であることに注目して，$u = x^2+5$ とおくと $du = {}^{\text{㋐}}\boxed{}\,dx.$

$$\therefore \int_0^2 \frac{x}{\sqrt{x^2+5}}\,dx = \int_0^2 \frac{1}{\sqrt{x^2+5}}\cdot x\,dx$$

$$= \int_{\text{㋙}\square}^{\text{㋑}\square} \frac{1}{\sqrt{u}}\cdot {}^{\text{㋒}}\boxed{}\,du$$

$$= {}^{\text{㋓}}\boxed{} \int_{\text{㋙}\square}^{\text{㋑}\square} \frac{1}{\sqrt{u}}\,du = \frac{1}{2}\Big[\,{}^{\text{㋕}}\boxed{}\,\Big]_{\text{㋘}\square}^{\text{㋗}\square}$$

$$= \frac{1}{2}\{{}^{\text{㋙}}\boxed{} - {}^{\text{㋚}}\boxed{}\} = {}^{\text{㋛}}\boxed{}$$

x	0	$\longrightarrow$	2
u	$\square$	$\longrightarrow$	㋑$\square$

$$\int \sqrt{x}\,dx = \frac{2}{3}x\sqrt{x} + C$$

$$\int \frac{1}{\sqrt{x}}\,dx = 2\sqrt{x} + C$$

(2) $(\sin x)' = \cos x$ に注意して，$u = \sin x$ とおくと $du = {}^{\text{㋜}}\boxed{}\,dx.$

$$\therefore \int_0^{\frac{\pi}{4}} \sin^4 x\cdot \cos x\,dx = \int_{\text{㋞}\square}^{\text{㋝}\square} {}^{\text{㋟}}\square\,du$$

$$= \Big[\,{}^{\text{㋠}}\boxed{}\,\Big]_{\text{㋢}\square}^{\text{㋡}\square}$$

$$= {}^{\text{㋣}}\boxed{} - {}^{\text{㋤}}\boxed{}$$

$$= \frac{1}{5\,{}^{\text{㋦}}\square} = {}^{\text{㋥}}\boxed{}$$

x	0	$\longrightarrow$	$\frac{\pi}{4}$
u	㋞$\square$	$\longrightarrow$	㋝$\square$

(3) $(e^x+3)' = e^x$ に気をつけて，$u = e^x+3$ とおくと $du = {}^{\text{㋧}}\boxed{}\,dx.$

$$\int_0^1 \frac{e^x}{(e^x+3)^3}\,dx = \int_0^1 (e^x+3)^{\text{㋨}\square}\cdot e^x\,dx$$

$$= {}^{\text{㋩}}\boxed{}$$

x	0	$\longrightarrow$	1
u	㋪$\square$	$\longrightarrow$	㋫$\square$

【解終】

部分積分法を用いた定積分

例題

次の定積分の値を求めよう.

(1) $\displaystyle\int_0^2 xe^x\,dx$　　(2) $\displaystyle\int_0^{\frac{\pi}{3}} x\cos x\,dx$　　(3) $\displaystyle\int_1^e x\log x\,dx$

∷ **解 答** ∷　定積分の部分積分法を使う.

(1)　$f'=e^x,\ g=x$ とおくと

$$\int_0^2 xe^x dx=\Big[\,e^x\cdot x\,\Big]_0^2-\int_0^2 e^x\cdot 1\,dx$$
$$=\Big[\,xe^x\,\Big]_0^2-\int_0^2 e^x dx=(2e^2-0\,e^0)-\Big[\,e^x\,\Big]_0^2$$
$$=2e^2-(e^2-e^0)=2e^2-(e^2-1)=e^2+1$$

> **部分積分法**
>
> $$\int_a^b f'\cdot g\,dx=\Big[\,f\cdot g\,\Big]_a^b-\int_a^b f\cdot g'\,dx$$
>
> $$\begin{array}{ccc} f' & \xrightarrow{\text{積分}} & f \\ \downarrow & \nearrow & \downarrow \\ g & \xrightarrow[\text{微分}]{} & g' \end{array}$$

(2)　$f'=\cos x,\ g=x$ とおくと

$$\int_0^{\frac{\pi}{3}} x\cos x\,dx=\Big[\,\sin x\cdot x\,\Big]_0^{\frac{\pi}{3}}-\int_0^{\frac{\pi}{3}}\sin x\cdot 1\,dx$$
$$=\frac{\pi}{3}\sin\frac{\pi}{3}-0-\int_0^{\frac{\pi}{3}}\sin x\,dx$$
$$=\frac{\pi}{3}\cdot\frac{\sqrt{3}}{2}-\Big[-\cos x\,\Big]_0^{\frac{\pi}{3}}=\frac{\sqrt{3}}{6}\pi+\Big(\cos\frac{\pi}{3}-\cos 0\Big)$$
$$=\frac{\sqrt{3}}{6}\pi+\frac{1}{2}-1=\frac{\sqrt{3}}{6}\pi-\frac{1}{2}$$

$$\begin{array}{ccc} \cos x & \xrightarrow{\text{積分}} & \sin x \\ \downarrow & \nearrow & \downarrow \\ x & \xrightarrow[\text{微分}]{} & 1 \end{array}$$

(3)　$f'=x,\ g=\log x$ とおくと

$$\int_1^e x\log x\,dx=\Big[\frac{1}{2}x^2\cdot\log x\Big]_1^e-\int_1^e\frac{1}{2}x^2\cdot\frac{1}{x}\,dx$$
$$=\Big[\frac{1}{2}x^2\log x\Big]_1^e-\frac{1}{2}\int_1^e x\,dx$$
$$=\Big(\frac{1}{2}e^2\log e-\frac{1}{2}\cdot 1\cdot\log 1\Big)-\frac{1}{2}\Big[\frac{1}{2}x^2\Big]_1^e$$
$$=\frac{1}{2}e^2-\frac{1}{4}(e^2-1)=\frac{1}{4}(e^2+1)$$

> $\log e=1$
> $\log 1=0$

【解終】

POINT▶ p.143 部分積分法，p.121【f' と g のおき方のめやす】を使う

演習 38

> 次の定積分の値を求めよう．
>
> (1) $\displaystyle\int_0^1 x^2 e^{-x}dx$　　(2) $\displaystyle\int_0^{\frac{\pi}{6}} x\sin x\,dx$　　(3) $\displaystyle\int_1^e \log x\,dx$
>
> 解答は p.284

∷解答∷　(1)　$f'=e^{-x}$，$g=x^2$ とおくと

$$\int_0^1 x^2 e^{-x}dx$$
$$= {}^{\textcircled{ウ}}\boxed{}$$

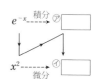

後半の定積分で，もう一度，部分積分法を用いる．

$f'={}^{\textcircled{エ}}\boxed{}$，$g={}^{\textcircled{オ}}\boxed{}$ とおくと

$$= {}^{\textcircled{ク}}\boxed{}$$

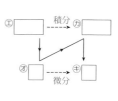

(2)　$f'={}^{\textcircled{ケ}}\boxed{}$，$g={}^{\textcircled{コ}}\boxed{}$ とおくと

$$\int_0^{\frac{\pi}{6}} x\sin x\,dx$$
$$= {}^{\textcircled{ス}}\boxed{}$$

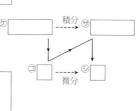

(3)　これは部分積分法の特殊な使い方．

$f'={}^{\textcircled{セ}}\boxed{}$，$g={}^{\textcircled{ソ}}\boxed{}$ とおくと

$$\int_1^e \log x\,dx$$
$$= {}^{\textcircled{ツ}}\boxed{}$$

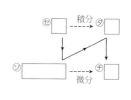

【解終】

広義積分・無限積分

今まで学んできた定積分 $\displaystyle\int_a^b f(x)\,dx$ は

関数 $f(x)$ が $[a, b]$ 上で有界で連続

の場合に考えていた．今度は，この"有界で連続"という条件をとって定積分の
定義を拡張しよう．

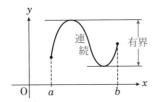 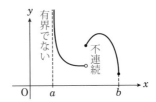

━━◆ 広義積分の定義 ◆━━

区間 $[a, b)$ 上連続な関数 $f(x)$ に対して

$$\int_a^b f(x)\,dx = \lim_{c \to b-0} \int_a^c f(x)\,dx$$

と定義する．もし右辺の極限値が存在するなら

$f(x)$ は $[a, b)$ で**広義積分可能**

であるといい，その極限値を**広義積分の値**という．

同様に，区間 $(a, b]$ 上連続な関数 $f(x)$ に対しても $(a, b]$ 上の広義積分を

$$\int_a^b f(x)\,dx = \lim_{c \to a+0} \int_c^b f(x)\,dx$$

で定義する．

右図のように $f(x)$ は $[a, b)$ において連続で，x が小さい方から b に近づくにつれて値が発散してしまうとしよう．$f(x)$ の $[a, b)$ 上での定積分を考えたいのだが，$f(x)$ は $x = b$ の左側において無限大に発散してしまっているので，b より少し手前の $x = c$ のところで考えると，閉区間 $[a, c]$ においては $f(x)$ は有界で連続なので，ここでは普通の意味での定積分

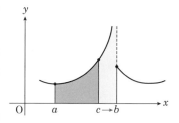

$$\int_a^c f(x)\,dx$$

が定義される．しかし本当は $[a, b)$ 上で定積分したかったのだから，c を b に左から限りなく近づける $(c \to b-0)$ ことにより，$[a, b)$ 上での広義積分を定義する．

同様に，右図のように $f(x)$ が $(a, b]$ 上で連続な場合も，まず閉区間 $[c, b]$ で $f(x)$ の普通の定積分を考え，それから c を限りなく右側から a に近づけることにより広義積分を定義する．

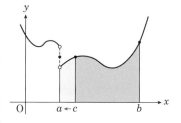

また，関数が区間 $[a, b]$ の途中 $x = c$ で不連続または有界でない場合（右図）には，$x = c$ で定積分を2つに分けて，次のように定義する．

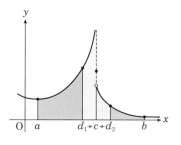

$$\int_a^b f(x)\,dx = \int_a^c f(x)\,dx + \int_c^b f(x)\,dx$$

$$= \lim_{d_1 \to c-0} \int_a^{d_1} f(x)\,dx + \lim_{d_2 \to c+0} \int_{d_2}^b f(x)\,dx$$

【解説終】

今までの定積分を拡張します

不連続なところや値が発散してしまうところでは極限を使って定積分を定義します

広義積分の存在と計算

例題

> 次の広義積分が可能かどうか調べ，可能なら値を求めよう．
>
> (1) $\displaystyle\int_0^1 \frac{1}{\sqrt{x}}\,dx$ (2) $\displaystyle\int_0^1 \frac{1}{x}\,dx$

∷解 答∷ まず関数のグラフを描き，どの点で広義積分になっているか考えなければいけない．そして有界でない所，連続でない所は定義にしたがって lim でかき直して計算する．

(1) $f(x) = \dfrac{1}{\sqrt{x}}$ のグラフは右下図のようになる．$x=0$ のところで $f(x)$ は ∞ に発散しているので，そこを lim でかき直して計算すると

$$\int_0^1 \frac{1}{\sqrt{x}}\,dx = \lim_{c\to 0+0}\int_c^1 \frac{1}{\sqrt{x}}\,dx$$
$$= \lim_{c\to 0+0}\Big[\,2\sqrt{x}\,\Big]_c^1$$
$$= \lim_{c\to 0+0}(2\sqrt{1}-2\sqrt{c})$$

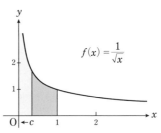

ここで $c \to 0+0$（右側から 0 に近づける）とすると

$$= 2 \qquad （収束，広義積分可能）$$

(2) $f(x) = \dfrac{1}{x}$ のグラフは右下図のようになる．(1)の $f(x) = \dfrac{1}{\sqrt{x}}$ と微妙にちがう所に注意してほしい．やはり $x=0$ で $f(x)$ は ∞ に発散しているので

$$\int_0^1 \frac{1}{x}\,dx = \lim_{c\to 0+0}\int_c^1 \frac{1}{x}\,dx$$
$$= \lim_{c\to 0+0}\Big[\,\log x\,\Big]_c^1$$
$$= \lim_{c\to 0+0}(\log 1 - \log c)$$

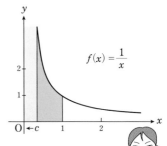

$\log 1 = 0$, $\displaystyle\lim_{c\to 0+0}\log c = -\infty$ なので

$$= 0-(-\infty) = \infty \qquad （発散）$$

となるので，広義積分は不可能． 【解終】

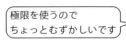

極限を使うので
ちょっとむずかしいです

POINT 積分区間内で不連続点や値が発散する点があれば，これらの点を除いた少し狭い閉区間上の定積分の極限として計算する

演習 39

次の広義積分が可能かどうか調べ，可能なら値を求めよう．

(1) $\displaystyle\int_0^1 \frac{1}{x^2}\,dx$　　(2) $\displaystyle\int_0^1 \frac{1}{\sqrt{1-x^2}}\,dx$

解答は p.285

解答 (1) $f(x)=\dfrac{1}{x^2}$ のグラフは図㋐のようになる．

㋐

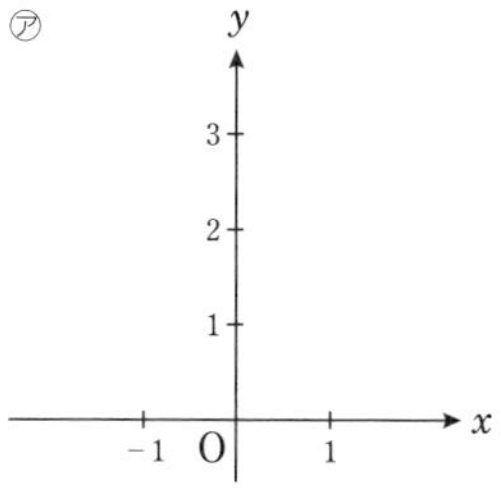

グラフは $x=$㋑□ のところで∞に発散しているから

$$\int_0^1 \frac{1}{x^2}\,dx = \lim_{c\to ㋒\square} \int_c^1 \frac{1}{x^2}\,dx$$

$$= \lim_{c\to ㋒\square} \Big[\ ㋓\square\ \Big]_c^1$$

$$= \lim_{c\to ㋒\square} \Big(\ ㋔\square\ \Big)$$

ここで $\displaystyle\lim_{c\to 0+0}\frac{1}{c}=\infty$ なので

$=$㋕□　(発散，広義積分㋖□)

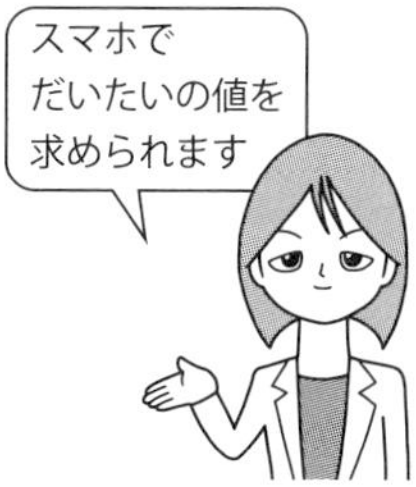

(2)

x	0	…	$\frac{1}{4}$	…	$\frac{1}{2}$	…	$\frac{3}{4}$	…	1
$\frac{1}{\sqrt{1-x^2}}$	1		㋗□		㋘□		㋙□		∞

$x=0,\ \dfrac{1}{4},\ \dfrac{1}{2},\ \dfrac{3}{4},\ 1$ などを代入して

$y=\dfrac{1}{\sqrt{1-x^2}}\ (-1<x<1)$ のグラフを描くと図㋜のようになる．グラフは $x=$㋚□ のとき ∞ に発散するから

㋜

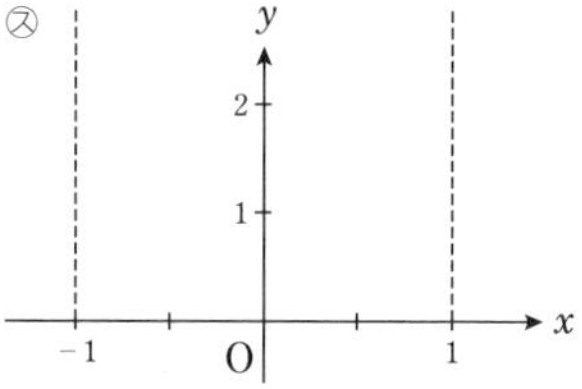

$$\int_0^1 \frac{1}{\sqrt{1-x^2}}\,dx = ㋛\square$$

【解終】

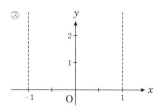

次に，積分区間が無限区間になっている場合を考えよう.

• **無限積分の定義** •

区間 $[a, \infty)$ 上連続な関数 $f(x)$ に対し

$$\int_a^\infty f(x)\,dx = \lim_{b \to \infty} \int_a^b f(x)\,dx$$

と定義する. もし右辺の極限値が存在するなら

$$f(x) \text{ は } [a, \infty) \text{ で無限積分可能}$$

であるといい，その極限値を**無限積分の値**という.

同様に，区間 $(-\infty, b]$ 上連続な関数 $f(x)$ に対しても $(-\infty, b]$ 上の無限積分
を

$$\int_{-\infty}^b f(x)\,dx = \lim_{a \to -\infty} \int_a^b f(x)\,dx$$

で定義する.

解説 下図のように $f(x)$ が $[a, \infty)$ で連続で，x が大きくなるに従って値が限
りなく 0 に近づいていく場合を考えてみよう.

関数 $f(x)$ を $[a, \infty)$ 上で定積分したいのだが，区間の右端は ∞ になるので，と
りあえず有限の閉区間 $[a, b]$ 上での定積分を考える. $[a, b]$ 上では，関数 $f(x)$
は普通の定積分

$$\int_a^b f(x)\,dx$$

が可能である. しかし本当は $[a, \infty)$ で定積分したかったのだから，b を限りなく
大きくする，つまり $b \to \infty$ として極限値を考えて無限積分を定義する.

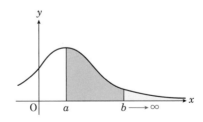

同様に右図のように，$f(x)$ が $(-\infty, b]$ で連続な場合も，まず有限の閉区間 $[a, b]$ 上で普通の定積分を考え，$a \to -\infty$ として無限積分を定義する．

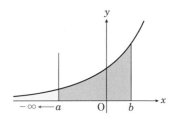

　また，$f(x)$ が $(-\infty, \infty)$ で連続な場合（下図参照）には，まず有限の閉区間 $[a, b]$ 上で普通の定積分を考え，次式のように $a \to -\infty$，$b \to \infty$ として無限積分を定義する．

$$\int_{-\infty}^{\infty} f(x)\,dx = \lim_{\substack{a \to -\infty \\ b \to \infty}} \int_{a}^{b} f(x)\,dx$$

無限のところは
極限で書き
直します

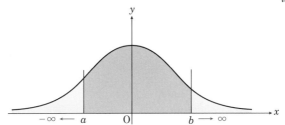

【区間】
いろいろな区間が出てきたので，ここでまとめておきましょう．

$$[a, b] = \{x \mid a \leq x \leq b\}$$
$$[a, b) = \{x \mid a \leq x < b\}$$
$$(a, b] = \{x \mid a < x \leq b\}$$
$$(a, b) = \{x \mid a < x < b\}$$
$$[a, \infty) = \{x \mid a \leq x\}$$
$$(a, \infty) = \{x \mid a < x\}$$
$$(-\infty, b] = \{x \mid x \leq b\}$$
$$(-\infty, b) = \{x \mid x < b\}$$
$$(-\infty, \infty) = \{x \mid -\infty < x < \infty\}$$

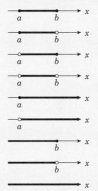

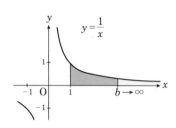

問題 40 無限積分の存在と計算

例題

次の無限積分が可能かどうか調べ，可能なら値を求めよう．

(1) $\displaystyle\int_1^\infty \frac{1}{x}\,dx$ (2) $\displaystyle\int_1^\infty \frac{1}{x^2}\,dx$

解答 グラフを描いてから定義にしたがって $\lim$ でかき直そう．定積分の上の端点が ∞ なので，それを有限の b にかえて $\lim$ をとればよい．

(1) $y = \dfrac{1}{x}$ のグラフは右図のようになる．

$$\int_1^\infty \frac{1}{x}\,dx = \lim_{b\to\infty}\int_1^b \frac{1}{x}\,dx$$

$$= \lim_{b\to\infty}\Big[\log x\Big]_1^b$$

$$= \lim_{b\to\infty}(\log b - \log 1)$$

$$= \lim_{b\to\infty}\log b = \infty \quad (発散)$$

ゆえに無限積分不可能である．

(2) $y = \dfrac{1}{x^2}$ のグラフは右図のようになる．

$$\int_1^\infty \frac{1}{x^2}\,dx = \lim_{b\to\infty}\int_1^b x^{-2}\,dx$$

$$= \lim_{b\to\infty}\Big[\frac{1}{-2+1}x^{-2+1}\Big]_1^b$$

$$= \lim_{b\to\infty}\Big[-x^{-1}\Big]_1^b = \lim_{b\to\infty}\Big[-\frac{1}{x}\Big]_1^b$$

$$= \lim_{b\to\infty}\Big\{-\frac{1}{b} - \Big(-\frac{1}{1}\Big)\Big\}$$

$$= \lim_{b\to\infty}\Big(-\frac{1}{b} + 1\Big)$$

$$= 0 + 1 = 1 \quad (収束)$$

ゆえに無限積分可能であり，値は 1．

【解終】

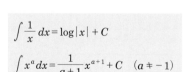

$$\int \frac{1}{x}\,dx = \log|x| + C$$

$$\int x^a\,dx = \frac{1}{a+1}x^{a+1} + C \quad (a \neq -1)$$

POINT 無限区間の場合，少し狭い有限の閉区間上の定積分の極限として計算する

演習 40

次の広義積分が可能かどうか調べ，可能なら値を求めよう．

(1) $\displaystyle\int_0^1 \frac{1}{x^2}\,dx$　　(2) $\displaystyle\int_0^1 \frac{1}{\sqrt{1-x^2}}\,dx$　　解答は p.286

解答 (1) まず $y=\dfrac{1}{\sqrt{x}}$ のグラフを図㋐に描いてから lim に直そう．

$$\int_2^{\infty}\frac{1}{\sqrt{x}}\,dx=\lim_{b\to\text{㋑}\square}\int_2^{\text{㋒}\square}\frac{1}{\sqrt{x}}\,dx$$

$$=\lim_{b\to\text{㋑}\square}\Big[\text{㋓}\square\Big]_2^{\text{㋔}\square}$$

$$=\lim_{b\to\text{㋑}\square}\left(\text{㋕}\square-\text{㋖}\square\right)$$

$$=\text{㋗}\square\quad(\text{発散})$$

㋐

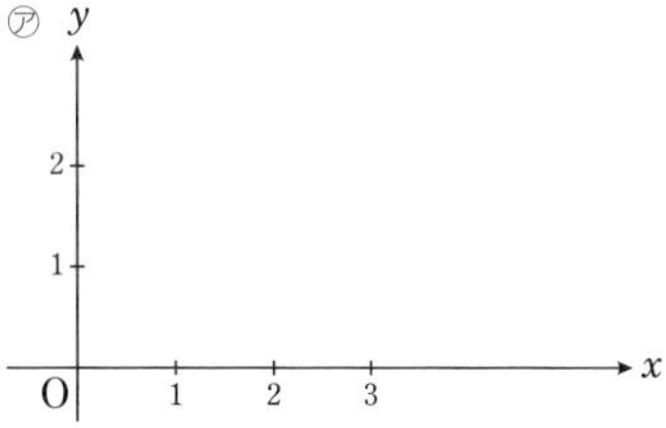

これより無限積分は㋘□である．

(2) $y=e^{-x}$ のグラフは右図㋙のようになる．

$$\int_1^{\infty}e^{-x}\,dx$$

$=$ ㋚□

㋙

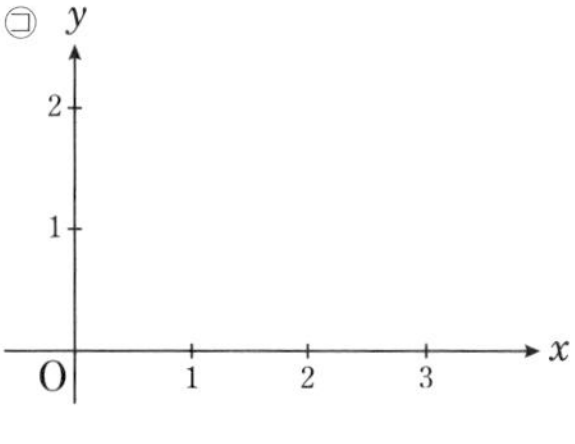

ゆえに無限積分㋛□であり，値は㋜□．

$$\int e^{ax}\,dx=\frac{1}{a}e^{ax}+C\quad(a\neq 0)$$

面積と回転体の体積

定積分の定義より，面積を次のように求めることができる．

定理 2.8.1 **面積公式 1**

$[a, b]$ で連続な関数 $f(x)$ について，この区間で $f(x) \geqq 0$ であるとする．このとき

$$\text{曲線 } y = f(x), \quad x \text{ 軸}, \quad 2 \text{ 直線 } x = a, \ x = b$$

で囲まれる図形の面積 S は次式で与えられる．

$$S = \int_a^b f(x)\, dx$$

解説 定積分のはじめで述べたように，求めたい面積をたくさんの小さい長方形の面積で近似し，その極限値を定積分の値としたのであった．$[a, b]$ 上で $f(x) \geqq 0$ ならば，その定積分の値は S の面積そのものになる． 【解説終】

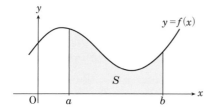 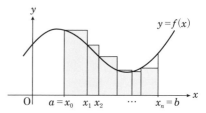

定理 2.8.2 **面積公式 2**

$[a, b]$ で連続な関数 $f(x)$，$g(x)$ について，この区間で $f(x) \geqq g(x)$ とする．このとき

$$2 \text{ 曲線 } y = f(x), \ y = g(x), \quad 2 \text{ 直線 } x = a, \ x = b$$

で囲まれる図形の面積 S は次式で与えられる．

$$S = \int_a^b \{f(x) - g(x)\}\, dx$$

解説　面積公式 1 よりすぐに導ける．図形が
$y < 0$ の部分にもあるときは，全体を
y の正方向へ平行移動して考えればよい．

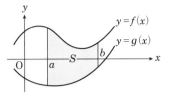

【解説終】

定積分の考え方を使うと，次の回転体の体積公式が導ける．

定理 2.8.3　　回転体の体積公式

$[a, b]$ で連続な関数 $f(x)$ について，この区間で $f(x) \geqq 0$ とする．このとき

中央：曲線 $y = f(x)$，　x 軸，　2直線 $x = a$, $x = b$

で囲まれた図形を，x 軸のまわりに 1 回転させて出来る回転体の体積 V は次
式で与えられる．

$$V = \pi \int_a^b \{f(x)\}^2 dx$$

証明
(略)
　区間 $[a, b]$ の分割

$$\Delta : a = x_0 < x_1 < \cdots < x_{i-1} < x_i < \cdots < x_n = b$$

を考え，回転体をこの分割で輪切りにする．そして各小区間 $[x_{i-1}, \ x_i]$ にある
小回転体の体積を，$x_{i-1} \leqq t_i < x_i$ である t_i を使って

中央：半径 $f(t_i)$ の底円，　高さ $(x_i - x_{i-1})$

の小円柱の体積 V_i で近似する．

$$V_i = \pi \{f(t_i)\}^2 (x_i - x_{i-1})$$

なので，これを全部加えてリーマン和を作り，分割を限りなくしていく（$\Delta \to 0$
と表示）と，次のように回転体の体積を求める式が求まる．

$$V = \lim_{\Delta \to 0} \sum_{i=1}^n \pi \{f(t_i)\}^2 (x_i - x_{i-1})$$

$$= \pi \lim_{\Delta \to 0} \sum_{i=1}^n \pi \{f(t_i)\}^2 (x_i - x_{i-1})$$

$$= \pi \int_a^b \{f(x)\}^2 dx \qquad \text{【略証明終】}$$

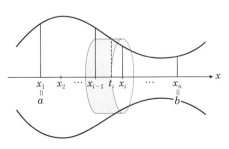

曲線や直線で囲まれた図形の面積

例題

次の図形の面積を求めよう.

(1) 放物線 $y = x - x^2$ と x 軸とで囲まれた図形

(2) 2曲線 $y = e^x$, $y = e^{-x}$ と直線 $x = 1$ とで囲まれた図形

∷ **解答** ∷　まず図形の概形を描いてから，面積を求める式を書こう.

(1)　$y = x - x^2 = x(1 - x)$ なので，この曲線は x 軸と $x = 0$, $x = 1$ で交わる放物線である．したがって，この図形は右下図の影の部分となるので，求める面積は次の定積分の値である.

$$S = \int_0^1 (x - x^2)\, dx$$
$$= \left[\frac{1}{2} x^2 - \frac{1}{3} x^3 \right]_0^1$$
$$= \left(\frac{1}{2} - \frac{1}{3} \right) - 0$$
$$= \frac{1}{6}$$

(2)　曲線 $y = e^x$, $y = e^{-x}$, $x = 1$ を描き，囲まれた部分を影で示すと右図のようになるので，面積は次の定積分の値となる.

$$S = \int_0^1 (e^x - e^{-x})\, dx$$
$$= \left[e^x - (-e^{-x}) \right]_0^1$$
$$= \left[e^x + e^{-x} \right]_0^1$$
$$= (e^1 + e^{-1}) - (e^0 + e^{-0})$$
$$= e + \frac{1}{e} - 2$$

【解終】

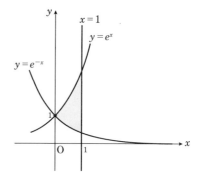

どこの部分の面積を
求めたいのか，
できるだけ
図形を描きましょう

POINT▶ どの曲線とどの曲線に囲まれているのか，曲線の上下関係，積分区間を把握する（特に，x 軸と曲線で囲まれている場合は x 軸を直線 $y=0$ と考える）

演習 41

> 次の図形の面積を求めよう．
>
> (1) 放物線 $y=(x-2)^2$ と x 軸，y 軸とで囲まれた図形
>
> (2) 2 つの曲線 $y=\sin x$ と $y=\cos x\left(\dfrac{\pi}{4}\leqq x\leqq\dfrac{5}{4}\pi\right)$ とで囲まれた図形
>
> 解答は p.286

∷ 解 答 ∷ (1) まず図形を図 ㋐ に描こう．

この図形は $y=(x-2)^2$，x 軸，y 軸に囲まれた

$$\boxed{}^{㋑}\leqq x\leqq \boxed{}^{㋒}$$

の部分であるから，求める面積 S は

$$S=\int^{㋔\boxed{}}_{㋑\boxed{}}{}^{㋕}\boxed{}\,dx$$

定積分の値を求めると

$$=^{㋖}\boxed{}$$

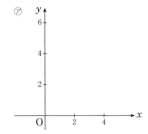

(2) $\dfrac{\pi}{4}\leqq x\leqq\dfrac{5}{4}\pi$ の範囲で $\sin x=\cos x$ となるのは $x=^{㋗}\boxed{}$ と $^{㋘}\boxed{}$ の 2 つ

だけ．したがって，この図形は図 ㋙ の斜線の部分となるので面積 S は

$$S=^{㋚}\boxed{}$$

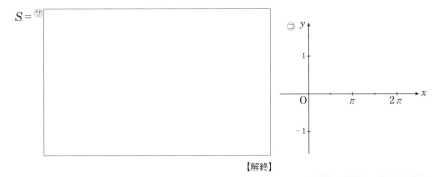

【解終】

$$\int(ax+b)^p\,dx=\frac{1}{a}\cdot\frac{1}{p+1}(ax+b)^{p+1}+C$$
$$(p\neq-1,\ a\neq0)$$

$$\int\sin x\,dx=-\cos x+C$$

$$\int\cos x\,dx=\sin x+C$$

回転体の体積

例題

次の図形を x 軸のまわりに 1 回転させて出来る回転体の体積 V を求めよう.

(1) 直線 $y=x$ と x 軸, 直線 $x=1$ とで囲まれた図形

(2) 曲線 $y=\dfrac{1}{x}$ と x 軸, 2 直線 $x=1$, $x=2$ とで囲まれた図形

∷**解答**∷ はじめに回転させる図形を描い
てから, 体積を求める式を立てよう.

回転体の体積公式

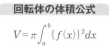
$$V=\pi\int_a^b\{f(x)\}^2dx$$

(1) 回転させる図形は右図のような直角
二等辺三角形なので, 回転体は円錐である.
V を求める式を立てて計算すると

$$V=\pi\int_0^1 x^2 dx$$
$$=\pi\left[\frac{1}{3}x^3\right]_0^1$$
$$=\pi\left(\frac{1}{3}-0\right)=\frac{1}{3}\pi$$

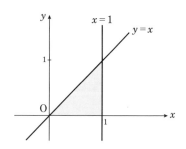

(2) 回転させる図形は右図のようになる.
V を求める式を立てて計算すると

$$V=\pi\int_1^2\left(\frac{1}{x}\right)^2 dx=\pi\int_1^2\frac{1}{x^2}dx$$
$$=\pi\int_1^2 x^{-2}dx$$
$$=\pi\left[\frac{1}{-2+1}x^{-2+1}\right]_1^2$$
$$=\pi\left[-x^{-1}\right]_1^2=\pi\left[-\frac{1}{x}\right]_1^2$$
$$=\pi\left\{-\frac{1}{2}-\left(-\frac{1}{1}\right)\right\}$$
$$=\pi\left(-\frac{1}{2}+1\right)=\frac{\pi}{2}$$

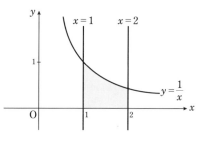

【解終】

POINT ▶ 回転させる図形を描いて，
回転体の体積公式（p.163 定理 2.8.3）を使う

演習 42

次の図形を x 軸のまわりに 1 回転させて出来る回転体の体積 V を求めよう．

(1) 曲線 $y = \sqrt{x}$ と x 軸，直線 $x = 1$ とで囲まれた図形

(2) 曲線 $y = \cos x$ の $-\dfrac{\pi}{2} \leqq x \leqq \dfrac{\pi}{2}$ の部分と，x 軸とで囲まれた図形

解答は p.287

:: 解答 ::（1） 曲線 $y = \sqrt{x}$ は横向きの放物線なので，回転させる図形は図㋐のようになる．

V の式を立てて計算すると

$$V = {}^{\text{㋑}}\boxed{} \int_{{}^{\text{㋔}}\boxed{}}^{{}^{\text{㋒}}\boxed{}} ({}^{\text{㋓}}\boxed{})^2 dx$$

$$= {}^{\text{㋕}}\boxed{}$$

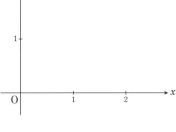

(2) 回転させる図形は図㋖のようになる．

V の式を立てると

$$V = {}^{\text{㋗}}\boxed{}$$

倍角公式を使って変形してから積分すると

$$= {}^{\text{㋘}}\boxed{}$$

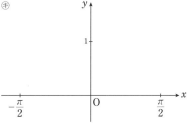

半角公式

$$\sin^2 x = \frac{1}{2}(1 - \cos 2x)$$

$$\cos^2 x = \frac{1}{2}(1 + \cos 2x)$$

$\sin ax,\ \cos ax$ の積分

$$\int \sin ax\, dx = -\frac{1}{a}\cos ax + C$$

$$\int \cos ax\, dx = \frac{1}{a}\sin ax + C$$

$$(a \neq 0)$$

【解終】

問1　次の不定積分公式の右辺を導きなさい（ただし，$a,\ b$ は同時に 0 にはならない定数）．

$$I = \int e^{ax} \sin bx \, dx = \frac{e^{ax}}{a^2 + b^2}(a \sin bx - b \cos bx) + C$$

$$J = \int e^{ax} \cos bx \, dx = \frac{e^{ax}}{a^2 + b^2}(a \cos bx + b \sin bx) + C$$

問2　次の定積分の値を求めなさい．

$$\int_0^{\sqrt{3}} \frac{dx}{(4+x)\sqrt{4-x^2}}$$

問3　$f(x) = \dfrac{1}{x^2} \log(1+x^2)$ とする．

(1)　不定積分　$\displaystyle\int f(x)\,dx$　を求めなさい．

(2)　無限積分　$\displaystyle\int_0^{\infty} f(x)\,dx$　を求めなさい．

問4　半径 r の円の面積 S が πr^2 となることを定積分を用いて示しなさい．

問5　半径 r の球の体積 V が $\dfrac{4}{3}\pi r^3$ となることを定積分を用いて示しなさい．

微分と積分は
表裏一体です.
微分のことも
思い出しながら
解いてみましょう.

関数のグラフは
x にいくつか値を代入することで
より具体的にイメージできます.

総合演習のヒント

問1 $a \neq 0$, $b \neq 0$ としておきます.

《求め方1》 I に2回部分積分を行うと,式の中に I が表れるので,I に関する方程式とみなすと I の公式が求められます(J も同じ).

《求め方2》 I と J にそれぞれ1回部分積分を行うと,式の中に I と J がそれぞれ表れるので,2つの式を I と J の連立方程式とみなすと公式が求められます.

$a \neq 0$, $b = 0$;$a = 0$, $b \neq 0$ のときは別に計算して公式に含まれることを示します.

問2 置換積分を3回行って求めます.積分範囲も変わるので気をつけましょう.

$$x = 2 \sin \theta \quad \longrightarrow \quad \tan \frac{\theta}{2} = t \quad \longrightarrow \quad t + \frac{1}{2} = u$$

問3 (1) 部分積分法で求めます.

(2) $x = 0$ のとき $f(x)$ は定義されないので,この無限積分は広義積分にもなっていることに注意しましょう.次のように積分範囲の両端を lim で考える必要があります.

$$\int_0^\infty f(x)\,dx = \lim_{\substack{a \to 0 \\ b \to \infty}} \int_a^b f(x)\,dx$$

問4 原点を中心にもつ半径 r の円の方程式は $x^2 + y^2 = r^2$ であることを使いましょう.

問5 問4と同じ円の方程式を使い,回転体として球の体積を求めましょう.

Column 微分積分と銀行預金

1変数関数の微分積分を用いて，時刻 t での銀行預金額を求めます．今，金利が年 $100 \times r\%$ で，連続年利（絶え間なく複利計算をしていく場合の複利）で利息がつく銀行があるとします．この銀行のある預金者の時刻 s での預金額を $f(s)$ とします。特に，時刻 0 で 1 万円で預金し始めるとします．つまり，$f(0) = 1$ です．また，預金する期間 h 年の間に受け取る利息の額は，$h \fallingdotseq 0$ のとき，預金額 $f(s)$ と預金期間 h 年の積に比例するとします．このとき，時刻 $s+h$ での預金額 $f(s+h)$ は

$$f(s+h) = f(s) + （預金期間 h の間に受け取る利息）$$
$$= f(s) + f(s)\,hr$$

となります．この式で，右辺の $f(s)$ を左辺に移項して，両辺を h で割ると

$$\frac{f(s+h) - f(s)}{h} = rf(s)$$

となります．さらに，両辺を $h \to 0$ として，極限をとると

$$\lim_{h \to 0} \frac{f(s+h) - f(s)}{h} = rf(s)$$

導関数
$f'(s) = \displaystyle\lim_{h \to 0} \frac{f(s+h) - f(s)}{h}$

となります．したがって，導関数の定義から

$$f'(s) = rf(s)$$

となり，預金額の増加速度が預金額の年利倍になっていることが分かります．このように導関数を含む方程式のことを微分方程式といいます．今，$f(s)$ は預金額なので，正とすると

$$\frac{f'(s)}{f(s)} = r$$

となります．置換積分の系 2.2.2 の ❸ より，この両辺を時刻 0 から時刻 t まで積分すると，

$$\int_0^t \frac{f'(s)}{f(s)}\,ds = \int_0^t r\,ds$$

$$\left[\log f(s) \right]_0^t = rt$$

$$\log f(t) - \log f(0) = rt$$

$$\log f(t) - \log 1 = rt$$

$$\log f(t) = rt$$

置換積分の系 2.2.2
❸ $\displaystyle\int \frac{f'(s)}{f(s)}\,ds = \log|f(s)| + C$

となるので，時刻 t での銀行預金額は $f(t) = e^{rt}$ 万円になります．

Column　折り紙を3等分に！

再度，折り紙の問題です．

図のように，折り紙を3等分する折れ線をつけて下さい．ただし，目分量で3等分してはいけません．

折り紙を折ることは，基本的には2等分なので，これを繰り返すことにより線分の長さや面積，角の大きさを4等分，8等分，16等分……することができます．

でも数学の知識を使うと，もっともっといろいろなことができます．

右上の図のように3等分する方法は

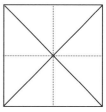

　　　　図形の相似を使う方法

　　　　三角形の重心を使う方法

など，中学3年生くらいの知識でもできますので，ぜひ1つは考え出して下さい．1つ浮かんだら次々といいアイデアが浮かんでくることでしょう．

──────── → 折り方の例 ◆ ────────

図1と図2の折り方は相似比を使った例です．図3は三角形の中線上にある重心の性質を使っています．

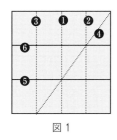

図1

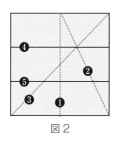

図2

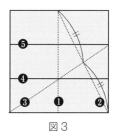

図3

みなさんはどんな折り方をしましたか？

2 変数関数の微分

2 変数関数とそのグラフ

今まで取り扱ってきた関数 $y = f(x)$ は

    x：1つの独立変数

    y：x により決まる1つの従属変数

とする1変数関数であった.

これからは

    $x,\ y$：2つの独立変数

    z：x と y により決まる1つの従属変数

とする2変数関数

$$z = f(x, y)$$

を取り扱う.

たとえば

$$z = x + y + 5$$
$$z = x^2 + xy + y^2$$
$$z = \sin xy$$

などが2変数関数の例である.

1変数関数のグラフは一般に曲線であったのに対し，2変数関数のグラフは一般的には**曲面**になる. つまり，グラフは O を原点とし，x 軸，y 軸，z 軸をもつ3次元空間に存在する.

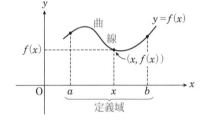

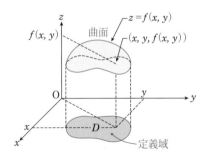

$z = f(x, y)$ のグラフを描くとき, 通常**右手系**で描く. 右手系でも**左手系**でも本質的には全く変わりはない.

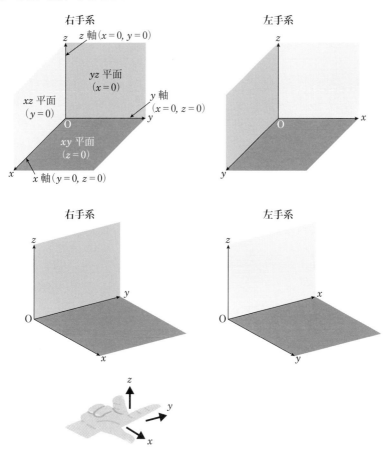

少し曲面を描く練習をしてみよう.

複雑な関数はとても手では描けないので, 簡単な関数のみ紹介しよう.

円錐面, 双曲面などの曲面の図は §4.4 にあります

2変数関数のグラフ（平面）

例題

> 2変数関数 $z = 1 - \dfrac{x}{2} - \dfrac{y}{3}$ のグラフを描こう.

∷ 解 答 ∷ とりあえず各座標平面との交線を求めてみるとよい. 次にその式の特性より概形を考えてゆこう. この式の形より平面の方程式であることはすぐわかる.

まず各座標平面との交線を求めよう. xy 平面の方程式は $z = 0$ となるので, 関数の式に $z = 0$ を代入すると,

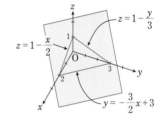

$$0 = 1 - \frac{x}{2} - \frac{y}{3}$$

これより

$$y = -\frac{3}{2}x + 3$$

となる. ゆえに xy 平面との交線はこの直線である.

同様にして yz 平面との交線は $x = 0$ を代入して

$$z = 1 - \frac{y}{3}$$

という直線となり, xz 平面との交線は $y = 0$ を代入して

$$z = 1 - \frac{x}{2}$$

という直線となる.

これらを描くと, 平面が $x \geqq 0$, $y \geqq 0$, $z \geqq 0$ の部分で切りとられた三角形が出てくる. この三角形を引き延ばしたのがこの平面のグラフである.

【別解】 関数の式を変形すれば

$$\frac{x}{2} + \frac{y}{3} + \frac{z}{1} = 1$$

となるが, この式の x 軸, y 軸, z 軸切片がそれぞれ 2, 3, 1 であることを知っていれば, 平面がすぐ描ける. 【解終】

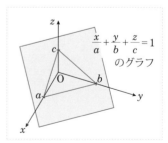

POINT $z=0$（xy 平面），$y=0$（xz 平面），$x=0$（yz 平面）との交線を描いてできる三角形を引き延ばす

演習 43

平面 $2x-y+z=2$ のグラフを描こう.　解答は p.289

解答　各座標平面との交線を求めよう.

xy 平面上では ㋐□ を代入し

㋑□

$\therefore$　$y=$ ㋒□

yz 平面上では ㋓□ を代入し

㋔□

$\therefore$　$z=$ ㋕□

xz 平面上では ㋖□ を代入し

㋗□

$\therefore$　$z=$ ㋘□

㋟

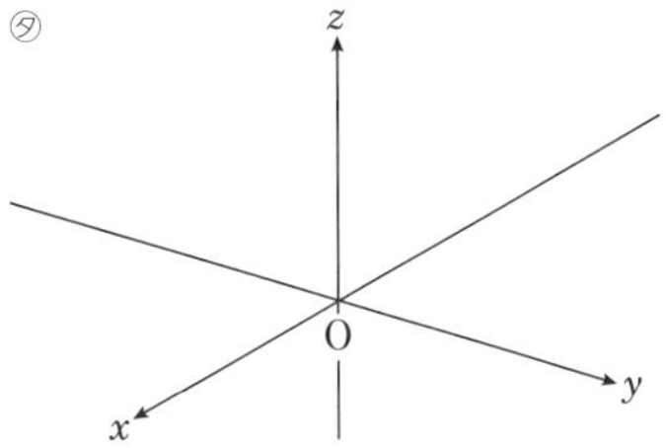
z
O
y
x

これらを図㋟に描きこむと，$x \geqq 0$，$y \leqq 0$，$z \geqq 0$ の部分で切りとられた三角形ができる．その三角形を引き延ばしたのが求める平面のグラフである.

【別解】平面の方程式を変形すれば

$$\frac{x}{㋙\square}+\frac{y}{㋚\square}+\frac{z}{㋛\square}=1$$

となるが，この式の x 軸，y 軸，z 軸切片がそれぞれ㋜□，㋝□，㋞□となるので，平面のグラフがすぐ描ける.

【解終】

上の座標軸では描きづらい場合には
自分で座標軸の
位置を決めて
下さい

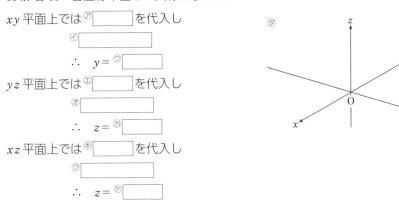

2 変数関数のグラフ（曲面）

例題

2 変数関数 $z = x^2 + y^2$ のグラフを描こう.

:: **解答** :: まず各座標平面との交線を求めよう.

$$x = 0 \,(yz\,平面)\,とおくと \qquad z = y^2$$
$$y = 0 \,(xz\,平面)\,とおくと \qquad z = x^2$$
$$z = 0 \,(xy\,平面)\,とおくと \qquad x^2 + y^2 = 0 \quad ゆえに x = y = 0$$

つまり yz 平面, xz 平面上では放物線であり, xy 平面上では点 $(0, 0)$ のみである.

もう少し 式 $z = x^2 + y^2$ の特徴を調べてみよう. すぐに気づくことは

$$z \geqq 0$$

ということ. そして $x^2 + y^2$ という式から, 何か円に関係していないかということである. つまり, $k > 0$ である k を使って $z = k^2$ とおくと

$$x^2 + y^2 = k^2$$

という, 半径 k の円が考えられる. これは $z = k^2$ という平面上では

$$x^2 + y^2 = k^2 \quad という円が描ける$$

ということを示している. k^2 の値が小さければ小さい円だし, k^2 の値が大きければ大きい円となる.

以上のことより, 求めるグラフは, 下図のような z 軸を中心に放物線を回転させた曲面であることがわかる.

【解終】

回転放物面
という曲面です
（§4.4 参照）

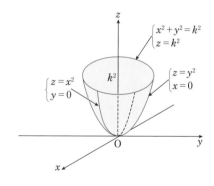

$x = 0\,(yz\text{平面})$, $y = 0\,(xz\text{平面})$, $z = 0\,(xy\text{平面})$との
交線や共有点を求め，これらの特徴を捉えて描く

演習 44

> 2変数関数 $z = x^2$ のグラフを描こう．　　　　　　　　　　解答は p.289

◆◆ 解 答 ◆◆　変数 y がないのだが，z を2変数関数としてグラフを描かなければ
いけない．まず各座標平面との交線を求めてみよう．

　　　㋐ ☐ $= 0$（yz 平面）とおくと ㋑ ☐　　　つまり y 軸

　　　㋒ ☐ $= 0$（xz 平面）とおくと ㋓ ☐　　　これは放物線

　　　㋔ ☐ $= 0$（xy 平面）とおくと ㋕ ☐　　　したがって $x = 0$ のみ

　次に式

$$z = x^2$$

の特徴をとらえてみよう．それは何といっても y がないことである．つまり，y
がどのような値であっても常に

$$z = x^2$$

という式が成立している．いいかえると，どんな実数 k に対しても $y = k$ という
平面上で常に ㊉ ☐ という放物線が描けるということである．

　したがってグラフは

　　　　　xz 平面上の放物線 ㋘ ☐ を

　　　　　㋙ ☐ 軸に沿って平行移動しながらできる曲面

（下図 ㋚）となる．　　　　　　　　　　　　　　　　　　　　　　　【解終】

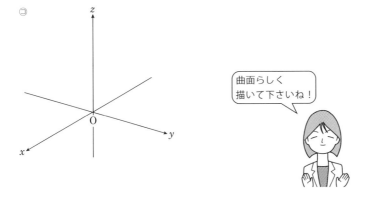

㋚

曲面らしく
描いて下さいね！

偏微分

偏微分を定義する前に，2変数関数の極限の定義をしよう.

● 2変数関数の極限の定義 ●

関数 $z = f(x, y)$ の定義域において，点 (p, q) と重ならずに点 (p, q) に限りなく近づく任意の点列 $\{(x_n, y_n)\}$ に対して実数列 $\{f(x_n, y_n)\}$ が限りなく一定の値 α に近づくならば，関数 $f(x, y)$ は点 (p, q) において**極限値 α** をもつといい

$$\lim_{(x, y) \to (p, q)} f(x, y) = \alpha$$

と表す.

解説 右図で説明しよう.

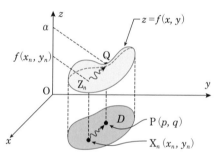

$z = f(x, y)$ の定義域 D 上で考える. xy 平面上の D 内の点 $\mathrm{P}(p, q)$ に点列 $\mathrm{X}_n(x_n, y_n)$ が限りなく近づくとき，それに従って $z = f(x, y)$ の曲面上の点列 $\mathrm{Z}_n(x_n, y_n, f(x_n, y_n))$ が限りなく点 $\mathrm{Q}(p, q, \alpha)$ に近づく. そのとき関数 $f(x, y)$ は点 (p, q) において極限値 α をもつという. ここで，点列 $\{\mathrm{X}_n\}$ が点 P に近づくどんな点列であっても，$\{f(x_n, y_n)\}$ がある一定の極限値 α をもつ，つまり

$$\lim_{(x, y) \to (p, q)} f(x, y) = \alpha$$

となることに注意する. そしてもし

$$\lim_{(x, y) \to (p, q)} f(x, y) = f(p, q)$$

が成立すれば，$z = f(x, y)$ は点 (p, q) で**連続**であるという.

また

$$\lim_{(x, y) \to (p, q)} f(x, y) \quad , \quad \lim_{y \to q}\left(\lim_{x \to p} f(x, y)\right) \quad , \quad \lim_{x \to p}\left(\lim_{y \to q} f(x, y)\right)$$

はそれぞれ意味が異なるので注意しよう.

【解説終】

2 変数関数の極限値

例題

次の極限について調べ，極限値が存在すればそれを求めよう．

(1) $\displaystyle\lim_{(x,y)\to(0,0)}\frac{x^3+y^3}{x^2+y^2}$　(2) $\displaystyle\lim_{(x,y)\to(0,0)}\frac{xy}{x^2+y^2}$

:: 解 答 ::　点 (x,y) をあらゆる方法で $(0,0)$ に近づけるときの極限値を求めるのだからむずかしい．その求め方の一例を示そう．

(1)　極座標を用いて示してみよう．

$$x=r\cos\theta,\quad y=r\sin\theta$$

とおくと，$(x,y)\to(0,0)$ ということは，θ に
関係なく $r\to0$ ということである．ゆえに

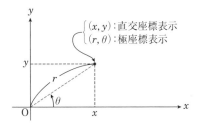

$$
\begin{aligned}
\lim_{(x,y)\to(0,0)}\frac{x^3+y^3}{x^2+y^2}&=\lim_{r\to0}\frac{r^3\sin^3\theta+r^3\cos^3\theta}{r^2\cos^2\theta+r^2\sin^2\theta}\\
&=\lim_{r\to0}\frac{r^3(\sin^3\theta+\cos^3\theta)}{r^2(\cos^2\theta+\sin^2\theta)}\\
&=\lim_{r\to0}r(\cos^3\theta+\sin^3\theta)
\end{aligned}
$$

$$\cos^2\theta+\sin^2\theta=1$$

ここで，$-1\le\cos\theta\le1$，$-1\le\sin\theta\le1$ だから，三角不等式を使って

$$|\cos^3\theta+\sin^3\theta|\le|\cos^3\theta|+|\sin^3\theta|\le1+1=2$$

ゆえに極限値は

三角不等式
$|a|+|b|\le|a|+|b|$

$$=0$$

(2)　$x\neq0$ のときは　$\dfrac{xy}{x^2+y^2}=\dfrac{\dfrac{y}{x}}{1+\left(\dfrac{y}{x}\right)^2}$

と変形できるので，(x,y) が $y=mx$ の関係があるとき
を考えてみよう．すると

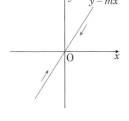

$$\lim_{\substack{(x,y)\to(0,0)\\y=mx}}\frac{\dfrac{y}{x}}{1+\left(\dfrac{y}{x}\right)^2}=\lim_{\substack{(x,y)\to(0,0)\\y=mx}}\frac{m}{1+m^2}=\frac{m}{1+m^2}$$

となる．これは，$y=mx$ という直線に沿って点 (x,y) を $(0,0)$ に近づけたときの極限値である．しかし，この値は m のとり方によって異なる値になるので，一定の値には定まらない．したがって "極限値なし" である．　【解終】

点 (p, q) の近くで定義されている 2 変数関数 $f(x, y)$ に対して

$$\lim_{x \to p} \frac{f(x, q) - f(p, q)}{x - p}$$

が存在するとき，$f(x, y)$ は点 (p, q) で **x に関して偏微分可能**という．また
その極限値を点 (p, q) における **x に関する偏微分係数**といい

$$\frac{\partial f}{\partial x}(p, q), \quad f_x(p, q)$$

などで表す．

　同様に

$$\lim_{y \to q} \frac{f(p, y) - f(p, q)}{y - q}$$

が存在するとき，$f(x, y)$ は点 (p, q) で **y に関して偏微分可能**という．また
その極限値を点 (p, q) における **y に関する偏微分係数**といい

$$\frac{\partial f}{\partial y}(p, q), \quad f_y(p, q)$$

などで表す．

　x, y 両方に関して偏微分可能のとき，単に**偏微分可能**という．

 解説　2 変数関数 $z = f(x, y)$ について，y を定数とみて x で微分したものが x
に関する偏微分係数になっている．つまり下図において曲面 $z = f(x, y)$
を平面 $y = q$ で切ったときにできる曲線 ℓ_1 の $x = p$ における接線の傾きが $f_x(p, q)$
である．

　同様に，x を定数とみて y で微分を考えたものが y に関する微分係数である．
つまり曲面 $z = f(x, y)$ を平面 $x = p$ で切ったときにできる曲線 ℓ_2 の $y = q$ におけ
る接線の傾きが $f_y(p, q)$ である． 【解説終】

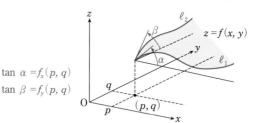

$$\tan \alpha = f_x(p, q)$$
$$\tan \beta = f_y(p, q)$$

● 偏導関数の定義 ●

定義域内の各点 (p, q) で $f(x, y)$ が x について偏微分可能のとき，対応

$$(p, q) \longmapsto \frac{\partial f}{\partial x}(p, q)$$

を $f(x, y)$ の **x に関する偏導関数**といい，

$$\frac{\partial f}{\partial x}, \quad \frac{\partial f}{\partial x}(x, y), \quad f_x, \quad f_x(x, y)$$

などで表す.

同様に各点 (p, q) で $f(x, y)$ が y について偏微分可能のとき，対応

$$(p, q) \longmapsto \frac{\partial f}{\partial y}(p, q)$$

を $f(x, y)$ の **y に関する偏導関数**といい，

$$\frac{\partial f}{\partial y}, \quad \frac{\partial f}{\partial y}(x, y), \quad f_y, \quad f_y(x, y)$$

などで表す.

偏導関数を求めることを**偏微分する**という.

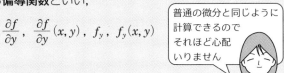

普通の微分と同じように
計算できるので
それほど心配
いりません

解説 点 (p, q) に対して，その点の x に関する偏微分係数 $\dfrac{\partial f}{\partial x}(p, q)$ を対応させる. 点 (p, q) がいろいろ動くことにより $\dfrac{\partial f}{\partial x}(p, q)$ もいろいろと変わ

るが，この対応を関数と考え，x に関する偏導関数というのである. x に関する
偏導関数を求めるには，"y を定数と考えて x に関して微分"すればよい.

同様に，点 (p, q) に対して，その点の y に関する偏微分係数 $\dfrac{\partial f}{\partial y}(p, q)$ を対応さ

せる. この対応を関数と考え，y に関する偏導関数というのである. y に関する
偏導関数を求めるには，"x を定数と考えて y に関して微分"すればよい.
改めて偏微分の定義を書いておくと次式となる.

$$\frac{\partial f}{\partial x} = \lim_{h \to 0} \frac{f(x+h, y) - f(x, y)}{h}$$

$$\frac{\partial f}{\partial y} = \lim_{k \to 0} \frac{f(x, y+k) - f(x, y)}{k}$$

【解説終】

例題

次の 2 変数関数について, $f_x(x, y)$, $f_y(x, y)$ を求めよう.

(1) $f(x, y) = x^2 - 5xy + 3y^2 - 2$ 　　(2) $f(x, y) = \dfrac{y}{x}$

(3) $f(x, y) = x \cos y$ 　　(4) $f(x, y) = e^y \log x$

解答 　(1) $f_x(x, y)$ は y を定数と思って x で微分するから

$$f_x(x, y) = 2x - 5y \cdot 1 + 0 - 0$$
$$= 2x - 5y$$

$f_y(x, y)$ は x を定数と思って y で微分するから

$$f_y(x, y) = 0 - 5x \cdot 1 + 6y - 0$$
$$= -5x + 6y$$

$$f_x = f_x(x, y) = \frac{\partial f}{\partial x}$$
$$f_y = f_y(x, y) = \frac{\partial f}{\partial y}$$

(2) 　y を定数と思って x で微分すると

$$f_x(x, y) = y \cdot \left(\frac{1}{x}\right)_x = y \cdot \left(-\frac{1}{x^2}\right) = -\frac{y}{x^2}$$

関数 $\dfrac{1}{x} = x^{-1}$ を x で微分

x を定数と思って y で微分すると

$$f_y(x, y) = \frac{1}{x} \cdot (y)_y = \frac{1}{x} \cdot 1 = \frac{1}{x}$$

$(y)_y$: 関数 y を y で微分

(3) 　y を定数と思って x で微分すると

$$f_x(x, y) = (x)_x \cdot \cos y = 1 \cdot \cos y = \cos y$$

x を定数と思って y で微分すると

$$f_y(x, y) = x \cdot (\cos y)_y = x \cdot (-\sin y)$$
$$= -x \sin y$$

$(\cos x)' = -\sin x$

(4) 　y を定数と思って x で微分すると

$$f_x(x, y) = e^y \cdot (\log x)_x = e^y \cdot \frac{1}{x} = \frac{e^y}{x}$$

x を定数と思って y で微分すると

$$f_y(x, y) = (e^y)_y \cdot \log x = e^y \log x$$

【解終】

演習 46

次の 2 変数関数について，$f_x(x, y)$，$f_y(x, y)$ を求めよう．

(1) $f(x, y) = x^5 + 8x^3y^7 - 4y^2 + 1$　　(2) $f(x, y) = \dfrac{\log y}{\log x}$

(3) $f(x, y) = x^2 e^y$　　　　　　　　(4) $f(x, y) = \cos x + \sin y$

解答は p.289

∷ 解 答 ∷　(1)　y を定数と思って，x で微分すると

$$f_x(x, y) = {}^{\textcircled{ア}}\boxed{}$$

x を定数と思って，y で微分すると

$$f_y(x, y) = {}^{\textcircled{イ}}\boxed{}$$

$(e^x)' = e^x$

$(\log x)' = \dfrac{1}{x}$

(2)　y を定数と思い，x で微分すると

$$f_x(x, y) = {}^{\textcircled{ウ}}\boxed{}$$

x を定数と思い，y で微分すると

$$f_y(x, y) = {}^{\textcircled{エ}}\boxed{}$$

(3)　y を定数と思い，x で微分すると

$$f_x(x, y) = {}^{\textcircled{オ}}\boxed{}$$

x を定数と思い，y で微分すると

$$f_y(x, y) = {}^{\textcircled{カ}}\boxed{}$$

(4)　y を定数と思い，x で微分すると

$$f_x(x, y) = {}^{\textcircled{キ}}\boxed{}$$

x を定数と思い，y で微分すると

$$f_y(x, y) = {}^{\textcircled{ク}}\boxed{}$$

【解終】

偏微分の計算②

例題

次の 2 変数関数について, $f_x(x, y)$ と $f_y(x, y)$ を求めよう.

(1) $f(x, y) = (x^2 + 2y)e^x$ (2) $f(x, y) = \dfrac{x - y}{x + y}$

:: 解 答 :: (1) 積の偏微分公式を使って

$$f_x(x, y) = (x^2 + 2y)_x \cdot e^x + (x^2 + 2y) \cdot (e^x)_x$$

y を定数と思って微分すると

$$= (2x + 0) \cdot e^x + (x^2 + 2y) \cdot e^x$$
$$= (x^2 + 2x + 2y)e^x$$

x を定数と思って微分すると

$$f_y(x, y) = (x^2 + 2y)_y \cdot e^x + (x^2 + 2y) \cdot (e^x)_y$$
$$= (0 + 2 \cdot 1) \cdot e^x + (x^2 + 2y) \cdot 0$$
$$= 2e^x$$

(2) 商の偏微分公式を使って

$$f_x(x, y) = \frac{(x - y)_x \cdot (x + y) - (x - y) \cdot (x + y)_x}{(x + y)^2}$$
$$= \frac{(1 - 0) \cdot (x + y) - (x - y) \cdot (1 + 0)}{(x + y)^2}$$
$$= \frac{(x + y) - (x - y)}{(x + y)^2}$$
$$= \frac{2y}{(x + y)^2}$$

$$f_y(x, y) = \frac{(x - y)_y \cdot (x + y) - (x - y) \cdot (x + y)_y}{(x + y)^2}$$
$$= \frac{(0 - 1) \cdot (x + y) - (x - y) \cdot (0 + 1)}{(x + y)^2}$$
$$= \frac{-(x + y) - (x - y)}{(x + y)^2}$$
$$= -\frac{2x}{(x + y)^2}$$

> **積の偏微分公式**
>
> $(f \cdot g)_x = f_x \cdot g + f \cdot g_x$
> $(f \cdot g)_y = f_y \cdot g + f \cdot g_y$

1 変数関数の微分公式において
"微分"を
"偏微分"に
かえればそのまま
使えます

> **商の偏微分公式**
>
> $\left(\dfrac{f}{g}\right)_x = \dfrac{f_x \cdot g - f \cdot g_x}{g^2}$
> $\left(\dfrac{f}{g}\right)_y = \dfrac{f_y \cdot g - f \cdot g_y}{g^2}$

【解終】

演習47

> 次の2変数関数について，$f_x(x, y)$ と $f_y(x, y)$ を求めよう.
>
> （1）$f(x, y) = (x^3 - 2x^2y - y^3)\log y$　　（2）$f(x, y) = \dfrac{e^x}{\sin x + \cos y}$
>
> 解答は p.289

∷ 解 答 ∷　（1）　積の偏微分公式を使って

$$f_x(x, y) = {}^{\textcircled{ア}}\boxed{}$$

y を定数とみなして微分してゆくと

$$= {}^{\textcircled{イ}}\boxed{}$$

$$f_y(x, y) = {}^{\textcircled{ウ}}\boxed{}$$

x を定数とみなして微分してゆくと

$$= {}^{\textcircled{エ}}\boxed{}$$

（2）　商の偏微分公式を使って

$$f_x(x, y) = {}^{\textcircled{オ}}\boxed{}$$

$$f_y(x, y) = {}^{\textcircled{カ}}\boxed{}$$

【解終】

合成関数の偏微分公式 1

2 変数関数 $z = \sin(x+y)$ を考えてみよう.

この関数は

2 変数関数 $u = x+y$　と　1 変数関数 $z = \sin u$

との合成関数になっている.

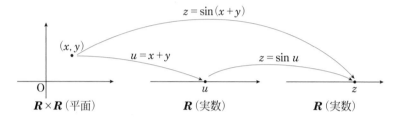

このような関数について偏微分を考えてみよう.

2 変数関数 $u = f(x, y)$　と　1 変数関数 $z = g(u)$

の合成関数

$z = g(f(x, y))$

に対し, $u = f(x, y)$ が偏微分可能, $z = g(u)$ が微分可能であるとき, 次の公式が成立する.

定理 3.3.1	合成関数の偏微分公式 1

$$\frac{\partial z}{\partial x} = \frac{dz}{du}\frac{\partial u}{\partial x}, \qquad \frac{\partial z}{\partial y} = \frac{dz}{du}\frac{\partial u}{\partial y}$$

d と ∂ の
ちがいに注意しましょう

$\dfrac{dz}{du}$: z を u で微分

$\dfrac{\partial u}{\partial x}$: u を x で偏微分

証明
$z = g\,(f(x, y))$ は $u = f(x, y)$ と $z = g(u)$ との合成関数である.

$$\frac{\partial z}{\partial x} = \lim_{h \to 0} \frac{g(f(x+h, y)) - g(f(x, y))}{h}$$

$$= \lim_{h \to 0} \frac{g(f(x+h, y)) - g(f(x, y))}{f(x+h, y) - f(x, y)} \cdot \frac{f(x+h, y) - f(x, y)}{h}$$

$k = f(x+h, y) - f(x, y)$ とおくと,

・$h \to 0$ とすると $k \to 0$ となる.

・$f(x+h) = f(x, h) + k = u + k$

なので,

$$\frac{\partial z}{\partial x} = \lim_{k \to 0} \frac{g(u+k) - g(u)}{k} \cdot \lim_{h \to 0} \frac{f(x+h, y) - f(x, y)}{h}$$

$$= \frac{dg}{du} \frac{\partial f}{\partial x}$$

$z = g(u),\ \ u = f(x, y)$ なので,

$$\frac{\partial z}{\partial x} = \frac{dz}{du} \frac{\partial u}{\partial x}$$

同様にして

$$\frac{\partial z}{\partial y} = \frac{dz}{du} \frac{\partial u}{\partial y}$$

も示すことができる. 【証明終】

[第1章の復習] 合成関数の微分公式(1変数)

$u = f(x),\ \ y = g(u)$ のとき

合成関数 $y = g\,(f(x))$ について次式が成立.

$$\frac{dy}{dx} = \frac{dy}{du} \frac{du}{dx}$$

合成関数の偏微分①

例題

次の2変数関数について, $f_x(x, y)$, $f_y(x, y)$ を求めよう.

(1) $f(x, y) = \sin xy$ (2) $f(x, y) = \log(1 + xy^2)$

∷解 答∷ 合成関数の偏微分公式1の使い方は1変数関数の合成関数の微分公式と全く同じ.

(1) $u = xy$ とおくと

$$f(x, y) = \sin u$$

となる. そこで合成関数の偏微分公式1より

$$f_x(x, y) = \frac{\partial f}{\partial x} = \frac{df}{du}\frac{\partial u}{\partial x}$$

ここで

$$\frac{df}{du} = \frac{d}{du}(\sin u) = \cos u$$

$$\frac{\partial u}{\partial x} = \frac{\partial}{\partial x}(xy) = y$$

なので

$$f_x(x, y) = \cos u \cdot y = y \cos u = y \cos xy$$

同様に

$$f_y(x, y) = \frac{df}{du}\frac{\partial u}{\partial y} = \frac{d}{du}(\sin u) \cdot \frac{\partial}{\partial y}(xy)$$

$$= \cos u \cdot x = x \cos xy$$

(2) $u = xy^2$ とおくと

$$f(x, y) = \log(1 + u)$$

となるから

$$f_x(x, y) = \frac{df}{du}\frac{\partial u}{\partial x} = \frac{d}{du}\{\log(1 + u)\} \cdot \frac{\partial}{\partial x}(xy^2)$$

$$= \frac{1}{1 + u} \cdot y^2 = \frac{y^2}{1 + xy^2}$$

$$f_y(x, y) = \frac{df}{du}\frac{\partial u}{\partial y} = \frac{d}{dv}\{\log(1 + u)\} \cdot \frac{\partial}{\partial y}(xy^2)$$

$$= \frac{1}{1 + u} \cdot 2xy = \frac{2xy}{1 + xy^2}$$

【解終】

合成関数の偏微分公式1

$$\frac{\partial z}{\partial x} = \frac{dz}{du}\frac{\partial u}{\partial x}$$

$$\frac{\partial z}{\partial y} = \frac{dz}{du}\frac{\partial u}{\partial y}$$

合成関数の微分公式（1変数）

$$\frac{dy}{dx} = \frac{dy}{du}\frac{du}{dx}$$

POINT p.188 定理 3.3.1 合成関数の偏微分公式 1 を使う

演習 48

次の 2 変数関数について，$f_x(x, y)$，$f_y(x, y)$ を求めよう．

(1)　$f(x, y) = \cos(x^2 - y)$　　　(2)　$f(x, y) = \tan^{-1}\dfrac{y}{x}$

(3)　$f(x, y) = xe^{xy}$

解答は p.290

解答 (1)　$u = x^2 - y$ とおくと

$$f(x, y) = \cos u$$

となるので

$$f_x(x, y) = ㋐\boxed{}$$

$$f_y(x, y) = ㋑\boxed{}$$

偏微分の記法

$$f_x(x, y) = f_x = \frac{\partial f}{\partial x} = \frac{\partial}{\partial x} f$$

$$f_y(x, y) = f_y = \frac{\partial f}{\partial y} = \frac{\partial}{\partial y} f$$

(2)　$u = \dfrac{y}{x}$ とおくと

$$f(x, y) = \tan^{-1} u$$

となるので

$$f_x(x, y) = ㋒\boxed{}$$

$$f_y(x, y) = ㋓\boxed{}$$

逆三角関数の微分

$$(\tan^{-1} x)' = \frac{1}{1 + x^2}$$

$$(\sin^{-1} x)' = \frac{1}{\sqrt{1 - x^2}}$$

(3)　まず積の微分公式を用いて

$$f_x(x, y) = (xe^{xy})_x = ㋔\boxed{}$$

ここで $u = xy$ とおくと $e^{xy} = e^u$ となるから

$$(e^{xy})_x = ㋕\boxed{}$$

$$\therefore\ f_x(x, y) = ㋖\boxed{}$$

引き続き $u = xy$ とおくと $f(x, y) = xe^u$ なので，x を定数とみて y で偏微分すると

$$f_y(x, y) = x(e^{xy})_y = ㋗\boxed{}$$

【解終】

高階偏導関数

2変数関数 $z = f(x, y)$ が偏微分可能なとき，x と y に関する偏導関数

$$\frac{\partial f}{\partial x}, \quad \frac{\partial f}{\partial y} \quad \text{または} \quad f_x, \ f_y$$

を考えた．これらが偏微分可能であるとき，さらに x と y に関する偏導関数を考えることができる．

$\dfrac{\partial f}{\partial x}, \cdots$ の記号と $f_x, \cdots$ の記号とを別々に説明しよう．

$\dfrac{\partial f}{\partial x}$ を x で偏微分すると

$$\frac{\partial}{\partial x}\left(\frac{\partial f}{\partial x}\right)$$

であるが，これを記号で

$$\frac{\partial^2 f}{\partial x^2}$$

で表す．以下同様にそれぞれ

$$\frac{\partial}{\partial y}\left(\frac{\partial f}{\partial x}\right) = \frac{\partial^2 f}{\partial y\, \partial x}$$

$$\frac{\partial}{\partial x}\left(\frac{\partial f}{\partial y}\right) = \frac{\partial^2 f}{\partial x\, \partial y}$$

$$\frac{\partial}{\partial y}\left(\frac{\partial f}{\partial y}\right) = \frac{\partial^2 f}{\partial y^2}$$

と表す．

f_x を x で偏微分すると

$$(f_x)_x$$

であるが，これを記号で

$$f_{xx}$$

で表す．以下同様にそれぞれ

$$(f_x)_y = f_{xy}$$

$$(f_y)_x = f_{yx}$$

$$(f_y)_y = f_{yy}$$

と表す．

これら4つの偏導関数を

2階偏導関数

という．

大学の数学らしくなってきましたね

2 階偏導関数がさらに偏微分可能であるとき，それぞれ x, y で偏微分して

$$\frac{\partial}{\partial x}\left(\frac{\partial^2 f}{\partial x^2}\right) = \frac{\partial^3 f}{\partial x^3} \qquad\qquad (f_{xx})_x = f_{xxx}$$

$$\frac{\partial}{\partial y}\left(\frac{\partial^2 f}{\partial x^2}\right) = \frac{\partial^3 f}{\partial y\,\partial x^2} \qquad\qquad (f_{xx})_y = f_{xxy}$$

$$\frac{\partial}{\partial x}\left(\frac{\partial^2 f}{\partial x\,\partial y}\right) = \frac{\partial^3 f}{\partial x^2\,\partial y} \qquad\qquad (f_{yx})_x = f_{yxx}$$

$$\frac{\partial}{\partial y}\left(\frac{\partial^2 f}{\partial x\,\partial y}\right) = \frac{\partial^3 f}{\partial y\,\partial x\,\partial y} \qquad\qquad (f_{yx})_y = f_{yxy}$$

$$\frac{\partial}{\partial x}\left(\frac{\partial^2 f}{\partial y\,\partial x}\right) = \frac{\partial^3 f}{\partial x\,\partial y\,\partial x} \qquad\qquad (f_{xy})_x = f_{xyx}$$

$$\frac{\partial}{\partial y}\left(\frac{\partial^2 f}{\partial y\,\partial x}\right) = \frac{\partial^3 f}{\partial y^2\,\partial x} \qquad\qquad (f_{xy})_y = f_{xyy}$$

$$\frac{\partial}{\partial x}\left(\frac{\partial^2 f}{\partial y^2}\right) = \frac{\partial^3 f}{\partial x\,\partial y^2} \qquad\qquad (f_{yy})_x = f_{yyx}$$

$$\frac{\partial}{\partial y}\left(\frac{\partial^2 f}{\partial y^2}\right) = \frac{\partial^3 f}{\partial y^3} \qquad\qquad (f_{yy})_y = f_{yyy}$$

と表す．これら $8\,(=2^3)$ 個の偏導関数を

3 階偏導関数

という．

　同様にして，n 回偏微分可能であれば，2^n 個の

n 階偏導関数

が定義される．

> 左の書き方と右の書き方で
> x と y の順序が異なるので
> 注意して下さい

　x と y について何回も偏微分するとき，一般的にはその順序を入れかえてはいけない．たとえば，f_{xyx} と f_{yxx} とは異なった関数である．しかし，ある条件のもとでは偏微分する順序を入れかえることができる．2 階の偏導関数についての定理を次にあげておこう．

定理 3.4.1 　**偏微分の順序交換可能**

$f_{xy}(x,y)$ と $f_{yx}(x,y)$ とが共に連続な点 (p,q) では次式が成立する．

$$f_{xy}(p,q) = f_{yx}(p,q)$$

2 次偏導関数，3 次偏導関数の計算

例題

> (1)　$f(x, y) = x^5 - 3x^2y^4 + 4y^2$ について，f_{xx}，f_{xxy} を求めよう.
>
> (2)　$f(x, y) = \sin xy$ について，$\dfrac{\partial^2 f}{\partial y^2}$，$\dfrac{\partial^3 f}{\partial x \partial y^2}$ を求めよう.

❚❚解答❚❚　(1)　まず f_x を求めよう.

$$f_x = 5x^4 - 3 \cdot 2x \cdot y^4 + 0 = 5x^4 - 6xy^4$$

次に，$f_{xx} = (f_x)_x$ であるから

$$f_{xx} = (5x^4 - 6xy^4)_x = 5 \cdot 4x^3 - 6 \cdot 1 \cdot y^4$$
$$= 20x^3 - 6y^4$$

$f_{xxy} = (f_{xx})_y$ より

$$f_{xxy} = (20x^3 - 6y^4)_y = 0 - 6 \cdot 4y^3 = -24y^3$$

(2)　$\dfrac{\partial^2 f}{\partial y^2} = \dfrac{\partial}{\partial y}\left(\dfrac{\partial f}{\partial y}\right)$

なので，まず $\dfrac{\partial f}{\partial y}$ を求めよう.　$u = xy$ とおくと

合成関数の偏微分公式 1 より

$$\frac{\partial f}{\partial y} = \frac{\partial}{\partial y}(\sin xy) = \left(\frac{d}{du}\sin u\right) \cdot \frac{\partial u}{\partial y} = \cos u \cdot x = x \cos xy$$

$$\therefore \quad \frac{\partial^2 f}{\partial y^2} = \frac{\partial}{\partial y}(x \cos xy) = x\left(\frac{\partial}{\partial y}\cos xy\right) = x\left\{\left(\frac{d}{du}\cos u\right) \cdot \frac{\partial u}{\partial y}\right\}$$

$$= x(-\sin u) \cdot x = -x^2 \sin xy$$

これをさらに x で偏微分する.

$$\frac{\partial^3 f}{\partial x \partial y^2} = \frac{\partial}{\partial x}\left(\frac{\partial^2 f}{\partial y^2}\right) = \frac{\partial}{\partial x}(-x^2 \sin xy) = -\frac{\partial}{\partial x}(x^2 \sin xy)$$

積の微分公式と合成関数の偏微分公式 1 を再度使って

$$= -\left\{\left(\frac{\partial}{\partial x}x^2\right) \cdot \sin xy + x^2 \cdot \frac{\partial}{\partial x}(\sin xy)\right\}$$

$$= -\left\{2x \sin xy + x^2 \cdot \cos xy \cdot \frac{\partial}{\partial x}(xy)\right\}$$

$$= -(2x \sin xy + x^2 \cos xy \cdot y)$$

$$= -x(2 \sin xy + xy \cos xy)$$

【解終】

偏微分の定義

$$f_x = \frac{\partial f}{\partial x} : \begin{array}{l} y \text{ を定数とみて} \\ x \text{ で微分} \end{array}$$

$$f_y = \frac{\partial f}{\partial y} : \begin{array}{l} x \text{ を定数とみて} \\ y \text{ で微分} \end{array}$$

合成関数の偏微分公式 1

$$\frac{\partial f}{\partial x} = \frac{df}{du}\frac{\partial u}{\partial x}$$

$$\frac{\partial f}{\partial y} = \frac{df}{du}\frac{\partial u}{\partial y}$$

複雑に
なってきましたね

POINT 高階偏導関数を求めるときも，x（あるいは y）で偏微分するときは，y（あるいは x）を定数とみて，x（あるいは y）で微分する

演習 49

(1)　$f(x, y)=3x^4+2xy^3-y$ について，$\dfrac{\partial^2 f}{\partial x \partial y}$，$\dfrac{\partial^3 f}{\partial x \partial y \partial x}$ を求めよう．

(2)　$f(x, y)=\log(x+y)$ について，f_{yx}，f_{xxy} を求めよう．　解答は p.290

解 答

(1)
$$\frac{\partial^2 f}{\partial x \partial y}=\frac{\partial}{\partial x}\left(\frac{\partial f}{\partial y}\right)=\frac{\partial}{\partial x}\left\{\frac{\partial}{\partial y}(3x^4+2xy^3-y)\right\}=\frac{\partial}{\partial x}\left(\text{㋐}\boxed{\qquad\qquad}\right)$$
$$=\frac{\partial}{\partial x}\left(\text{㋑}\boxed{\qquad\qquad}\right)=\text{㋒}\boxed{\qquad\qquad}$$

$$\frac{\partial^3 f}{\partial x \partial y \partial x}=\frac{\partial}{\partial x}\left(\frac{\partial^2 f}{\partial y \partial x}\right)=\frac{\partial}{\partial x}\left\{\frac{\partial}{\partial y}\left(\frac{\partial f}{\partial x}\right)\right\}=\frac{\partial}{\partial x}\left[\frac{\partial}{\partial y}\left\{\frac{\partial}{\partial x}(3x^4+2xy^3-y)\right\}\right]$$
$$=\frac{\partial}{\partial x}\left\{\frac{\partial}{\partial y}\left(\text{㋓}\boxed{\qquad\qquad}\right)\right\}=\frac{\partial}{\partial x}\left\{\frac{\partial}{\partial y}\left(\text{㋔}\boxed{\qquad\qquad}\right)\right\}$$
$$=\frac{\partial}{\partial x}\left(\text{㋕}\boxed{\qquad\qquad}\right)=\frac{\partial}{\partial x}\left(\text{㋖}\boxed{\qquad}\right)=\text{㋗}\boxed{\quad}$$

(2)　$f_{yx}=(f_y)_x=[\{\log(x+y)\}_y]_x$

合成関数の偏微分公式 1

$f_x=f'(u)\cdot u_x$

$f_y=f'(u)\cdot u_y$

$u=x+y$ とおくと

$$\{\log(x+y)\}_y=\text{㋘}\boxed{\qquad\qquad}$$

$$\therefore\quad f_{yx}=\left(\text{㋙}\boxed{\qquad}\right)_x$$
$$=\text{㋚}\boxed{\qquad\qquad}$$

$f'(u)$は
$f(u)$をuで微分する
という意味です

また

$$f_{xxy}=(f_{xx})_y=\{(f_x)_x\}_y=[\{(\log(x+y))_x\}_x]_y$$

ここで

$$f_x=\{\log(x+y)\}_x=\text{㋛}\boxed{\qquad\qquad}$$

$$\therefore\quad (f_x)_x=\left(\text{㋜}\boxed{\qquad}\right)_x=\text{㋝}\boxed{\qquad\qquad}$$

$$\therefore\quad \{(f_x)_x\}_y=\left(\text{㋞}\boxed{\qquad}\right)_y=\text{㋟}\boxed{\qquad\qquad}$$

【解終】

Section 3.5

全微分と接平面

　今までは 2 つの変数 x, y のどちらか一方を固定し，もう片方を動かして微分を考えてきた．今度は "x, y 両方を動かして" 微分を考えよう．こちらの方が本当の意味での "微分" なのである．

　2 変数関数 $z = f(x, y)$ が 点 (p, q) において偏微分可能であるとする．

　次ページの図を用いて話を進めていこう．

　$z = f(x, y)$ の 点 (p, q) における偏微分係数

$$f_x(p, q), \ f_y(p, q)$$

はそれぞれ曲線 ℓ_1，曲線 ℓ_2 の接線

$$\mathrm{PA}_1, \ \mathrm{PB}_1 \text{ の傾き}$$

であった．ここで，この PA_1 と PB_1 の 2 直線を含む平面 π を考えよう．

　π は点 $\mathrm{P}(p, q, f(p, q))$ を通るので，その方程式を

$$\pi : a(x - p) + b(y - q) + (z - f(p, q)) = 0$$

とおく．この式において，$y = q$ とおくと 2 つの平面 $y = q$ と π との交線の方程式

$$a(x - p) + (z - f(p, q)) = 0$$

となるが，これは傾き $f_x(p, q)$ をもつ直線 PA_1 の方程式であるから

$$a = -f_x(p, q)$$

となる．また，π の式において $x = p$ とおくと，2 つの平面 $x = p$ と π との交線の方程式

$$b(y - q) + (z - f(p, q)) = 0$$

となるが，これは傾き $f_y(p, q)$ をもつ直線 PB_1 の方程式なので

$$b = -f_y(p, q)$$

となる．したがって平面 π の方程式は

$$-f_x(p, q)(x - p) - f_y(p, q)(y - q) + (z - f(p, q)) = 0$$

この式をかき直して

$$\pi : z - f(p, q) = f_x(p, q)(x - p) + f_y(p, q)(y - q)$$

次に，$x = p + h$，$y = q + k$ のときを考えてみよう．点 $R_0(p + h, q + k, 0)$ は，点 $P_0(p, q, 0)$ より少し離れた点である．π の式に $x = p + h$，$y = q + k$ を代入してみると

$$z - f(p, q) = hf_x(p, q) + kf_y(p, q)$$

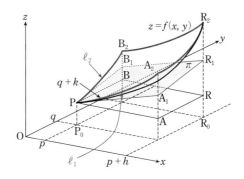

これは，上図において

$$RR_1 = hf_x(p, q) + kf_y(p, q)$$

となることを示している．また $PA = h$，$PB = k$ なので

$$AA_1 = hf_x(p, q), \quad BB_1 = kf_y(p, q)$$

となり

$$RR_1 = AA_1 + BB_1$$

が成立する．

ここまで準備しておいてから，全微分可能の定義をおこなおう．

・全微分可能の定義・

$z = f(x, y)$ が点 (p, q) において偏微分可能であり

$$f(p + h, q + k) - f(p, q) = hf_x(p, q) + kf_y(p, q) + \varepsilon(h, k)$$

$$\lim_{(h, k) \to (0, 0)} \frac{\varepsilon(h, k)}{\sqrt{h^2 + k^2}} = 0$$

が成り立つとき，$f(x, y)$ は点 (p, q) において

全微分可能

であるという．

再び前ページの図を用いて説明していこう.

全微分可能の定義の式において

$$f(p+h, q+k) - f(p, h) = \mathrm{RR}_2$$

$$hf_x(p, q) + kf_y(p, q) = \mathrm{RR}_1$$

より

$$\varepsilon(h, k) = \mathrm{R}_1\mathrm{R}_2$$

ということになるので, 定義における lim の式は

$$\lim_{(h, k) \to (0, 0)} \frac{\varepsilon(h, k)}{\sqrt{h^2 + k^2}} = \lim_{\mathrm{Q}_0 \to \mathrm{P}_0} \frac{\mathrm{R}_1\mathrm{R}_2}{\mathrm{P}_0\mathrm{R}_0} = 0$$

とかき直せる. したがって, 全微分可能とは

　　　　点 R_0 が点 P_0 に限りなく近づくとき,

　　　　$\mathrm{R}_1\mathrm{R}_2$ の長さが $\mathrm{P}_0\mathrm{R}_0$ の長さより速く 0 に近づく

ということである. いいかえれば

　　　　点 R_0 が点 P_0 に限りなく近づくとき,

　　　　曲面 $z = f(x, y)$ は限りなく平面 π に近づく

ということになる.　　　　　　　　　　　　　　　　　　　　　【解説終】

　そこで, 次のように定義することができる.

・ 接平面の定義 ・

$z = f(x, y)$ が 点 (p, q) において全微分可能なとき

$$z - f(p, q) = f_x(p, q)(x - p) + f_y(p, q)(y - q)$$

を $z = f(x, y)$ の 点 (p, q) における

接平面

という.

 接平面は, 一点において曲面に接している平面のこと.

全微分可能性は, 曲面がその点で接平面をもてるかどうかの条件になっている.　　　　　　　　　　　　　　　　　　　　　　　　　　　【解説終】

$z=f(x, y)$ が全微分可能であるとき，h, k が十分小さければ，曲面 $z=f(x, y)$ と接平面 π とはほとんど一致しているとみなしてよい．そこで，$z=f(x, y)$ の全微分を次のように定義する．

● 全微分の定義 ●

$z=f(x, y)$ が定義域 D で全微分可能なとき，

$$df=f_x(x, y)\,dx+f_y(x, y)\,dy$$

を $z=f(x, y)$ の

全微分

という．

全微分可能と
全微分の意味を
理解しましょう

右下図で説明しよう．

$z=f(x, y)$ が点 (p, q) で全微分可能のとき，x と y の増分 dx，dy が十分小さければ，曲面 $z=f(x, y)$ は (p, q) における接平面 π とほぼ一致する．このことを利用して，$z=f(x, y)$ の点 (p, q) 付近における増減を接平面で近似したのが

   全微分という量

である．つまり dx，dy が十分小さければ

$$\mathrm{RR}_1 \fallingdotseq \mathrm{RR}_2$$

とみなせる．そして

$$\mathrm{RR}_1 = \mathrm{AA}_1 + \mathrm{BB}_1$$

より

$$\mathrm{RR}_2 \fallingdotseq \mathrm{AA}_1 + \mathrm{BB}_1$$

となる．そこで

$$df=f_x(p, q)\,dx+f_y(p, q)\,dy$$

を (p, q) における全微分と名づける．

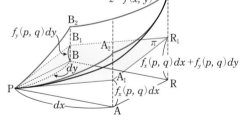

さらに，$z=f(x, y)$ が定義域 D で全微分可能なとき，(p, q) を (x, y) におきかえた

$$df=f_x(x, y)\,dx+f_y(x, y)\,dy$$

を $z=f(x, y)$ の全微分という．

【解説終】

問題 50 全微分の計算

例題

次の関数の全微分を求めよう.

(1) $f(x, y) = xy$ (2) $f(x, y) = \tan^{-1} \dfrac{y}{x}$

∷ **解 答** ∷ 全微分を求めるには，まず偏微分を求めておかなければいけない.

(1) $f_x(x, y) = (xy)_x = 1 \cdot y = y$

       $f_y(x, y) = (xy)_y = x \cdot 1 = x$

     $\therefore \quad df = f_x(x, y)\,dx + f_y(x, y)\,dy$

          $= y\,dx + x\,dy$

全微分
$df = f_x(x, y)\,dx + f_y(x, y)\,dy$

逆三角関数の微分
$(\tan^{-1} x)' = \dfrac{1}{1 + x^2}$

(2)   偏微分の計算に気をつけて

$$f_x(x, y) = \left(\tan^{-1} \frac{y}{x}\right)_x = \frac{1}{1 + \left(\dfrac{y}{x}\right)^2} \cdot \left(\frac{y}{x}\right)_x$$

$$= \frac{1}{1 + \dfrac{y^2}{x^2}} \cdot \left(-\frac{y}{x^2}\right) = \frac{-y}{x^2 + y^2}$$

$$f_y(x, y) = \left(\tan^{-1} \frac{y}{x}\right)_y = \frac{1}{1 + \left(\dfrac{y}{x}\right)^2} \cdot \left(\frac{y}{x}\right)_y$$

$$= \frac{1}{1 + \dfrac{y^2}{x^2}} \cdot \frac{1}{x} = \frac{x}{x^2 + y^2}$$

$\therefore \quad df = f_x(x, y)\,dx + f_y(x, y)\,dy$

$$= \frac{-y}{x^2 + y^2}\,dx + \frac{x}{x^2 + y^2}\,dy \qquad \text{【解終】}$$

合成関数の微分公式 1
$f_x = f'(u) \cdot u_x$ $f_y = f'(u) \cdot u_y$

(2) の結果は通分して
$$df = \frac{x\,dy - y\,dx}{x^2 + y^2}$$
とも表されます

下に代表的な
全微分の式を
書いておきましょう

【代表的な全微分】

$d(xy) = y\,dx + x\,dy$ $d(x^2 + y^2) = 2x\,dx + 2y\,dy$

$d\left(\dfrac{x}{y}\right) = \dfrac{y\,dx - x\,dy}{y^2}$ $d\left(\dfrac{y}{x}\right) = \dfrac{x\,dy - y\,dx}{x^2}$

$d\left(\dfrac{x - y}{x + y}\right) = \dfrac{2y\,dx - 2x\,dy}{(x + y)^2}$ $d\left(\dfrac{x + y}{x - y}\right) = \dfrac{2x\,dy - 2y\,dx}{(x - y)^2}$

POINT 偏微分を求めてから，p.199 全微分の定義を使う

演習 50

次の関数の全微分を求めよう．

(1) $f(x, y) = x^2 + y^2$　　(2) $f(x, y) = \log \dfrac{x-y}{x+y}$　　解答は p.290

解答 はじめに偏微分を求めてから全微分を求める．

対数関数の微分

$$(\log x)' = \frac{1}{x}$$

商の微分公式

$$\left(\frac{f}{g}\right)' = \frac{f' \cdot g - f \cdot g'}{g^2}$$

(1) $f_x(x, y) = (x^2 + y^2)_x =$ ㋐ [　　]

$f_y(x, y) = (x^2 + y^2)_y =$ ㋑ [　　]

$\therefore\ df = f_x(x, y)\,dx + f_y(x, y)\,dy =$ ㋒ [　　]

(2) ていねいに偏微分していこう．

$f_x(x, y) = \left(\log \dfrac{x-y}{x+y}\right)_x = \dfrac{1}{㋓\ [\quad]} \cdot (㋔\ [\quad])_x$

$= ㋕\ [\quad] \cdot \dfrac{(㋖\ [\quad])_x \cdot (㋗\ [\quad]) - (㋘\ [\quad]) \cdot (㋙\ [\quad])_x}{(㋚\ [\quad])^2}$

$= \dfrac{1}{㋛\ [\quad]} \cdot \dfrac{㋜\ [\quad] - ㋝\ [\quad]}{x+y} =$ ㋞ [　　]

$f_y(x, y) = \left(\log \dfrac{x-y}{x+y}\right)_y =$ ㋟ [　　]

$\therefore\ df = f_x(x, y)\,dx + f_y(x, y)\,dy =$ ㋠ [　　]

【解終】

【代表的な全微分】

$$d\left(\tan^{-1}\frac{x}{y}\right) = \frac{y\,dx - x\,dy}{x^2 + y^2} \qquad d\left(\tan^{-1}\frac{y}{x}\right) = \frac{x\,dy - y\,dx}{x^2 + y^2}$$

$$d\left(\log\frac{x-y}{x+y}\right) = \frac{2y\,dx - 2x\,dy}{x^2 - y^2} \qquad d\left(\log\frac{x+y}{x-y}\right) = \frac{2x\,dy - 2y\,dx}{x^2 - y^2}$$

問題 51 接平面の方程式の求め方

例題

次の関数の点 P における接平面の方程式を求めよう.

(1) $f(x, y) = x^2 + y^2$ $P(1, 1)$

(2) $f(x, y) = \cos(x + y)$ $P\left(0, \dfrac{\pi}{2}\right)$

∷ 解 答 ∷ まず点 P における偏微分係数を求めよう.

(1) $f_x(x, y) = 2 \cdot x + 0 = 2x$ より $f_x(1, 1) = 2 \cdot 1 = 2$

    $f_y(x, y) = 0 + 2 \cdot y = 2y$ より $f_y(1, 1) = 2 \cdot 1 = 2$

また

$$f(1, 1) = 1^2 + 1^2 = 2$$

なので，点 $P(1, 1)$ における接平面の方程式に代入して

$$z - 2 = 2(x - 1) + 2(y - 1)$$

これを整理すると，接平面の方程式

$$2x + 2y - z = 2$$

が求まる.

> **接平面の方程式**
>
> $z - f(p, q)$
> $= f_x(p, q)(x - p) + f_y(p, q)(y - q)$

(2) $u = x + y$ とおくと $f(x, y) = \cos u$ なので

$$f_x(x, y) = \frac{df}{du}\frac{\partial u}{\partial x} = -\sin u \cdot 1 = -\sin(x + y)$$

$$f_y(x, y) = \frac{df}{du}\frac{\partial u}{\partial y} = -\sin u \cdot 1 = -\sin(x + y)$$

ゆえに

$$f_x\left(0, \frac{\pi}{2}\right) = f_y\left(0, \frac{\pi}{2}\right) = -\sin\left(0 + \frac{\pi}{2}\right) = -\sin\frac{\pi}{2} = -1$$

また

$$f\left(0, \frac{\pi}{2}\right) = \cos\left(0 + \frac{\pi}{2}\right) = \cos\frac{\pi}{2} = 0$$

であるから，点 $P\left(0, \dfrac{\pi}{2}\right)$ における接平面の方程式に代入して整理すると

$$z - 0 = -1 \cdot (x - 0) - 1 \cdot \left(y - \frac{\pi}{2}\right)$$

$$x + y + z = \frac{\pi}{2}$$

【解終】

POINT ▶ 点 P(p, q)における偏微分係数を求めて，p.198 接平面の定義を使う

演習 51

次の関数の点 P における接平面の方程式を求めよう．

(1)　$f(x, y) = \dfrac{x}{y}$　　P$(3, -1)$

(2)　$f(x, y) = e^{2x+3y}$　　P$(1, 0)$

解答は p.291

解答　まず偏微分係数を求めよう．

(1)　$f_x(x, y) =$ ㋐[　　　]，$f_y(x, y) =$ ㋑[　　　]

ゆえに

$f_x(3, -1) =$ ㋒[　　　]，$f_y(3, -1) =$ ㋓[　　　]

また

$f(3, -1) =$ ㋔[　　　]

ゆえに　点 P$(3, -1)$ における接平面の方程式は

㋕[　　　]

これを整理して

㋖[　　　]

(2)　$u = 2x + 3y$ とおくと $f(x, y) = e^u$ となる．

ゆえに

$f_x(x, y) = \dfrac{df}{du}\dfrac{\partial u}{\partial x} =$ ㋗[　　　]　　$\therefore$　$f_x(1, 0) =$ ㋘[　　　]

$f_y(x, y) = \dfrac{df}{du}\dfrac{\partial u}{\partial y} =$ ㋙[　　　]　　$\therefore$　$f_y(1, 0) =$ ㋚[　　　]

また

$f(1, 0) =$ ㋛[　　　]

より，点 P$(1, 0)$ における接平面の方程式は

㋜[　　　]

【解終】

合成関数の偏微分公式２と３

$z = f(x, y)$ が全微分可能で，x と y がさらに他の変数の関数になっているとき，次にあげる合成関数の偏微分公式２と３が成り立つ．

定理 3.6.1 **合成関数の偏微分公式２**

$z = f(x, y)$ が全微分可能で，x と y が t の関数 $x = \varphi(t)$，$y = \psi(t)$ であり，t で微分可能とする．このとき，合成関数 $z = f(\varphi(t), \psi(t))$ は t について微分可能で，次の公式が成立する．

$$\frac{dz}{dt} = \frac{\partial z}{\partial x}\frac{dx}{dt} + \frac{\partial z}{\partial y}\frac{dy}{dt}$$

> φ と ψ はギリシャ文字でそれぞれ，"ファイ" と "プサイ" と呼びます

 解説 この合成関数 $z = f(\varphi(t), \psi(t))$ は次のような対応になっている．

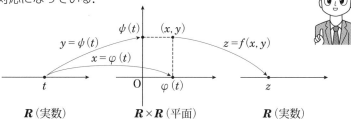

この公式の厳密な証明はさけて，全微分の式から形式的に導いてみよう．

$z = f(x, y)$ は全微分可能だから，z の全微分について次の式が成立する．

$$dz = f_x dx + f_y dy$$

これは，z の増分と x，y の増分の関係を示したものである．$z = f(\varphi(t), \psi(t))$ は t の１変数関数となるから，z の増分 dz と t の増分 dt との比を考えると

$$\frac{dz}{dt} = f_x\frac{dx}{dt} + f_y\frac{dy}{dt}$$

という式が成立し，次式が成立する．

> **全微分**
> $$df = f_x dx + f_y dy$$

$$\frac{dz}{dt} = \frac{\partial z}{\partial x}\frac{dx}{dt} + \frac{\partial z}{\partial y}\frac{dy}{dt}$$

【解説終】

$z = f(x, y)$ が全微分可能で，x と y がそれぞれ u と v の 2 変数関数

$$x = \varphi(u, v), \quad y = \psi(u, v)$$

で表され，u と v について偏微分可能とする．このとき，

$z = f(\varphi(u, v), \psi(u, v))$ は u と v について偏微分可能で，次の公式が成立する．

$$\frac{\partial z}{\partial u} = \frac{\partial z}{\partial x} \frac{\partial x}{\partial u} + \frac{\partial z}{\partial y} \frac{\partial y}{\partial u}$$

$$\frac{\partial z}{\partial v} = \frac{\partial z}{\partial x} \frac{\partial x}{\partial v} + \frac{\partial z}{\partial y} \frac{\partial y}{\partial v}$$

解説　この合成関数 $z = f(\varphi(u, v), \psi(u, v))$ は次のような対応になっている．

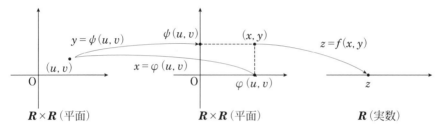

$z = f(x, y)$ は全微分可能であるから

$$dz = f_x \, dx + f_y \, dy$$

の式が成立する．この式より形式的に定理の式を導いてみよう．

　関数を合成した後，z は u と v の 2 変数関数となっている．そこで z の増分 dz と u の増分 du の比を考えてみるのだが，2 変数関数なので記号を偏微分の記号 $\partial z, \partial u$ に変えると

$$\frac{\partial z}{\partial u} = f_x \frac{\partial x}{\partial u} + f_y \frac{\partial y}{\partial u}$$

つまり

$$\frac{\partial z}{\partial u} = \frac{\partial z}{\partial x} \frac{\partial x}{\partial u} + \frac{\partial z}{\partial y} \frac{\partial y}{\partial u}$$

となる．同様にして z の増分と v の増分との比を考えると次式が成立する．

$$\frac{\partial z}{\partial v} = \frac{\partial z}{\partial x} \frac{\partial x}{\partial v} + \frac{\partial z}{\partial y} \frac{\partial y}{\partial v}$$

【解説終】

問題 52　合成関数の偏微分②

例題

次の式で与えられる合成関数について $\dfrac{dz}{dt}$ を求めよう.

(1) $z = x^3 - xy^5$ ： $x = 3t^2 - 1,\ y = 4 - 5t$

(2) $z = \log(x^2 + y^2)$ ： $x = 2\sin t,\ y = \cos t$

∷ **解 答** ∷　(1)　合成関数の偏微分公式 2 より

$$\frac{dz}{dt} = \frac{\partial z}{\partial x}\frac{dx}{dt} + \frac{\partial z}{\partial y}\frac{dy}{dt}$$

となる. そこでそれぞれ計算すると

> **合成関数の偏微分公式 2**
>
> $$\frac{dz}{dt} = \frac{\partial z}{\partial x}\frac{dx}{dt} + \frac{\partial z}{\partial y}\frac{dy}{dt}$$

$$\frac{\partial z}{\partial x} = 3x^2 - y^5$$

$$\frac{\partial z}{\partial y} = 0 - 5xy^4 = -5xy^4$$

$$\frac{dx}{dt} = (3t^2 - 1)' = 6t$$

$$\frac{dy}{dt} = (4 - 5t)' = -5$$

$\dfrac{dz}{dt}$ は
x に関する合成関数の偏微分と
y に関する合成関数の偏微分と
の和になっています

$$\therefore\quad \frac{dz}{dt} = \frac{\partial z}{\partial x}\frac{dx}{dt} + \frac{\partial z}{\partial y}\frac{dy}{dt} = (3x^2 - y^5)\cdot 6t + (-5xy^4)(-5)$$

$$= 6t(3x^2 - y^5) + 25xy^4$$

(2)　同様にして

$$\frac{\partial z}{\partial x} = \frac{1}{x^2 + y^2}\cdot(x^2 + y^2)_x = \frac{2x}{x^2 + y^2}$$

$$\frac{\partial z}{\partial y} = \frac{1}{x^2 + y^2}\cdot(x^2 + y^2)_y = \frac{2y}{x^2 + y^2}$$

$$\frac{dx}{dt} = (2\sin t)' = 2\cos t$$

$$\frac{dy}{dt} = (\cos t)' = -\sin t$$

$$\therefore\quad \frac{dz}{dt} = \frac{\partial z}{\partial x}\frac{dx}{dt} + \frac{\partial z}{\partial y}\frac{dy}{dt} = \frac{2x}{x^2 + y^2}\cdot 2\cos t + \frac{2y}{x^2 + y^2}(-\sin t)$$

$$= \frac{2}{x^2 + y^2}(2x\cos t - y\sin t)$$

【解終】

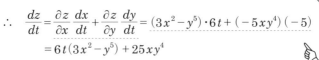

演習 52

> 次の式で与えられる合成関数について $\dfrac{dz}{dt}$ を求めよう.
>
> (1) $z = (2x+y)^3$; $x = 2t+1$, $y = t^2 - t + 3$
>
> (2) $z = \cos x \sin y$; $x = e^t$, $y = t^2$
>
> (3) $z = x^2 + y^2$; $x = 2t$, $y = \log t$
>
> 解答は p.291

∷ 解答 ∷ (1) 合成関数の偏微分公式 2 を用いるために次の計算をしておこう.

$$\frac{\partial z}{\partial x} = 3(2x+y)^{3-1} \cdot (2x+y)_x = 3(2x+y)^2 \cdot 2 = 6(2x+y)^2$$

$$\frac{\partial z}{\partial y} = \text{㋐}\boxed{}$$

$$\frac{dx}{dt} = \text{㋑}\boxed{} \qquad \frac{dy}{dt} = \text{㋒}\boxed{}$$

$$\therefore \quad \frac{dz}{dt} = \frac{\partial z}{\partial x}\frac{dx}{dt} + \frac{\partial z}{\partial y}\frac{dy}{dt} = 6(2x+y)^2 \cdot \text{㋓}\boxed{} + \text{㋔}\boxed{} \cdot (\text{㋕}\boxed{})$$

$$= \text{㋖}\boxed{}$$

(2) 同様にして

$$\frac{\partial z}{\partial x} = \text{㋗}\boxed{}, \qquad \frac{\partial z}{\partial y} = \text{㋘}\boxed{}$$

$$\frac{dx}{dt} = \text{㋙}\boxed{}, \qquad \frac{dy}{dt} = \text{㋚}\boxed{}$$

$$\therefore \quad \frac{dz}{dt} = \frac{\partial z}{\partial x}\frac{dx}{dt} + \frac{\partial z}{\partial y}\frac{dy}{dt}$$

$$= \text{㋛}\boxed{}$$

(3) 同様にして

$$\frac{\partial z}{\partial x} = \text{㋜}\boxed{}, \qquad \frac{\partial z}{\partial y} = \text{㋝}\boxed{}$$

$$\frac{dx}{dt} = \text{㋞}\boxed{}, \qquad \frac{dy}{dt} = \text{㋟}\boxed{}$$

$$\therefore \quad \frac{dz}{dt} = \frac{\partial z}{\partial x}\frac{dx}{dt} + \frac{\partial z}{\partial y}\frac{dy}{dt} = \text{㋠}\boxed{}$$

【解終】

合成関数の偏微分③

例題

次の式で与えられた合成関数について，$\dfrac{\partial z}{\partial u}$，$\dfrac{\partial z}{\partial v}$ を求めよう.

$$z=\sqrt{x^2+y^2} \quad ; \quad x=2u+3v,\ y=uv$$

∷ 解 答 ∷ 合成関数の偏微分公式 3 を用いるために，次の各計算をしておこう.

$$\frac{\partial z}{\partial x}=\left(\sqrt{x^2+y^2}\right)_x=\left\{\left(x^2+y^2\right)^{\frac{1}{2}}\right\}_x$$

これは合成関数の偏微分公式 1 を用いると

$$=\frac{1}{2}\left(x^2+y^2\right)^{-\frac{1}{2}}\cdot\left(x^2+y^2\right)_x$$

$$=\frac{1}{2}\left(x^2+y^2\right)^{-\frac{1}{2}}\cdot 2x=\frac{x}{\sqrt{x^2+y^2}}$$

まったく同様に

$$\frac{\partial z}{\partial y}=\frac{y}{\sqrt{x^2+y^2}}$$

次に

$$\frac{\partial x}{\partial u}=(2u+3v)_u=2, \qquad \frac{\partial y}{\partial u}=(uv)_u=v$$

$$\frac{\partial x}{\partial v}=(2u+3v)_v=3, \qquad \frac{\partial y}{\partial v}=(uv)_v=u$$

したがって

$$\frac{\partial z}{\partial u}=\frac{\partial z}{\partial x}\frac{\partial x}{\partial u}+\frac{\partial z}{\partial y}\frac{\partial y}{\partial u}$$

$$=\frac{x}{\sqrt{x^2+y^2}}\cdot 2+\frac{y}{\sqrt{x^2+y^2}}\cdot v=\frac{2x+yv}{\sqrt{x^2+y^2}}$$

$$\frac{\partial z}{\partial v}=\frac{\partial z}{\partial x}\frac{\partial x}{\partial v}+\frac{\partial z}{\partial y}\frac{\partial y}{\partial v}$$

$$=\frac{x}{\sqrt{x^2+y^2}}\cdot 3+\frac{y}{\sqrt{x^2+y^2}}\cdot u=\frac{3x+yu}{\sqrt{x^2+y^2}}$$

【解終】

合成関数の偏微分公式 3

$$\frac{\partial z}{\partial u}=\frac{\partial z}{\partial x}\frac{\partial x}{\partial u}+\frac{\partial z}{\partial y}\frac{\partial y}{\partial u}$$

$$\frac{\partial z}{\partial v}=\frac{\partial z}{\partial x}\frac{\partial x}{\partial v}+\frac{\partial z}{\partial y}\frac{\partial y}{\partial v}$$

合成関数の偏微分公式 1

$$\frac{\partial z}{\partial x}=\frac{dz}{dw}\frac{\partial w}{\partial x}$$

ここでも $\dfrac{\partial z}{\partial u}$，$\dfrac{\partial z}{\partial v}$ は
x に関する合成関数の偏微分と
y に関する合成関数の偏微分と
の和になっています

演習 53

次の式で与えられた合成関数について，$\dfrac{\partial z}{\partial u}$，$\dfrac{\partial z}{\partial v}$ を求めよう．

$$z = e^{xy} \quad : \quad x = \sin uv, \ y = \cos(u+v)$$

解答は p.291

∷ 解 答 ∷ まず次の各計算をしておこう．

$$\frac{\partial z}{\partial x} = (e^{xy})_x = e^{xy} \cdot (xy)_x = e^{xy} \cdot y = y e^{xy}$$

$$\frac{\partial z}{\partial y} = ㋐ \boxed{}$$

$$\frac{\partial x}{\partial u} = (\sin uv)_u = (\cos uv) \cdot (uv)_u = (\cos uv) \cdot v = v \cos uv$$

$$\frac{\partial x}{\partial v} = ㋑ \boxed{}$$

$$\frac{\partial y}{\partial u} = ㋒ \boxed{}$$

$$\frac{\partial y}{\partial v} = ㋓ \boxed{}$$

したがって

$$\frac{\partial z}{\partial u} = \frac{\partial z}{\partial x}\frac{\partial x}{\partial u} + \frac{\partial z}{\partial y}\frac{\partial y}{\partial u}$$

$$= y e^{xy} \cdot ㋔ \boxed{} + ㋕ \boxed{} \cdot \{ ㋖ \boxed{} \}$$

$$= ㋗ \boxed{}$$

$$\frac{\partial z}{\partial v} = \frac{\partial z}{\partial x}\frac{\partial x}{\partial v} + \frac{\partial z}{\partial y}\frac{\partial y}{\partial v}$$

$$= ㋘ \boxed{}$$

【解終】

2変数関数の極値

● 極値の定義 ●

2変数関数 $z = f(x, y)$ と点 $\mathrm{P}(p, q)$ について,点 P に十分近い任意の点 $\mathrm{Q}(x, y)$ に対し

$$f(p, q) < f(x, y)$$

が成り立つとき,関数 $z = f(x, y)$ は点 P で**極小**であるといい $f(p, q)$ の値を**極小値**という.

逆に,点 P に十分近い任意の点 $\mathrm{Q}(x, y)$ に対し,

$$f(p, q) > f(x, y)$$

が成り立つとき,関数 $z = f(x, y)$ は点 P で**極大**であるといい $f(p, q)$ の値を**極大値**という.

極小値と極大値を総称して**極値**という.

 解説 1変数関数のときと同様に, $z = f(x, y)$ のグラフの曲面において,局所的に一番低い所を極小といい,そのときの $f(x, y)$ の値を極小値という.逆に局所的に一番高い所を極大といい,そのときの $f(x, y)$ の値を極大値という.曲面全体からみて,極小は最小,極大は最大に一致する場合もある.

また,右上図の点 Q は極大でも極小でもないことに注意しよう.点 Q のまわりには,点 Q より高い点もあるし,低い点もあるからである.

【解説終】

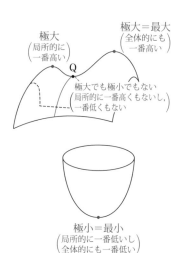

極大
(局所的に
一番高い)

極大＝最大
(全体的にも
一番高い)

極大でも極小でもない
(局所的に一番高くもないし,
一番低くもない)

極小＝最小
(局所的に一番低いし
全体的にも一番低い)

定理 3.7.1 　極値をとる必要条件

関数 $z = f(x, y)$ が偏微分可能で，点 $P(p, q)$ で極値をとれば

$$f_x(p, q) = f_y(p, q) = 0$$

が成立する．

 証明　　点 $P(p, q)$ で $z = f(x, y)$ が極値をとるとする．もし $f_x(p, q) > 0$ と仮定すると，x のみの関数 $f(x, q)$ は $x = p$ の付近で常に増加となるから，$x = p$ で極値をもたない．これは $z = f(x, y)$ が点 $P(p, q)$ で極値をもつことに反する．また，$f_x(p, q) < 0$ と仮定しても同様に矛盾する．したがって $f_x(p, q) = 0$ が成立する．同じように $f_y(p, q) = 0$ も証明される．　　　【証明終】

● 停留点の定義 ●

関数 $f(x, y)$ は偏微分可能であるとする．このとき，

$$f_x(p, q) = f_y(p, q) = 0$$

を満たす点 (p, q) を，$f(x, y)$ の**停留点**という．

解説　　"停留点"というのは文字通り $f(x, y)$ の値が"停留している点"という意味で，下図における A，B，C はすべて $f(x, y)$ の値が停留している点である．しかし停留点であっても $f(x, y)$ の値が極大または極小になるとは限らない．停留点で極値をとるかどうかは，さらに調べなくてはいけない．　　【解説終】

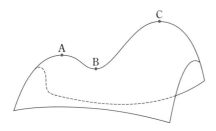

「2 変数関数にも
増減表があるのでしょうか？」
1 変数関数のときのような
増減表ではなく
判定条件を使って調べます．
後で勉強しますよ．

停留点の求め方

例題

次の関数の停留点を求めよう.
$$f(x,y) = x^3 - 3xy + y^3$$

∷ 解 答 ∷ まず $f_x(x,y)$, $f_y(x,y)$ を計算しておこう.

$$f_x(x,y) = 3x^2 - 3 \cdot 1 \cdot y + 0 = 3x^2 - 3y$$
$$f_y(x,y) = 0 - 3x \cdot 1 + 3y^2 = -3x + 3y^2$$

停留点は $f_x(x,y) = f_y(x,y) = 0$ を満たす点なので
連立方程式

$$\begin{cases} 3x^2 - 3y = 0 \\ -3x + 3y^2 = 0 \end{cases}$$

を解けばよい. かき直して

$$\begin{cases} x^2 - y = 0 & \cdots① \\ x - y^2 = 0 & \cdots② \end{cases}$$

①より $y = x^2$. これを②に代入すると

$$x - x^4 = 0, \quad x(1 - x^3) = 0$$
$$\therefore \quad x(1-x)(1+x+x^2) = 0$$

x は実数なので $1 + x + x^2 \neq 0$. ゆえに

$$x = 0 \quad または \quad x = 1$$

これらを①に代入して

$$x = 0 \quad のとき \quad y = 0^2 = 0$$
$$x = 1 \quad のとき \quad y = 1^2 = 1$$

したがって停留点は次の 2 点である.

$$(0,0) \quad , \quad (1,1)$$

【解終】

> 停留点
>
> $f_x(x,y) = f_y(x,y) = 0$
> を満たす点 (x,y) が
> 停留点

[因数分解の確認]
$$x^3 + 1 = (x+1)(x^2 - x + 1)$$
$$x^3 - 1 = (x-1)(x^2 + x + 1)$$

次数の高い方程式は
いくつも解が出てきます.
実数解だけ選び
ましょう.

POINT > 連立方程式 $f_x(x,y)=0$, $f_y(x,y)=0$ を解いて，停留点を求める

演習 54

次の関数の停留点を求めよう．

$$f(x,y)=4xy-2y^2-x^4$$

解答は p.292

解答 $f_x(x,y)$ と $f_y(x,y)$ を求めると次のようになる．

$f_x(x,y)=$ ㋐ [　　　　]

$f_y(x,y)=$ ㋑ [　　　　]

停留点は $f_x(x,y)=f_y(x,y)=0$ を満たす点であるから，連立方程式

㋒ [　　　　]

を解けばよい．

㋓ [　　　　]

連立方程式の解より，停留点は次の ㋔ [　] つである．

㋕ [　　　　]

【解終】

お, こっちは 3 つ
出てきました

2変数関数の極値を判定する定理を証明するために，2変数関数のテイラーの定理を証明する必要がある．

今，$z = f(x, y)$ は2回偏微分可能であるとする．

$$x = x(t) = p + ht, \quad y = y(t) = q + kt \quad (p, q, h, k \text{ は定数})$$

のとき，合成関数 $z = z(t) = f(p + ht, q + kt)$ の2階までの導関数を求める．

x を t の関数と見るとき，それを強調して $x(t)$ とかくことがあります

$z(t)$ も同様で，$z'(t)$ は，z を t で微分した $\dfrac{dz}{dt}$ を表します

まず，p.204 定理 3.6.1 より

$$z'(t) = \frac{dz(t)}{dt} = \frac{\partial f}{\partial x}(x, y)\frac{dx(t)}{dt} + \frac{\partial f}{\partial y}(x, y)\frac{dy(t)}{dt}$$

$$= h\frac{\partial f}{\partial x}(x, y) + k\frac{\partial f}{\partial y}(x, y) = hf_x(x, y) + kf_y(x, y)$$

$$z''(t) = \frac{d^2z(t)}{dt^2} = \frac{d}{dt}\left(\frac{dz(t)}{dt}\right) = \frac{d}{dt}\left(h\frac{\partial f}{\partial x}(x, y) + k\frac{\partial f}{\partial y}(x, y)\right)$$

$$= \frac{\partial}{\partial x}\left(h\frac{\partial f}{\partial x}(x, y) + k\frac{\partial f}{\partial y}(x, y)\right)\frac{dx(t)}{dt} + \frac{\partial}{\partial y}\left(h\frac{\partial f}{\partial x}(x, y) + k\frac{\partial f}{\partial y}(x, y)\right)\frac{dy(t)}{dt}$$

$$= h\left(h\frac{\partial^2 f}{\partial x^2}(x, y) + k\frac{\partial^2 f}{\partial x \partial y}(x, y)\right) + k\left(h\frac{\partial^2 f}{\partial y \partial x}(x, y) + k\frac{\partial^2 f}{\partial y^2}(x, y)\right)$$

$$= h^2\frac{\partial^2 f}{\partial x^2}(x, y) + 2hk\frac{\partial f}{\partial x \partial y}(x, y) + k^2\frac{\partial^2 f}{\partial y^2}(x, y)$$

$$= h^2 f_{xx}(x, y) + 2hk f_{xy}(x, y) + k^2 f_{yy}(x, y)$$

これらを用いて，$z(t)$ に対して，p.68 の1変数関数のテイラーの定理（定理 1.10.1）を適用すると，次の定理が成り立つ．

関数 $z = f(x, y)$ が定義域 D において，2 回偏微分可能であるとき，D 内の 2 点 (p, q)，$(p+h, q+k)$ に対して，ある $\theta\ (0 < \theta < 1)$ が存在して，

$$f(p+h, q+k) = f(p, q) + h f_x(p, q) + k f_y(p, q)$$

$$+ \frac{1}{2} \{h^2 f_{xx}(p+\theta h, q+\theta k) + 2hk f_{xy}(p+\theta h, q+\theta k) + k^2 f_{yy}(p+\theta h, q+\theta k)\}$$

が成り立つ.

証明　$z(t) = f(p+ht, q+kt)$ とおくと，$z(t)$ は開区間 $(0, 1)$ 上で 2 回微分可能なので，p.68 定理 1.10.1 より，ある $\theta\ (0 < \theta < 1)$ が存在して，

$$z(1) = z(0) + \frac{z'(0)}{1!} + R_2\ , \qquad R_2 = \frac{z''(\theta)}{2!}$$

が成り立つ.

$$z(1) = f(p+h, q+k), \qquad z(0) = f(p, q), \qquad z'(0) = h f_x(p, q) + k f_y(p, q),$$

$$z''(\theta) = h^2 f_{xx}(p+\theta h, q+\theta k) + 2hk f_{xy}(p+\theta h, q+\theta k) + k^2 f_{yy}(p+\theta h, q+\theta k)$$

なので，定理 3.7.2 が証明される.　　　　　　　　　　　　　　　　　　　【証明終】

この定理を用いて，次の極値の判定に関する定理を証明することができる.

関数 $z = f(x, y)$ が 2 階偏微分可能で，（1 階）偏導関数および 2 階偏導関数がすべて連続であるとする.
点 (p, q) を停留点とし，

$$A = f_{xx}(p, q),\ \ B = f_{xy}(p, q),\ \ C = f_{yy}(p, q)$$

とおくとき，

❶　$B^2 - AC < 0$ ならば，$f(x, y)$ は点 (p, q) で極値をとり，さらに

$$\begin{cases} A > 0\ \text{のとき}\ f(p, q)\ \text{は極小値} \\ A < 0\ \text{のとき}\ f(p, q)\ \text{は極大値} \end{cases} \text{である.}$$

❷　$B^2 - AC > 0$ ならば，$f(x, y)$ は点 (p, q) で極値をとらない.

❸　$B^2 - AC = 0$ ならば，$f(x, y)$ は点 (p, q) で極値をとるかどうか判定できない.

解説 点 $P(p, q)$ が $f_x(p, q) = f_y(p, q) = 0$ を満たす"停留点"であっても，そこで極値をとるかどうかはわからない．そこで，極値の判定をしてくれるのがこの定理である．

停留点 (p, q) における関数の値 $f(p, q)$ と，p と q の値を少しずらした関数の値 $f(p+h, q+k)$ との差をとり

$$Y = f(p+h, q+k) - f(p, q)$$

とおく．このとき，定理 3.7.2 より，ある θ $(0 < \theta < 1)$ が存在して，次の等式が成り立つ．

$$f(p+h, q+k) = f(p, q) + hf_x(p, q) + kf_y(p, q) + \frac{1}{2}(h^2 A' + 2hkB' + k^2 C')$$

ただし，A', B', C' は

$$A' = f_{xx}(p+\theta h, q+\theta k), \quad B' = f_{xy}(p+\theta h, q+\theta k), \quad C' = f_{yy}(p+\theta h, q+\theta k)$$

である．

今，(p, q) は停留点，つまり

$$f_x(p, q) = f_y(p, q) = 0$$

を満たしているので，差 $Y = f(p+h, q+k) - f(p, q)$ は，$\dfrac{h}{k} = X$ として，

$$Y = \frac{1}{2}(h^2 A' + 2hkB' + k^2 C')$$

$$= \frac{k^2}{2}\left\{\left(\frac{h}{k}\right)^2 A' + 2\frac{h}{k}B' + C'\right\} = \frac{k^2}{2}(A'X^2 + 2B'X + C')$$

となる．

また，$|h|$ と $|k|$ が十分に小さい値なので，点 $(p+h, q+k)$ は点 (p, q) に非常に近く，$A \doteqdot A'$，$B \doteqdot B'$，$C \doteqdot C'$ となる．ゆえに，Y は次のように十分によい近似ができる．

$$Y \doteqdot \frac{k^2}{2}(AX^2 + 2BX + C) = \frac{k^2}{2}F$$

ただし，

$$F = AX^2 + 2BX + C$$

である．

したがって，Yの正負はFの正負と同じだとしてよいので，$F=0$の判別式

$$D = B^2 - AC$$

を用いて

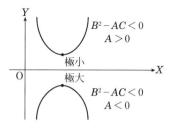

$D < 0$，$A > 0$のとき

Yは極小値をもち，常に$Y > 0$

$D < 0$，$A < 0$のとき

Yは極大値をもち，常に$Y < 0$

であることがわかる．

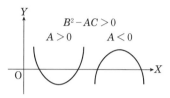

また，$D > 0$の場合は，Yは正にも負にもなるので，(p, q)で極値はとらない．

$D = 0$の場合にはこの判定法は使えず，他の方法で判定しなければならない．

【2変数関数$z = f(x, y)$の極値を調べる手順】

① f_x，f_yを求め，$f_x = 0$，$f_y = 0$を満たす点(p, q)，つまり，停留点を求める．

② f_{xx}，f_{xy}，f_{yy}を求め，$A = f_{xx}(p, q)$，$B = f_{xy}(p, q)$，$C = f_{yy}(p, q)$とおいて，$B^2 - AC$とAの符号を調べる．

❶ $B^2 - AC < 0$ならば，$f(x, y)$は点(p, q)で極値をとり，さらに

$$\begin{cases} A > 0 \text{のとき，} f(p, q) \text{は極小値} \\ A < 0 \text{のとき，} f(p, q) \text{は極大値} \end{cases}$$

❷ $B^2 - AC > 0$ならば，$f(x, y)$は点(p, q)で極値をとらない．

❸ $B^2 - AC = 0$ならば，$f(x, y)$は点(p, q)で極値をとるかどうか判定できない．

極値の判定条件は，2次式の判別式の考え方が用いられています

$f(p, q)$の値と少しずれた$f(p + h, q + h)$の値とを比較して，極値の判定条件を出しています

2 変数関数の極値問題①

例題

関数 $f(x, y) = 4xy - 2y^2 - x^4$ について，

(1) 停留点をすべて求めよう．

(2) 停留点で極値をとるかどうかを判定し，とる場合には極値を求めよう．

:: 解 答 :: (1) 演習 54 で解いた通り

$$f_x(x, y) = 4y - 4x^3$$
$$f_y(x, y) = 4x - 4y$$

であり

$$f_x(x, y) = f_y(x, y) = 0$$

より，次の 3 つの停留点が求まる．

$$(0, 0), \quad (1, 1), \quad (-1, -1)$$

(2) まず 2 階偏導関数を計算しておこう．

$$f_{xx}(x, y) = (4y - 4x^3)_x = 0 - 4 \cdot 3x^2 = -12x^2$$
$$f_{xy}(x, y) = (4y - 4x^3)_y = 4 \cdot 1 - 0 = 4$$
$$f_{yy}(x, y) = (4x - 4y)_y = 0 - 4 \cdot 1 = -4$$

- 点 $(0, 0)$ の場合：$x = 0$，$y = 0$ であるから

$$B^2 - AC = 4^2 - (-12 \cdot 0^2) \cdot (-4) = 16 > 0$$

したがって点 $(0, 0)$ で極値はとらない．

- 点 $(1, 1)$ の場合：$x = 1$，$y = 1$ であるから

$$\begin{cases} B^2 - AC = 4^2 - (-12 \cdot 1^2) \cdot (-4) \\ \qquad = -32 < 0, \\ A = -12 < 0 \end{cases}$$

したがって点 $(1, 1)$ で極大となり，極大値は

$$f(1, 1) = 4 \cdot 1 \cdot 1 - 2 \cdot 1^2 - 1^4 = 1$$

- 点 $(-1, -1)$ の場合：$x = -1$，$y = -1$ であるから

$$\begin{cases} B^2 - AC = 4^2 - \{-12 \cdot (-1)^2\} \cdot (-4) = -32 < 0 \\ A = -12 < 0 \end{cases}$$

したがって点 $(-1, -1)$ で極大となり，極大値は

$$f(-1, -1) = 1$$

【解終】

極値の判定

停留点 (p, q) について

$$A = f_{xx}(p, q)$$
$$B = f_{xy}(p, q)$$
$$C = f_{yy}(p, q)$$

とおく．

❶ $B^2 - AC < 0$ のとき

$$\begin{cases} A > 0 \to f(p, q) \text{ は極小値} \\ A < 0 \to f(p, q) \text{ は極大値} \end{cases}$$

❷ $B^2 - AC > 0$ のとき

$\quad f(p, q)$ は極値でない

[POINT] p.215 極値の判定を使う

演習 55

関数 $f(x, y) = xy + \frac{1}{x} + \frac{1}{y}$ について，

(1) 停留点をすべて求めよう．

(2) $f(x, y)$ の極値を求めよう． 解答は p.292

解答 (1)

$$\begin{cases} f_x(x, y) = \text{㋐}\boxed{} = 0 \cdots ① \\ f_y(x, y) = \text{㋑}\boxed{} = 0 \cdots ② \end{cases}$$

を解く．

㋒ $\boxed{}$

$x \neq 0$ なので，実数解は $x =$ ㋓ $\boxed{}$ となる．①に代入して $y =$ ㋔ $\boxed{}$ を得る．したがって求める停留点は 1 個で

㋕ $\boxed{}$

(2) 2 階偏導関数を求める．

$f_{xx}(x, y) =$ ㋖ $\boxed{}$

$f_{xy}(x, y) =$ ㋗ $\boxed{}$

$f_{yy}(x, y) =$ ㋘ $\boxed{}$

(1) で求めた点 ㋕ $\boxed{}$ について，$x =$ ㋙ $\boxed{}$，$y =$ ㋚ $\boxed{}$ であるから

$$B^2 - AC = \text{㋛}\boxed{} < 0, \quad A = \text{㋜}\boxed{} > 0$$

ゆえに点 ㋕ $\boxed{}$ で極 ㋝ $\boxed{}$ となり，極 ㋞ $\boxed{}$ 値は

㋟ $\boxed{}$

である． 【解終】

２変数関数の極値問題②

例題

次の関数について極値を求めよう.
$$f(x, y) = x^2 + 2y^2 - 4y + y^3$$

❖解答❖ まず, $f_x(x, y) = f_y(x, y) = 0$ となる点を求めよう.

$$f_x(x, y) = 2x, \quad f_y(x, y) = 4y - 4 + 3y^2$$

より連立方程式

$$\begin{cases} 2x = 0 & \cdots ① \\ 4y - 4 + 3y^2 = 0 & \cdots ② \end{cases}$$

を解く. ①より $x = 0$, ②より

$$3y^2 + 4y - 4 = 0$$

$$\therefore \quad (3y - 2)(y + 2) = 0$$

$$\therefore \quad y = \frac{2}{3}, \ -2$$

> **極値を調べる手順**
> ① $f_x = f_y = 0$ で停留点をみつける
> ② 極値をとるかどうか判定する
> $(A = f_{xx}, \ B = f_{xy}, \ C = f_{yy})$
> ・$B^2 - AC < 0$ のとき $A > 0$ →極小
> $A < 0$ →極大
> ・$B^2 - AC > 0$ →極値をとらない
> ・$B^2 - AC = 0$ →判定不能
> 他の方法で調べる

したがって, 停留点は $P_1\left(0, \dfrac{2}{3}\right)$ と $P_2(0, -2)$ である.

次に２階偏導関数を計算すると,

$$f_{xx}(x, y) = 2$$
$$f_{xy}(x, y) = 0$$
$$f_{yy}(x, y) = 4 + 6y$$

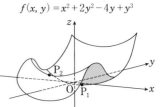

$f(x, y) = x^2 + 2y^2 - 4y + y^3$

$P_1\left(0, \dfrac{2}{3}\right)$ の場合, $x = 0$, $y = \dfrac{2}{3}$ であるから

$$\begin{cases} B^2 - AC = 0^2 - 2\left(4 + 6 \cdot \dfrac{2}{3}\right) = -16 < 0 \\ A = 2 > 0 \end{cases}$$

ゆえに, この点で極小となり, 極小値は

$$f\left(0, \frac{2}{3}\right) = 0^2 + 2\left(\frac{2}{3}\right)^2 - 4\left(\frac{2}{3}\right) + \left(\frac{2}{3}\right)^3 = -\frac{40}{27}$$

$P_2(0, -2)$ の場合, $x = 0$, $y = -2$ であるから

$$B^2 - AC = 0^2 - 2\{4 + 6(-2)\} = 16 > 0$$

したがって, この点では極値をとらない. 【解終】

> 停留点 (p, q) について
> $A = f_{xx}(p, q)$
> $B = f_{xy}(p, q)$
> $C = f_{yy}(p, q)$
> です

POINT p.217【2変数関数 $z=f(x, y)$ の極値を調べる手順】を使う

演習 56

次の関数について極値を求めよう.

$$f(x, y) = x^3 - xy + y^3$$

解答は p.292

解答 $f_x(x, y) =$ ㋐□ $= 0 \cdots$ ①

$f_y(x, y) =$ ㋑□ $= 0 \cdots$ ②

を解く.

㋒□

実数解なので $x=$ ㋓□と $x=$ ㋔□. ①に代入して $y=$ ㋕□と $y=$ ㋖□.

したがって停留点は㋗□と㋘□である.

次に2階偏導関数を求めよう.

$f_{xx} =$ ㋙□

$f_{xy} =$ ㋚□

$f_{yy} =$ ㋛□

㋗□の場合

㋜□

㋘□の場合

㋝□

$f(x, y) = x^3 - xy + y^3$

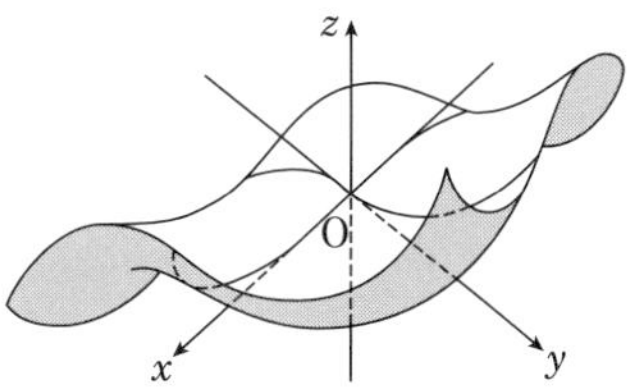

【解終】

条件付き極値問題
(ラグランジュの未定乗数法)

$x+y-2=0$ という条件の下で，$f(x,y)=xy$ の極値を求めるとき，$y=-x+2$ より

$$f(x,y)=x(-x+2)=-(x-1)^2+1$$

なので，$x=1\,(y=1)$ のとき，極大値（最大値）$f(1,1)=1$ をとることはすぐに求まる．しかし，$x^2+y^2-1=0$ という条件の下で，$f(x,y)=x+y$ の極値を求めるときは，先の場合ほど，すぐには求めることができないだろう．このとき，次の定理を用いると，極値をとる点の候補を比較的楽に求められる．

定理 3.8.1	条件付き極値の必要条件

条件 $g(x,y)=0$ のもとで関数 $z=f(x,y)$ が点 $\mathrm{P}(p,q)$ において極値をとれば，次が成り立つ．

   (a) $g(p,q)=0$

   (b) $f_x(p,q)g_y(p,q)-g_x(p,q)f_y(p,q)=0$

証明

$$g(x,y)=0 \tag{1}$$

$$z=f(x,y) \tag{2}$$

に対して，まず (1) より y は x の関数と捉えることができる．(1) の両辺を x で微分すると p.204 定理 3.6.1 より次が成り立つ．

$$\frac{d}{dx}g(x,y)=0$$

$$\frac{\partial g}{\partial x}\frac{dx}{dx}+\frac{\partial g}{\partial y}\frac{dy}{dx}=0$$

$$g_x+g_y y'=0 \tag{3}$$

一方で，定理 3.7.1 より $z=f(x,y)$ が極値をとる点では，$z_x=0$，つまり

$$\frac{\partial f}{\partial x}\frac{dx}{dx}+\frac{\partial f}{\partial y}\frac{dy}{dx}=0$$

$$f_x+f_y y'=0 \tag{4}$$

が成り立つ. よって, (4) × g_y − (3) × f_y より

$$f_x g_y - g_x f_y = 0 \tag{5}$$

条件 (1) のもとで, $z=f(x,y)$ が点 (p,q) において極値をとるならば, $(x,y)=(p,q)$ は (1) と (5) の解になっている. よって, 定理 3.8.1 が成立する.

【証明終】

(1) より y は x の関数となるので, $y=y(x)$ とできる. したがって, $z=f(x,y)=f(x,y(x))$ より z は x の関数と捉えることができる. よって, $h(x)=f(x,y(x))$ とおく.

このとき, $\mathrm{P}(p,q)$ で $z=f(x,y)$ が極値をとるかどうかは, $h''(x)$ を計算して $h''(x)$ の符号を調べればよい. p.224 問題 57, p.225 演習 57 で具体的な場合に $h''(x)$ を求める練習をしよう.

ここで, $h(x)=f(x,y(x))$ に対して, p.84 定理 1.11.2 と p.86 定理 1.11.3 を用いると, h'' の符号の違いで次のことが成り立つことを強調しておく.

【条件付き極値問題の極大・極小の判定法】
(I) $h'(p)=0$, $h''(p)<0$ ならば, $f(x,y)$ は点 $\mathrm{P}(p,q)$ で極大値をとる.
(II) $h'(p)=0$, $h''(p)>0$ ならば, $f(x,y)$ は点 $\mathrm{P}(p,q)$ で極小値をとる.

【解説終】

定理 3.8.1 の (b) は, λ についての連立方程式

$$f_x(p,q) - \lambda g_x(p,q) = 0 \tag{6}$$
$$f_y(p,q) - \lambda g_y(p,q) = 0 \tag{7}$$

が解をもつことを意味している. この λ のことを**ラグランジュ乗数**という. この λ を用いて, (1), (6), (7) を満たす (p,q) を求め, z が極値をとる点の候補を見つける方法のことを**ラグランジュの未定乗数法**という.

【補足終】

条件付き極値問題

例題

$x^2 + y^2 = 1$ のとき，$x + y$ の極値を求めよう．

∷ 解 答 ∷ $z = f(x, y) = x + y$，$g(x, y) = x^2 + y^2 - 1$ とおく．$f_x = 1$，$f_y = 1$，$g_x = 2x$，$g_y = 2y$ より，定理 3.8.1 から，$z = f(x, y)$ が極値をとる点 (x, y) では次をみたす．

  (a) $x^2 + y^2 = 1$

  (b) $2x - 2y = 0$，つまり $y = x$

(a), (b) より，$(x, y) = \left(\pm \dfrac{1}{\sqrt{2}}, \ \pm \dfrac{1}{\sqrt{2}} \right)$ （複号同順）となる．

$x^2 + y^2 = 1$ の両辺を x で微分すると，$2x + 2yy' = 0$ より，$y' = -\dfrac{x}{y}$ となる．

$h(x) = f(x, y(x))$ とおくと，p.204 定理 3.6.1 より $h'(x)$ は次のように計算できる．

$$h'(x) = \frac{dh}{dx}(x) = \frac{d}{dx} f(x, y(x)) = \frac{\partial f}{\partial x} \cdot \frac{dx}{dx} + \frac{\partial f}{\partial y} \cdot \frac{dy}{dx}$$

$$= f_x(x, y) + f_y(x, y)y' = 1 - \frac{x}{y}$$

さらに $h''(x)$ も次のように計算できる．

$$h''(x) = -\frac{y - xy'}{y^2} = -\frac{1}{y^2} \left(y + \frac{x^2}{y} \right)$$

$(x, y) = \left(\dfrac{1}{\sqrt{2}}, \ \dfrac{1}{\sqrt{2}} \right)$ のとき，$h'\left(\dfrac{1}{\sqrt{2}} \right) = 1 - \dfrac{1/\sqrt{2}}{1/\sqrt{2}} = 0$，

$$h''\left(\frac{1}{\sqrt{2}} \right) = -\frac{1}{(1/\sqrt{2})^2} \left(\frac{1}{\sqrt{2}} + \frac{(1/\sqrt{2})^2}{1/\sqrt{2}} \right) = -2\sqrt{2} < 0$$

から，条件付き極値問題の極大・極小の判定法 (I) より，

極大値 $f\left(\dfrac{1}{\sqrt{2}}, \ \dfrac{1}{\sqrt{2}} \right) = \dfrac{1}{\sqrt{2}} + \dfrac{1}{\sqrt{2}} = \sqrt{2}$ をとる．

$(x, y) = \left(-\dfrac{1}{\sqrt{2}}, \ -\dfrac{1}{\sqrt{2}} \right)$ のとき，$h'\left(-\dfrac{1}{\sqrt{2}} \right) = 1 - \dfrac{-1/\sqrt{2}}{-1/\sqrt{2}} = 0$，

$$h''\left(-\frac{1}{\sqrt{2}} \right) = -\frac{1}{(-1/\sqrt{2})^2} \left(-\frac{1}{\sqrt{2}} + \frac{(-1/\sqrt{2})^2}{-1/\sqrt{2}} \right) = 2\sqrt{2} > 0$$

から，条件付き極値問題の極大・極小の判定法 (II) より，

極小値 $f\left(-\dfrac{1}{\sqrt{2}}, \ -\dfrac{1}{\sqrt{2}} \right) = -\dfrac{1}{\sqrt{2}} - \dfrac{1}{\sqrt{2}} = -\sqrt{2}$ をとる．   【解終】

[POINT] 条件 $g(x, y)=0$ のもとで関数 $f(x, y)$ の極値の候補点は, $g(x, y)=0$ と $f_x g_y - g_x f_y = 0$ をみたす (x, y) となる

演習 57

$x^2+y^2=2$ のとき, $y-x$ の極値を求めよう.　　解答は p.292

解答 $z=f(x,y)=y-x$, $g(x,y)=x^2+y^2-2$ とおく.

$f_x=$ ㋐☐, $f_y=$ ㋑☐, $g_x=$ ㋒☐, $g_y=$ ㋓☐ なので, 定理 3.8.1 より, $z=f(x,y)$ が極値をとる点 (x,y) では次をみたす.

(a) ㋔☐　　(b) ㋕☐

(a), (b) より, $(x,y)=$ (㋖☐, ㋗☐) (㋘☐, ㋙☐) となる. ただし, ㋖☐ < ㋘☐ である.

$x^2+y^2=2$ の両辺を x で微分すると, $2x+2yy'=0$ より, $y'=-\dfrac{x}{y}$ となる. したがって, $h'(x)$, $h''(x)$ は次のように計算できる.

$h'(x)=$ ㋚☐,　　$h''(x)=$ ㋛☐

$(x,y)=$ (㋖☐, ㋗☐) のとき,

$h'($㋖☐$)=$ ㋜☐,　　$h''($㋖☐$)=$ ㋝☐

から, 極㋞☐値 $f\big(($㋖☐, ㋗☐$)\big)=$ ㋟☐ をとる.

$(x,y)=$ (㋘☐, ㋙☐) のとき,

$h'($㋗☐$)=$ ㋠☐,　　$h''($㋗☐$)=$ ㋡☐

から, 極㋢☐値 $f($㋘☐, ㋙☐$)=$ ㋣☐ をとる.

【条件付き極値問題の極大・極小の判定法】

条件 $g(x,y)=0$ のもとで, 関数 $z=f(x,y)$ が点 $\mathrm{P}(p,q)$ において極値をとれば,

(a) $g(p,q)=0$

(b) $f_x(p,q)g_y(p,q)-g_x(p,q)f_y(p,q)=0$ が成り立つ.

さらに $h(x,y(x))$ とおくとき,

(I) $h'(\mathrm{P})=0$, $h''(\mathrm{P})<0 \Rightarrow f(a,b)$ は極大値

(II) $h'(\mathrm{P})=0$, $h''(\mathrm{P})>0 \Rightarrow f(a,b)$ は極小値

問1 次の 2 変数関数のグラフを描きなさい.

(1) $z^2 = x^2 + y^2$ (2) $x^2 + z^2 = 1$

問2 次の等式が成り立つことを示しなさい.

(1) $f(x, y) = \sin \dfrac{y}{x}$ について, $x \dfrac{\partial f}{\partial x} + y \dfrac{\partial f}{\partial y} = 0$

(2) $f(x, y) = \log(e^x + e^y)$ について, $f_{xx} + 2f_{xy} + f_{yy} = 0$

(3) $f(x, y) = \tan^{-1} \dfrac{y}{x}$ について, $\dfrac{\partial^2 f}{\partial x^2} + \dfrac{\partial^2 f}{\partial y^2} = 0$

問3 $z = f(x, y)$, $x = r \cos \theta$, $y = r \sin \theta$ (極座標変換とよばれる. p.251 参照) のとき, 次の各等式が成立することを示しなさい (ただし $z_{xy} = z_{yx}$ とする).

(1) $z_x{}^2 + z_y{}^2 = z_r{}^2 + \dfrac{z_\theta{}^2}{r^2}$

(2) $z_{xx} + z_{yy} = z_{rr} + \dfrac{1}{r} z_r + \dfrac{1}{r^2} z_{\theta\theta}$

問4 2 変数関数 $f(x, y) = x^3 + y^3 - 3x - 3y$ について

(1) 点 $(0, 0)$ における接平面の方程式を求めなさい.
(2) 極値があれば求めなさい.

停留点の定義を思い出しましょう

総合演習のヒント

問 1 (1) $z=k$ のとき $x^2+y^2=k^2$ という円がかけます.

k を動かしてみると……

各座標平面との交わりも調べてみましょう.

(2) y がどんな値でも $x^2+z^2=1$ という円となります.

y を動かしてみると……

また,各座標平面との交わりは……

問 2 合成関数の偏微分公式 1

$$\frac{\partial f}{\partial x}=\frac{df}{du}\frac{\partial u}{\partial x} \ , \quad \frac{\partial f}{\partial y}=\frac{df}{du}\frac{\partial u}{\partial y}$$

を用いて計算しましょう.

問 3 合成関数の偏微分公式 3

$$\frac{\partial z}{\partial r}=\frac{\partial z}{\partial x}\frac{\partial x}{\partial r}+\frac{\partial z}{\partial y}\frac{\partial y}{\partial r}$$

$$\frac{\partial z}{\partial \theta}=\frac{\partial z}{\partial x}\frac{\partial x}{\partial \theta}+\frac{\partial z}{\partial y}\frac{\partial y}{\partial \theta}$$

を用いて示しましょう.

問 4 (1) 点 (p,q) における接平面の方程式は

$$z-f(p,q)=f_x(p,q)(x-p)+f_y(p,q)(y-q)$$

(2) $f_x=f_y=0$ とおいて停留点を求め,判定条件で極値かどうか判定しましょう.

Column 条件付き極値問題（ラグランジュの未定乗数法）と経済数学

　条件付き極値問題の経済数学における消費者の効用最大化問題への適用例を紹介します．

　葵さんは両親からもらったお小遣い 2000 円のすべてを，1 個 200 円のドーナツと 1 杯 250 円のコーヒーに使うとします．実際，ドーナツ x 個，コーヒー y 杯を買うとすると，次の等式

$$200x + 250y = 2000$$

が成り立ちます．この式は経済学では，予算制約式と呼ばれます．また，ドーナツを食べ，コーヒーを飲む葵さんの満足度を表す関数を

$$f(x, y) = xy$$

とします．この関数はドーナツを食べることとコーヒーの飲むことの相乗効果で満足度が一気に高まることを意味しています．このような関数を経済学では，効用関数と呼ばれます．葵さんの目的は予算制約の中で，満足度 $f(x, y)$ を最大にすることです．数学的には，$g(x, y) = 200x + 250y - 2000$ として，条件 $g(x, y) = 0$ の下で，関数 $z = f(x, y)$ の極大値（最大値）を求める問題と捉えることができます．この問題を解きましょう．$f_x = y, f_y = x, g_x = 200, g_y = 250$ なので，p.222 定理 3.8.1 より，$z = f(x, y)$ が極値のとる点 (x, y) では次をみたします．

（a）　$200x + 250y = 2000$

（b）　$200x - 250y = 0$，つまり $y = \dfrac{4}{5}x$

（a），（b）より，$(x, y) = (5, 4)$ となります．

　$200x + 250y = 2000$ の両辺を x で微分すると，$y' = -\dfrac{4}{5}$ となります．p.224 問題 57 と同じように，$h(x) = f(x, y(x))$ に対して，$h'(x), h''(x)$ は次のように計算できます．

$$h'(x) = f_x(x, y) + f_y(x, y)y' = y - \frac{4}{5}x,$$

$$h''(x) = y' - \frac{4}{5} = -\frac{8}{5} < 0$$

よって，$(x, y) = (5, 4)$ のとき，

$$h'(5) = 4 - \frac{4}{5} \times 5 = 0, \qquad h''(5) = -\frac{8}{5} < 0$$

から，p.223 条件付き極値問題の極大・極小の判定法の (I) より極大値（この場合最大値）$f(5, 4) = 5 \times 4 = 20$ をとります．つまり，葵さんはドーナツ 5 個，コーヒー 4 杯を買ったとき，満足度が最大になります．

Column　折り紙の中に正五角形を！

　今度の折り紙の問題は上級編です．折り紙で正五角形を折ってみましょう．

　正五角形はいろいろ不思議な性質をもっていて，一辺の長さと対角線の長さの比が

$$\text{黄金比}\ \frac{1+\sqrt{5}}{2}$$

というのもそのひとつです．

　そのほかの性質も右図に描いておきましたので，それらをもとに，正五角形の折り目を作って下さい．黄金比をどのように折り出すかがポイントです．

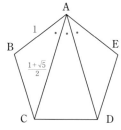

—————— 折り方の例 ——————

　一辺の長さ 4 の折り紙の中に一辺の長さ 2 の正五角形を折ってみます．この正五角形の対角線の長さは $1+\sqrt{5}$ です．$\sqrt{5}$ の長さの線はピタゴラスの定理を使って図 1 の実線のように折れます．次は，図 2 のように $1+\sqrt{5}$ の対角線 AC を作り，さらに図 2 で求めた AC の垂直二等分線上に AB＝2 となる点 B を取ります（図 3）．三角形 ABC（図 4）が出来れば，あとは簡単．∠BAC を移してもう片方の対角線と，さらに辺 AE を確定し（図5），最後の AC と同じ長さに対角線 AD を確定します（図 6）．これで正五角形 ABCDE の出来上がり．

　皆さんも折り紙をあれこれ折って，オリジナルの正五角形の折り方を工夫してみて下さい．

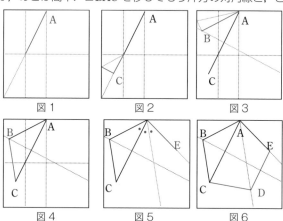

図 1　　　　図 2　　　　図 3

図 4　　　　図 5　　　　図 6

第 **4** 章

2 変数関数の積分

Section 4.1

重積分

1 変数関数 $y = f(x)$ の積分には

不定積分と定積分

の概念があった．これから勉強する

重積分

とは，2 変数関数の

定積分

である．

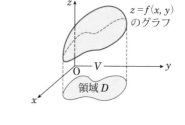

ある領域 D 上で定義された 2 変数関数 $z = f(x, y)$ が連続で，$f(x, y) \geqq 0$ とする．
このとき，$z = f(x, y)$ のグラフの曲面と，xy 平面上の領域 D で挟まれた部分の

体積 V

をどのように定義したらよいだろうか？

今，右図のように領域 D を含む長方形

$$E = \{(x, y) \mid a \leqq x \leqq b, \ c \leqq y \leqq d\}$$

をつくり，小さい長方形に分割する．つまり

$$a = x_0 < x_1 < x_2 < \cdots < x_m = b$$

$$c = y_0 < y_1 < y_2 < \cdots < y_n = d$$

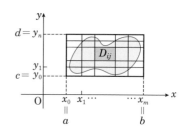

とし，E を mn 個の小さな長方形

$$D_{ij} = \{(x, y) \mid x_{i-1} \leqq x < x_i, \ y_{j-1} \leqq y < y_j\}$$

に分割する．そして，体積 V を

D_{ij} 上にできた直方体の和

で近似してみよう．各直方体の高さは D_{ij} 内のある点 (s_{ij}, t_{ij}) における $z = f(x, y)$
の値 $f(s_{ij}, t_{ij})$ とする．ただし，(s_{ij}, t_{ij}) が D の外にあるとき，$f(s_{ij}, t_{ij}) = 0$ とする，
つまりこの場合 D_{ij} にできた立体の体積が 0 になることもあり得るとする．

D_{ij} の面積 $|D_{ij}| = (x_i - x_{i-1})(y_i - y_{i-1})$ としたとき，すべての直方体の和

$$R_{m,n} = \sum_{i=1}^{m} \sum_{j=1}^{n} f(s_{ij}, t_{ij})(x_i - x_{i-1})(y_j - y_{j-1}) = \sum_{i=1}^{m} \sum_{j=1}^{n} f(s_{ij}, t_{ij}) |D_{ij}|$$

を**リーマン和**といい，体積 V のある程度の近似と考えられる．しかし，この値は D の分割 $\{D_{ij}\}$ と点 (s_{ij}, t_{ij}) のとり方により異なった値となる．

今まで"体積 V を考える"ということで，領域 D 上で $z = f(x, y) \geqq 0$ と仮定したが，一般には $f(x, y) \leqq 0$ でも 2 変数関数の重積分を，上記のリーマン和 $R_{m,n}$ を用いて次のように定義することができる．

● 領域 D 上での重積分の定義 ●

関数 $z = f(x, y)$ を領域 D 上で有界であるとする．

D の分割を限りなく細かくしてゆく（m と n の値を大きくしてゆく）．このとき，D の分割の仕方，および (s_{ij}, t_{ij}) の取り方に関係なく，リーマン和 $R_{m,n}$ の値がある一定の値 V に近づく，すなわち

$$\lim_{m,n \to \infty} R_{m,n} = \lim_{m,n \to \infty} \sum_{i=1}^{m} \sum_{j=1}^{n} f(s_{ij}, t_{ij}) |D_{ij}| = V$$

が成り立つならば，$f(x, y)$ は D 上で**重積分可能**であるという．また，その値 V を $f(x, y)$ の D 上での**重積分**といい $\iint_D f(x, y)\, dx\, dy$ で表す．つまり，次が成り立つ．

$$\iint_D f(x, y)\, dx\, dy = \lim_{m,n \to \infty} \sum_{i=1}^{m} \sum_{j=1}^{n} f(s_{ij}, t_{ij}) |D_{ij}| = V$$

解説 体積をたくさんの細長い直方体の体積の和（リーマン和）で近似したのだが，$z = f(x, y)$ の変動が激しかったりすると，限りなく分割を細かくしたとき，点 (s_{ij}, t_{ij}) のとり方によってはリーマン和 $R_{m,n}$ が定まらない可能性がある．そこで，リーマン和 $R_{m,n}$ の極限値が定まる関数 $z = f(x, y)$ については重積分が可能であるとする．

重積分の定義は，もとは体積の概念から出発しているのだが，$f(x, y) \leq 0$ でも一般化して定義される．これは 1 変数関数の定積分と同じである．　　　　【解説終】

基本的な定理をあげておこう.

定理 4.1.1　重積分の存在定理

関数 $f(x, y)$ が領域 D 上で連続ならば次の重積分は存在する.

$$\iint_D f(x, y)\, dx\, dy$$

解説　証明は省略する.

なお，本書で扱う関数はほとんど連続なので，この定理よりリーマン和の収束，発散は考えなくてよい.　　　　　　　　　　　　　　　【解説終】

領域 D の面積

D 上で $f(x, y) = 1$ のとき，その重積分

$$\iint_D 1\, dx\, dy$$

を

$$\iint_D dx\, dy$$

で表し，この重積分は領域の D の面積 $|D|$ を表す.

定理 4.1.2　定数関数の重積分

領域 D 上で $f(x, y) = k$（定数）ならば，次の式が成立する.

$$\iint_D k\, dx\, dy = k\,|D|$$

定理 4.1.3　重積分の線形性 1

関数 $f(x, y), g(x, y)$ が領域 D 上で重積分可能ならば，次の式が成立する.

❶ $\displaystyle \iint_D \{f(x, y) + g(x, y)\}\, dx\, dy = \iint_D f(x, y)\, dx\, dy + \iint_D g(x, y)\, dx\, dy$

❷ $\displaystyle \iint_D k f(x, y)\, dx\, dy = k \iint_D f(x, y)\, dx\, dy$

右図のような2つの領域 D_1, D_2 について次式
が成立する.

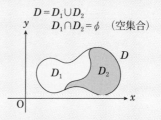

$$\iint_{D_1 \cup D_2} f(x, y)\, dx\, dy$$

$$= \iint_{D_1} f(x, y)\, dx\, dy + \iint_{D_2} f(x, y)\, dx\, dy$$

領域 D 上の重積分を考えるとき, D を2つの領域 D_1 と D_2 に分けて別々
に重積分を求め, その後で加えても同じ値になる. 　　　　　　　【解説終】

関数 $f(x, y)$, $g(x, y)$ が領域 D 上で重積分可能ならば, 次のことが成立する.

❶ D 上で $f(x, y) \geqq g(x, y)$　$\Rightarrow$　$\displaystyle\iint_D f(x, y)\, dx\, dy \geqq \iint_D g(x, y)\, dx\, dy$

❷ 特に, D 上で $f(x, y) \geqq 0$　$\Rightarrow$　$\displaystyle\iint_D f(x, y)\, dx\, dy \geqq 0$　（積分の正値性）

　　（等号が成立するのは, D 上で $f(x, y) \equiv 0$ のときに限る.）

❸ $\left| \displaystyle\iint_D f(x, y)\, dx\, dy \right| \leqq \displaystyle\iint_D |f(x, y)|\, dx\, dy$

いずれも図を描けば, 感覚的には理解できるだろう. しかし, きちんと
した証明は, リーマン和から考えなければいけない. 　　　　　　　【解説終】

領域 D 上の重積分を
考えるとき, D を
積分領域といいます

D 上で $f(x, y) \equiv 0$
の関数とは, D 上で
常に $f(x, y) = 0$ の
関数のことです

累次積分

体積を求めるのに，もう1つの考え方がある．
領域 D を

$$D = \{(x, y) \mid a \leqq x \leqq b, \ g_1(x) \leqq y \leqq g_2(x)\}$$

とする（右図）．この D 上で定義された関数
$z = f(x, y)$ のグラフの曲面と D とで挟まれた
立体の体積 V を考える．D において，x を固
定して，$g_1(x) \leqq y \leqq g_2(x)$ の範囲で $f(x, y)$
を y について積分すると，右図のような断面
の面積 $S(x)$ は

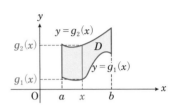

$$S(x) = \int_{g_1(x)}^{g_2(x)} f(x, y)\, dy$$

と求まる．求める体積 V は，この $S(x)$ を
$a \leqq x \leqq b$ の範囲で積分したものと考えられるので

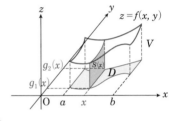

$$V = \int_a^b S(x)\, dx = \int_a^b \left\{ \int_{g_1(x)}^{g_2(x)} f(x, y)\, dy \right\} dx$$

となる．この右辺の形の積分を**累次積分**という．

前節で定義した重積分とこの累次積分は，定義の極限のとり方が異なるので同じ
値になるとは限らないが，特別な積分領域上では同じ値をもつことが知られている．

定理 4.2.1	累次積分（先に y で積分してから，次に x で積分する場合）

領域 $D = \{(x, y) \mid a \leqq x \leqq b, \ g_1(x) \leqq y \leqq g_2(x)\}$ のとき

$$V = \iint_D f(x, y)\, dx\, dy = \int_a^b \left\{ \int_{g_1(x)}^{g_2(x)} f(x, y)\, dy \right\} dx$$

また，領域 D が

$$D = \{(x, y) \mid c \leqq y \leqq d, \ h_1(y) \leqq x \leqq h_2(y)\}$$

と表されている場合（p.237 右上図）も，同様に D 上で定義された関数 $z = f(x, y)$

のグラフの曲面と D とで挟まれた立体の体積 V
を考える。D において，今度は y を固定して，
$h_1(y) \leqq x \leqq h_2(y)$ の範囲で $f(x, y)$ を x について
積分すると，右図のような断面の面積 $S(y)$ は

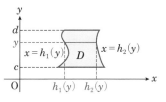

$$S(y) = \int_{h_1(y)}^{h_2(y)} f(x, y)\, dx$$

となるので求める体積 V は

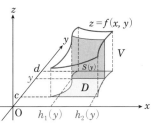

$$V = \int_c^d S(y)\, dy = \int_c^d \left\{ \int_{h_1(y)}^{h_2(y)} f(x, y)\, dx \right\} dy$$

となる。この右辺も**累次積分**である。

この累次積分と重積分にも次の関係が成立している。

定理 4.2.2　　累次積分（先に x で積分してから，次に y で積分する場合）

領域 $D = \{(x, y) \mid c \leqq y \leqq d,\ h_1(y) \leqq x \leqq h_2(y)\}$ のとき

$$V = \iint_D f(x, y)\, dx\, dy = \int_c^d \left\{ \int_{h_1(y)}^{h_2(y)} f(x, y)\, dx \right\} dy$$

重積分の値を定義を用いて求めようとすると大変であるが，もし累次積分に書き直せば，1 変数の定積分計算で求められる。よって重積分を累次積分に書き直すには，まず積分領域 D を丁寧に図示することが重要である。　【解説終】

定理 4.2.1 と定理 4.2.2 より次のことが成り立つ。

定理 4.2.3　　累次積分の順序交換

$$D = \{(x, y) \mid a \leqq x \leqq b,\ g_1(x) \leqq y \leqq g_2(x)\}$$
$$= \{(x, y) \mid c \leqq y \leqq d,\ h_1(y) \leqq x \leqq h_2(y)\}$$

であれば，次式が成り立つ。

$$\int_a^b \left\{ \int_{g_1(x)}^{g_2(x)} f(x, y)\, dy \right\} dx = \int_c^d \left\{ \int_{h_1(y)}^{h_2(y)} f(x, y)\, dx \right\} dy$$

定理 4.2.1（定理 4.2.2）は，基本的に $y(x)$ の積分範囲に積分する変数 $x(y)$ が含まれている場合，$y(x)$ から先に積分すればよいことを述べている。しかし，中には $y(x)$ から先に積分しようとしてもできない場合がある。このような場合，$x(y)$ から先に積分できるように定理 4.2.3 を用いて，積分の順序交換をして上手く解けることがある。　【解説終】

問題 58 　累次積分の基本①

例題

次の累次積分の値を求めよう．また，積分領域 D を求め，図示しよう．

$$\int_1^2 \left\{ \int_0^1 (x^2 + xy + y^2)\,dy \right\} dx$$

❖❖ 解 答 ❖❖ 累次積分は { } の中から順に計算してゆけばよい．そのとき，何について積分しているのか注意しよう．

{ } の中は y について積分するのだから，x は定数とみなして積分する．

$$\int_1^2 \left\{ \int_0^1 (x^2 + xy + y^2)\,dy \right\} dx = \int_1^2 \left[x^2 y + x\left(\frac{1}{2} y^2 \right) + \frac{1}{3} y^3 \right]_0^1 dx$$

[ ] の中の y に 1 と 0 を代入して

$$= \int_1^2 \left\{ \left(x^2 \cdot 1 + \frac{1}{2} x \cdot 1^2 + \frac{1}{3} \cdot 1^3 \right) - \left(x^2 \cdot 0 + \frac{1}{2} x \cdot 0^2 + \frac{1}{3} \cdot 0^3 \right) \right\} dx$$

$$= \int_1^2 \left(x^2 + \frac{1}{2} x + \frac{1}{3} \right) dx$$

これは普通の定積分だから

$$= \left[\frac{1}{3} x^3 + \frac{1}{2} \cdot \frac{1}{2} x^2 + \frac{1}{3} x \right]_1^2$$

$$= \left(\frac{1}{3} \cdot 2^3 + \frac{1}{4} \cdot 2^2 + \frac{1}{3} \cdot 2 \right) - \left(\frac{1}{3} \cdot 1^3 + \frac{1}{4} \cdot 1^2 + \frac{1}{3} \cdot 1 \right) = \frac{41}{12}$$

次に，積分領域 D を求める．

累次積分の式より

　　　　{ } の中の積分から y の積分範囲は　$0 \leqq y \leqq 1$

　　　　{ } の外の積分から x の積分範囲は　$1 \leqq x \leqq 2$

となるので D は次のようにかける．

$$D = \{ (x, y) \mid 1 \leqq x \leqq 2,\ 0 \leqq y \leqq 1 \}$$

これより，D は x, y とも定数にはさまれた
右図のような正方形領域となる．　　　　【解終】

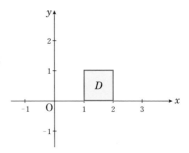

POINT { } の中から順に積分する

演習 58

次の累次積分の値を求めよう．また，積分領域 D を求め，図示しよう．

$$\int_1^2 \left\{ \int_{-1}^1 (x+y+1)\,dy \right\} dx$$

解答は p.294

解答 はじめは y についての積分であるから x は定数とみなして

$$\int_1^2 \left\{ \int_{-1}^1 (x+y+1)\,dy \right\} dx = \int_1^2 \Big[\text{㋐}\boxed{} \Big]_{-1}^{1} dx$$

[ ]の中の y に 1 と −1 とを代入して

$$= \int_1^2 \left\{ \text{㋑}\boxed{} - \text{㋒}\boxed{} \right\} dx$$

$$= \int_1^2 \text{㋓}\boxed{}\, dx$$

$$= \text{㋔}\boxed{}$$

次に積分領域 D を求める．累次積分の式より

{ } の中の積分から　$-1 \leqq y \leqq$ ㋕$\boxed{}$

{ } の外の積分から　㋖$\boxed{} \leqq x \leqq 2$

となるので D は次のようにかける．

$D = \{(x, y) \mid$ ㋗$\boxed{}$, ㋘$\boxed{}\}$

これより，D は右図㋙のような長方形領域である．【解終】

累次積分 $\int_a^b \left\{ \int_{g_1(x)}^{g_2(x)} f(x,y)\,dy \right\} dx$ の表記は
{ }を省略して $\int_a^b \int_{g_1(x)}^{g_2(x)} f(x,y)\,dydx$ と書く
場合もあります

㋙

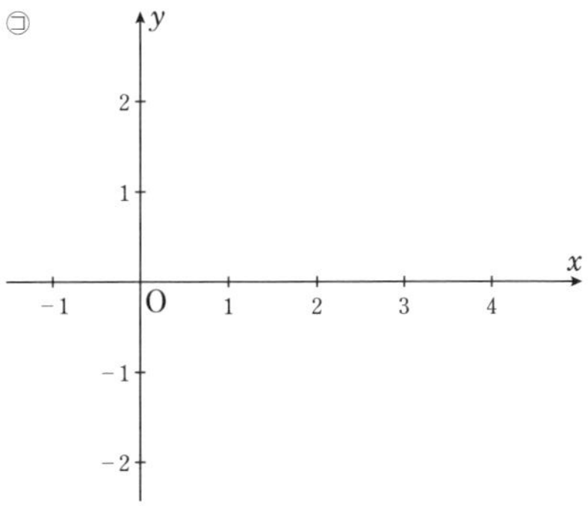
y
2
1
x
−1
O
1
2
3
4
−1
−2

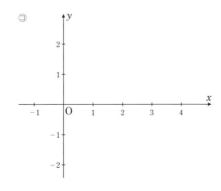

累次積分の基本②

例題

次の累次積分の値を求めよう．また，積分領域 D を求め，図示しよう．

$$\int_1^2 \left\{ \int_y^{2y} \frac{y}{x}\, dx \right\} dy$$

❖ 解 答 ❖　{　}の中より順に積分してゆこう．

{　}の中は x について積分するので，y は定数とみなす．

$$\int_1^2 \left\{ \int_y^{2y} \frac{y}{x}\, dx \right\} dy = \int_1^2 \left\{ \int_y^{2y} y \cdot \frac{1}{x}\, dx \right\} dy = \int_1^2 \left[\, y \log x \,\right]_y^{2y} dy$$

[　]は x に $2y$ と y を代入することなので気をつけよう．

$$= \int_1^2 y (\log 2y - \log y)\, dy$$

$$\boxed{\int \frac{1}{x}\, dx = \log x + C \\ \qquad\qquad (x > 0)}$$

$$= \int_1^2 y (\log 2 + \log y - \log y)\, dy$$

$$= \int_1^2 y (\log 2)\, dy = (\log 2) \int_1^2 y\, dy$$

$$\boxed{\log A + \log B = \log AB \\ \log A - \log B = \log \dfrac{A}{B}}$$

$$= (\log 2) \left[\frac{1}{2} y^2\right]_1^2 = (\log 2) \frac{1}{2} (2^2 - 1^2) = \frac{3}{2} \log 2$$

次に積分領域 D を求めよう．累次積分の式より

　　　{　}の中の積分から　$y \leqq x \leqq 2y$

　　　{　}の外の積分から　$1 \leqq y \leqq 2$

となるので，D は次のようにかける．

$$D = \{(x, y) \mid y \leqq x \leqq 2y,\ \ 1 \leqq y \leqq 2\}$$

D の y は定数にはさまれているが，x は変数 y にはさまれているので長方形領域ではない．

　D を図示するには境界（境目）となる関数のグラフを描く必要がある．

　D の式より境界の関数の式は

　　$y = x,\ \ x = 2y,\ \ 1 = y,\ \ y = 2$

つまり

　　$y = x,\ \ y = \dfrac{1}{2} x,\ \ y = 1,\ \ y = 2$

となり，不等号より領域を決めると
右図のようになる．　　　　**【解終】**

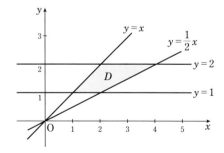

POINT { } の中から順に積分する

演習 59

次の累次積分の値を求めよう．また，積分領域 D を求め図示しよう．

$$\int_0^{\frac{\pi}{2}}\left\{\int_{-y}^{y}\sin(2x+y)\,dx\right\}dy$$

解答は p.294

解答 { } の中は x についての積分であるから y を定数とみなすと

$$\int_0^{\frac{\pi}{2}}\left\{\int_{-y}^{y}\sin(2x+y)\,dx\right\}dy$$

$$=\int_0^{\frac{\pi}{2}}\Big[\text{[ア]}\ \square\Big]_{-y}^{y}dy$$

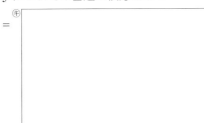

$$\int\sin(ax+b)\,dx=-\frac{1}{a}\cos(ax+b)+C$$

$$\int\cos(ax+b)\,dx=\frac{1}{a}\sin(ax+b)+C$$

x に y と $-y$ を代入して

$$=-\frac{1}{2}\int_0^{\frac{\pi}{2}}\{\text{[イ]}\ \square-\text{[ウ]}\ \square\}dy$$

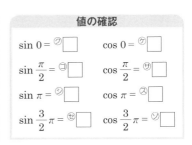

$$\sin(-\theta)=-\sin\theta$$

$$\cos(-\theta)=\cos\theta$$

$$=-\frac{1}{2}\int_0^{\frac{\pi}{2}}\text{[エ]}\ \square-\text{[オ]}\ \square\ dy=-\frac{1}{2}\int_0^{\frac{\pi}{2}}(\text{[カ]}\ \square)\,dy$$

これは y についての普通の積分なので

$=$ [キ] □

値の確認

$\sin 0=$ [ク] □	$\cos 0=$ [ケ] □
$\sin\frac{\pi}{2}=$ [コ] □	$\cos\frac{\pi}{2}=$ [サ] □
$\sin\pi=$ [シ] □	$\cos\pi=$ [ス] □
$\sin\frac{3}{2}\pi=$ [セ] □	$\cos\frac{3}{2}\pi=$ [ソ] □

また，D は累次積分の式より

$$D=\left\{(x,y)\mid -y\leqq x\leqq \text{[タ]}\ \square,\ \ \text{[チ]}\ \square\leqq y\leqq \text{[ツ]}\ \square\right\}$$

となる．D の境界の関数の式は

[テ] □，[ト] □，[ナ] □，[ニ] □

つまり

$y=$ [ヌ] □，$y=$ [ネ] □，$y=$ [ノ] □，

$y=$ [ハ] □　　領域は右図[ヒ]．　　【解終】

[ヒ]

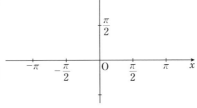

例題

> 次の重積分の値を求めよう.
>
> $$\iint_D (xy - y^3)\, dx\, dy \qquad D = \{(x, y) \mid -1 \leq x \leq 1,\ 0 \leq y \leq 3\}$$

∷ 解 答 ∷ 重積分を累次積分に直すには，しっかりと積分領域 D の図を描くことが重要である．この問題の D は x, y ともに定数ではさまれた長方形領域である．

重積分を累次積分に直すとき，$x,\ y$ のどちらをまず定数とみなすか決めよう．x と y のどちらを先に定数とみなしてもよいが，y の方を定数とみなしてみよう．$0 \leq y \leq 3$ の範囲で y を固定してみると，D 内で x は $-1 \leq x \leq 1$ の間を動く（右図の●—の部分）から，x をこの範囲でまず積分する．これが累次積分の { } 中の部分

$$\int_{-1}^{1} (xy - y^3)\, dx$$

x の積分範囲

となる．

次に固定していた y を動かす．y は $0 \leq y \leq 3$ の範囲だからこの範囲で積分すると，次のように重積分を累次積分に直すことができる．

$$\iint_D (xy - y^3)\, dx\, dy = \int_0^3 \left\{ \int_{-1}^{1} (xy - y^3)\, dx \right\} dy$$

あとは順に計算すればよい．

$$= \int_0^3 \left[\frac{1}{2} x^2 y - x y^3 \right]_{-1}^{1} dy$$

$$= \int_0^3 \left\{ \left(\frac{1}{2} \cdot 1^2 \cdot y - 1 \cdot y^3 \right) - \left(\frac{1}{2}(-1)^2 y - (-1) y^3 \right) \right\} dy$$

$$= \int_0^3 (-2y^3)\, dy = \left[-\frac{2}{4} y^4 \right]_0^3 = -\frac{1}{2} \cdot (3^4 - 0^4)$$

$$= -\frac{81}{2}$$

重積分の定義は体積の概念から出たものなのだが，重積分の定義自体は体積とは関係ないので負の値になっても心配はいらない．　　　　　　　　　　　【解終】

POINT x, y のどちらから先に積分しても答えを出せるので，計算しやすい方で計算する．

演習 60

次の重積分の値を求めよう．

$\iint_D (x^2+y^2)\,dx\,dy \qquad D=\{(x,y)\mid 1\leqq x\leqq 3,\ 0\leqq y\leqq 1\}$ 解答は p.294

解答 まず，積分領域 D をしっかり描こう（図㋐）．

次に x，y のうちどちらを定数とみなすか決める．今度は x の方を先に定数とみなしてみよう．$1\leqq x\leqq 3$ の間で x を 1 つ固定してみると，D 内で y の動ける範囲は $0\leqq y\leqq 1$ である（図に↕で描き込もう）．この範囲で y を積分すると，累次積分の中身は

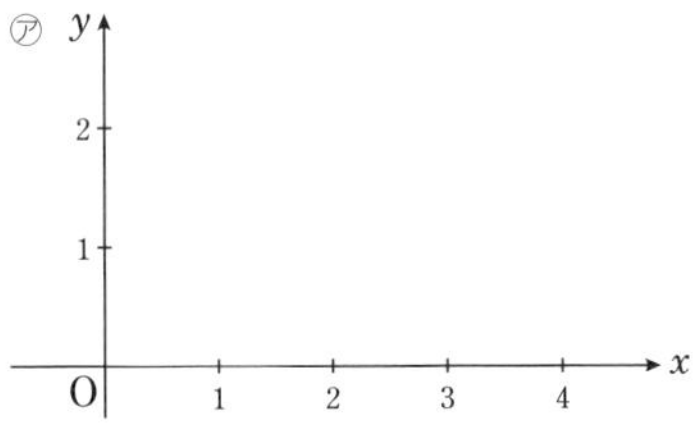

$$\int_{㋒\square}^{㋑\square} (x^2+y^2)\,d^{㋓}\square$$

となる．

次は固定しておいた x を動かす．x は $1\leqq x\leqq 3$ の範囲なので，この範囲で積分すると，重積分は次のように累次積分に直せる．

$$\iint_D (x^2+y^2)\,dx\,dy=\int_{㋕\square}^{㋔\square}\left\{\int_{㋗\square}^{㋖\square}(x^2+y^2)\,d^{㋘}\square\right\}d^{㋙}\square$$

あとは順に計算して

$= ^{㋚}\square$

【解終】

例題

次の重積分の値を求めよう.

$$\iint_D e^{x+y}\,dx\,dy \qquad D=\{(x,y)\mid 0\le x\le 1,\ 0\le y\le x\}$$

∷ 解 答 ∷ 積分領域 D が長方形領域でない場合は,長方形領域の場合よりも,x,y のどちらから積分するかしっかり意識する必要がある.今,積分領域 D は x が定数の積分範囲(つまり,$0\le x\le 1$)で,y の積分範囲が x で表現されているので,基本的に x を定数とみなして,y から先に積分すればよい.

【x を定数とみなして,y から先に積分するときの手順】

(1) 積分領域 D を図示する.

⟹ 領域 D の境界の方程式は $x=0$, $x=1$, $y=0$, $y=x$ であることを意識して,領域 D を図示すると右図のようになる.

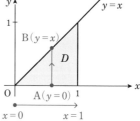

(2) D に y 軸に平行な直線を引く.交点を A,B とする.

(3) 交点 A,B の y 座標を x を用いて表して,y の積分範囲を求める.

⟹ 交点の A,B の y 座標はそれぞれ 0,x なので,y の積分範囲は $0\le y\le x$ となる.

(4) D 内の x 座標の最小値,最大値を求め,x の積分範囲を求める.

⟹ D 内の x 座標の最小値は 0,最大値は 1 となるので,x の積分範囲は $0\le x\le 1$ となる.

(5) 累次積分に書き換えて計算する.

$$\iint_D e^{x+y}\,dx\,dy=\int_0^1\left\{\int_0^x e^{x+y}\,dy\right\}dx$$

と累次積分に書き直せるので,

$$=\int_0^1\left[e^{x+y}\right]_0^x dx=\int_0^1(e^{2x}-e^x)\,dx=\left[\frac{1}{2}e^{2x}-e^x\right]_0^1$$

$$=\left(\frac{1}{2}e^2-e\right)-\left(\frac{1}{2}-1\right)=\frac{1}{2}e^2-e+\frac{1}{2}=\frac{1}{2}(e-1)^2$$

[POINT] x, y のどちらから先に積分するか決めて，下の手順（1）～（5）通りに解く

演習 61

次の重積分の値を求めよう．

$\iint_D x\sqrt{y}\,dx\,dy$　　$D=\{(x,y)\mid x+y\leqq 1,\ x\geqq 0,\ y\geqq 0\}$　　解答は p.295

解 答　この積分領域 D の形に着目すると，x, y のどちらからでも積分できると判断できるが，今回は y を定数とみなして，x から積分する．

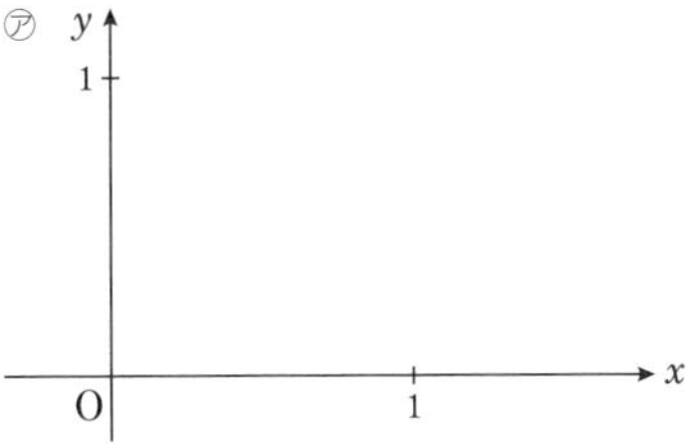

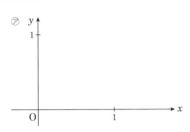

【y を定数とみなして，x から先に積分するときの手順】

(1)　**積分領域 D を図示する．**（図㋐に記入）

(2)　**D に x 軸に平行な直線を引く．交点を A, B とする．**（図㋐に記入）

(3)　**交点 A, B の x 座標を y を用いて表して，x の積分範囲を求める．**

⟹交点の A, B の x 座標はそれぞれ ㋑□，㋒□ なので，x の積分範囲は ㋓□ となる．（図㋐に記入）

(4)　**D 内の y 座標の最小値，最大値を求め，y の積分範囲を求める．**

⟹ D 内の y 座標の最小値は ㋔□，最大値は ㋕□ となるので，y の積分範囲は ㋖□ となる．（図㋐に記入）

(5)　**累次積分に書き換えて計算する．**

$$\iint_D x\sqrt{y}\,dx\,dy=\int_{㋘\square}^{㋗\square}\left\{\int_{㋚\square}^{㋙\square} x\sqrt{y}\,dx\right\}dy$$

$=$ ㋛□

【解終】

累次積分の順序交換

例題

次の累次積分の値を求めよう.

$$\int_0^1 \left\{ \int_x^1 e^{-y^2} dy \right\} dx$$

∷ 解答 ∷ y についての積分である { } の部分を計算するのは難しい. したがって, 積分の順序交換, x について積分してから, y について積分する.

【y を定数とみなして, x から先に積分するときの手順】

(1) 積分領域 D を図示する.

$\Longrightarrow$累次積分より

$$D = \{(x, y) \mid 0 \leqq x \leqq 1, x \leqq y \leqq 1\}$$

なので右図になる.

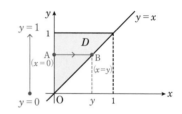

(2) D に x 軸に平行な直線を引く.

$\Longrightarrow$図のように交点 A, B を通る x 軸に平行な

直線を引く.

(3) 交点 A, B の x 座標を y を用いて表して, x の積分範囲を求める.

$\Longrightarrow$交点の A, B の x 座標はそれぞれ $0, y$ なので, x の積分範囲は $0 \leqq x \leqq y$

となる.

(4) D 内の y 座標の最小値, 最大値を求め, y の積分範囲を求める.

$\Longrightarrow$ D 内の y 座標の最小値は 0, 最大値は 1 となるので, y の積分範囲は

$0 \leqq y \leqq 1$ となる.

(5) 順序交換した累次積分を計算する.

$$\int_0^1 \left\{ \int_x^1 e^{-y^2} dy \right\} dx = \int_0^1 \left\{ \int_0^y e^{-y^2} dx \right\} dy = \int_0^1 y e^{-y^2} dy = \left[-\frac{1}{2} e^{-y^2} \right]_0^1$$

$$= \frac{1}{2}(1 - e^{-1})$$

$u = y^2$ とおいて
置換積分を用いる

 基本的に, 領域 D が, y が定数の積分範囲で, x の積分範囲が y で表現される場合は, まず y を定数とみなして, x から先に積分すればよい.

もし, 上手くいかなければ, 逆に x を定数とみなして, y から先に積分するように積分の順序交換をしよう.

POINT ＞ { } の中の積分が難しいとき，積分の順序を交換する

演習 62

次の累次積分の値を求めよう．

$$\int_0^1 \left\{ \int_y^1 \sin(\pi x^2)\,dx \right\} dy$$

解答は p.295

解答 x についての積分である{ }の部分を計算するのは難しい．したがって，積分の順序交換，y について積分してから，x について積分する．

㋑

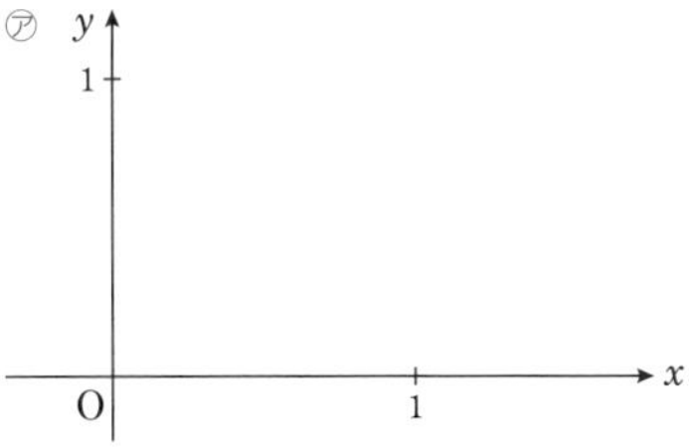

【x を定数とみなして，y から先に積分するときの手順】

(1)　積分領域 D を図示する．

⟹累次積分より

$D=$ ㋐□

なので図示する（図㋑）．

(2)　D に y 軸に平行な直線を引く．交点を A, B とする．（図㋑に記入）

(3)　交点 A, B の y 座標を x を用いて表して，y の積分範囲を求める．

⟹交点の A，B の y 座標はそれぞれ ㋒□，㋓□ なので，y の積分範囲は ㋔□ となる（図㋑に記入）．

(4)　D 内の x 座標の最小値，最大値を求め，x の積分範囲を求める．

⟹ D 内の x 座標の最小値は ㋕□，最大値は ㋖□ となるので，x の積分範囲は ㋗□ となる（図㋑に記入）．

(5)　順序交換した累次積分を計算する．

$$\int_0^1 \left\{ \int_y^1 \sin(\pi x^2)\,dx \right\} dy = \int_{㋙\square}^{㋘\square} \left\{ \int_{㋛\square}^{㋚\square} \sin(\pi x^2)\,dy \right\} dx$$

$=$ ㋜□

【解終】

重積分の変数変換

定積分を計算するとき，置換積分法は非常に有効だった．重積分の場合も変数変換を行えば，うまく計算できることが期待できる．

定理 4.3.1　　**2重積分の変数変換の公式**

写像 $x = x(u, v)$, $y = y(u, v)$ によって，xy 平面上の領域 D と uv 平面上の領域 E が 1 対 1 に対応し，$x(u, v)$, $y(u, v)$ が連続な偏導関数をもち，

$$J(u, v) = \begin{vmatrix} x_u(u, v) & y_u(u, v) \\ x_v(u, v) & y_v(u, v) \end{vmatrix}$$

$$= x_u(u, v) \cdot y_v(u, v) - y_u(u, v) \cdot x_v(u, v)$$

$$\neq 0$$

2次の行列式
$$\begin{vmatrix} a & b \\ c & d \end{vmatrix} = ad - bc$$

かつ $f(x, y)$ が D 上で連続ならば，

$$\iint_D f(x, y)\, dx\, dy = \iint_E f(x(u, v),\, y(u, v)) \, |J(u, v)|\, du\, dv$$

ここで，$J(u, v)$ は**ヤコビアン**と呼ばれる行列式である．

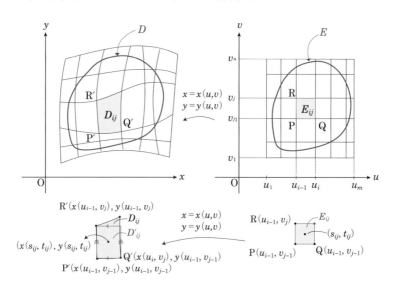

証明 領域 D と E が図のように対応しているとする．特に，ここでは簡単の
ため E を長方形領域とする．E を小さい長方形に分割するとき，E_{ij} が
写像 $x = x(u, v)$，$y = y(u, v)$ によって，xy 平面上の集合 D_{ij} にうつるものとする．
$\Delta u_i = u_i - u_{i-1}$，$\Delta v_j = v_j - v_{j-1}$ とおく．ただし，各 Δu_i，Δv_j はともに十分に小さい
ものとする．

$$\overrightarrow{\mathrm{P'Q'}} = (x(u_i, v_{j-1}) - x(u_{i-1}, v_{j-1}),\ y(u_i, v_{j-1}) - y(u_{i-1}, v_{j-1}))$$

$$\overrightarrow{\mathrm{P'R'}} = (x(u_{i-1}, v_j) - x(u_{i-1}, v_{j-1}),\ y(u_{i-1}, v_j) - y(u_{i-1}, v_{j-1}))$$

に注意して，$\mathrm{P'Q'}$ と $\mathrm{P'R'}$ を2辺
とする平行四辺形を D'_{ij} とする
と，D'_{ij} の面積 $|D'_{ij}|$ は，
$\triangle\mathrm{P'Q'R'}$ の面積の2倍なので，

> **ベクトルの三角形の面積公式**
>
> $\overrightarrow{\mathrm{AB}} = (x_1, y_1)$
> $\overrightarrow{\mathrm{AC}} = (x_2, y_2)$
>
> のとき $\triangle\mathrm{ABC}$ の面積 S は
>
> $S = \dfrac{1}{2}|x_1 y_2 - y_1 x_2|$

$$|D'_{ij}| = 2 \times (\triangle\mathrm{P'Q'R'}\text{の面積})$$

$$= |\{x(u_i, v_{j-1}) - x(u_{i-1}, v_{j-1})\}\{y(u_{i-1}, v_j) - y(u_{i-1}, v_{j-1})\}$$
$$- \{y(u_i, v_{j-1}) - y(u_{i-1}, v_{j-1})\}\{x(u_{i-1}, v_j) - x(u_{i-1}, v_{j-1})\}|$$

$$= |\{x(u_{i-1} + \Delta u_i,\ v_{j-1}) - x(u_{i-1}, v_{j-1})\}\{y(u_{i-1}, v_{j-1} + \Delta v_j) - y(u_{i-1}, v_{j-1})\}$$
$$- \{y(u_{i-1} + \Delta u_i,\ v_{j-1}) - y(u_{i-1}, v_{j-1})\}\{x(u_{i-1}, v_{j-1} + \Delta v_j) - x(u_{i-1}, v_{j-1})\}|$$

$$= \left| \frac{x(u_{i-1} + \Delta u_i, v_{j-1}) - x(u_{i-1}, v_{j-1})}{\Delta u_i} \cdot \frac{y(u_{i-1}, v_{j-1} + \Delta v_j) - y(u_{i-1}, v_{j-1})}{\Delta v_j} \right.$$

$$\left. - \frac{y(u_{i-1} + \Delta u_i, v_{j-1}) - y(u_{i-1}, v_{j-1})}{\Delta u_i} \cdot \frac{x(u_{i-1}, v_{j-1} + \Delta v_j) - x(u_{i-1}, v_{j-1})}{\Delta v_j} \right| \Delta u_i \Delta v_j$$

となる．Δu_i，Δv_j が十分小さいので，p.180 の偏微分係数の定義と，E_{ij} の面積
$|E_{ij}| = \Delta u_i \Delta v_j$ より，

$$|D'_{ij}| \fallingdotseq |x_u(u_{i-1}, v_{j-1}) \cdot y_v(u_{i-1}, v_{j-1}) - y_u(u_{i-1}, v_{j-1}) \cdot x_v(u_{i-1}, v_{j-1})| \Delta u_i \Delta v_j$$

$$= |J(u_{i-1}, v_{j-1})| |E_{ij}|$$

となる．Δu_i，Δv_j が十分小さいので，D_{ij} の面積 $|D_{ij}|$ と平行四辺形の面積 $|D'_{ij}|$ が
ほぼ等しいので，次のように十分よい近似ができる．

$$|D_{ij}| \fallingdotseq |J(u_{i-1}, v_{j-1})| |E_{ij}|$$

したがって，p.233 の「領域 D 上での重積分の定義」の式の $|D_{ij}|$ を $|J(u_{i-1}, v_{j-1})||E_{ij}|$ でおきかえて

$$\iint_D f(x, y)\, dx\, dy = \lim_{m,n \to \infty} \sum_{i=1}^{m} \sum_{j=1}^{n} f(x(s_{ij}, t_{ij}), y(s_{ij}, t_{ij}))|J(u_{i-1}, v_{j-1})||E_{ij}|$$

$$= \iint_E f(x(u, v), y(u, v))|J(u, v)|\, du\, dv$$

より，この定理が証明された． 【証明終】

領域 D が x と y の 1 次不等式で表されるとき，**1 次変換**
$$\begin{cases} x = au + bv \\ y = cu + dv \end{cases}$$
を用いると解きやすくなる．

定理 4.3.2　　**重積分の 1 次変換の公式**

$$\begin{cases} x = au + bv \\ y = cu + dv \end{cases} \quad (ad - bc \neq 0)$$

の変換により，uv 平面上の領域 E から xy 平面上の領域 D に変換されるとする．このとき，$f(x, y)$ が D 上連続ならば，

$$\iint_D f(x, y)\, dx\, dy = \iint_E f(au + bv, cu + dv)|ad - bc|\, du\, dv$$

証明　　$x(u, v) = au + bv, \quad y(u, v) = cu + dv$ について
$$x_u = a, \quad x_v = b, \quad y_u = c, \quad y_u = d$$
より，

$$J(u, v) = \begin{vmatrix} x_u & y_u \\ x_v & y_v \end{vmatrix} = \begin{vmatrix} a & c \\ b & d \end{vmatrix} = ad - bc$$

となるので，定理 4.3.1 を用いて証明される． 【証明終】

● この定理は，p.252，253 の問題 63 を解くのに有効である．

領域 D が円で表されるときなどは，**極座標**
変換

$$\begin{cases} x = r \cos \theta \\ y = r \sin \theta \end{cases}$$

を用いると解きやすくなることがある．

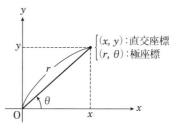

$$\begin{cases} x = r \cos \theta \\ y = r \sin \theta \end{cases} \quad (r > 0)$$

の変換により，$r\theta$ 平面上の領域 E から xy 平面上の領域 D に変換されると
する．このとき，$f(x, y)$ が D 上連続ならば，

$$\iint_D f(x, y)\, dx\, dy = \iint_E f(r \cos \theta, r \sin \theta)\, r\, dr\, d\theta$$

証明
$x(r, \theta) = r \cos \theta, \ y(r, \theta) = r \sin \theta$ と捉える．

$$x_r = \cos \theta, \qquad x_\theta = -r \sin \theta,$$
$$y_r = \sin \theta, \qquad y_\theta = r \cos \theta$$

より，

$$J(r, \theta) = \begin{vmatrix} x_r & y_r \\ x_\theta & y_\theta \end{vmatrix} = \begin{vmatrix} \cos \theta & \sin \theta \\ -r \sin \theta & r \cos \theta \end{vmatrix} = r$$

となるので，定理 4.3.1 を用いて証明される．

【証明終】

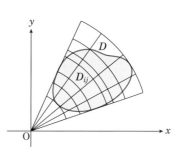

● この定理は，p.254 ～ 259 の問題 64，65，
66 を解くのに有効である．

定理 4.3.1 から定理 4.3.3 では
関数 $f(x, y)$ と xy 平面上の領域 D と，
uv 平面上の領域 E が，
登場しました

p.252 以降の問題では，
問題文の関数 $f(x, y)$ と
xy 平面上の領域 D に対し，
D と uv 平面上の領域 E の変換式を
設定して，E を求めて，
計算を進めましょう

問題 63　ヤコビアンを用いた重積分

例題

次の重積分の値を求めよう.

$$\iint_D (x+y)\,dx\,dy \qquad D = \left\{(x,y)\,\middle|\,0 \le \frac{x+y}{2} \le 1,\ \ 0 \le \frac{x-y}{2} \le 1\right\}$$

∷ 解 答 ∷　積分領域 D を図示してみよう.

$0 \le \dfrac{x+y}{2} \le 1,\ \ 0 \le \dfrac{x-y}{2} \le 1$ より,

$0 \le x+y \le 2,\ \ 0 \le x-y \le 2$ となるので,

$\quad -x \le y \le -x+2,\quad x-2 \le y \le x$

となることに注意すると, 領域 D は右図のようになる.

　次に,

$$u = \frac{x+y}{2},\qquad v = \frac{x-y}{2}$$

とおくと, D は uv 平面上の正方形領域

$$E = \{(u,v)\,|\,0 \le u \le 1,\ \ 0 \le v \le 1\}$$

に移り積分しやすくなることに注意しよう. このとき, ヤコビアン $J(u,v)$ は

$x = u+v,\ y = u-v$ なので, $x_u = 1,\ x_v = 1,\ y_u = 1,\ y_v = -1$ より

$$J(u,v) = \begin{vmatrix} x_u(u,v) & y_u(u,v) \\ x_v(u,v) & y_v(u,v) \end{vmatrix} = \begin{vmatrix} 1 & 1 \\ 1 & -1 \end{vmatrix} = -2$$

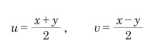

したがって, $x+y = 2u$ なので,

$$\iint_D (x+y)\,dx\,dy = \iint_E 2u\,|-2|\,du\,dv$$

$$= 4\int_0^1 \int_0^1 u\,du\,dv$$

$$= 4\int_0^1 \left[\frac{u^2}{2}\right]_0^1 dv = 4\cdot\frac{1}{2}\int_0^1 dv = 2 \qquad 【解終】$$

POINT $x=au+bv,\ y=cu+dv$（a,b,c,d は領域 D から求める）とし，領域 D を積分しやすい長方形にして，ヤコビアンを求め，重積分の 1 次変換の公式を使う

演習 63

次の重積分の値を求めよう．

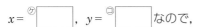

$$\iint_D \frac{x-y}{1+x+y}\,dx\,dy \qquad D=\{(x,y)\,|\,0\leqq x+y\leqq 1,\ 0\leqq x-y\leqq 1\}$$

解答は p.295

解答 領域 D を図示すると右図のようになる（図㋐）．$u=$ ㋑[　　], $v=$ ㋒[　　] とおくと，D は uv 平面上の長方形領域

$E=\{(u,v)\,|\,$ ㋓[　] $\leqq u\leqq$ ㋔[　]，㋕[　] $\leqq v\leqq$ ㋖[　]$\}$

に移り積分しやすくなる．

E を図示すると，右下図㋗のようになる．このとき，ヤコビアン $J(u,v)$ は

$x=$ ㋘[　　]，$y=$ ㋙[　　] なので，

$x_u=$ ㋚[　]，$x_v=$ ㋛[　]，$y_u=$ ㋜[　]，$y_v=$ ㋝[　] より

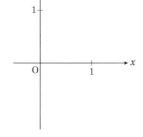

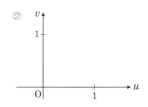

$$J(u,v)=\begin{vmatrix} x_u(u,v) & y_u(u,v) \\ x_v(u,v) & y_v(u,v) \end{vmatrix} = \text{㋞}[\quad]$$

したがって，$x+y=$ ㋟[　]，$x-y=$ ㋠[　] なので，定理 4.3.2 より

$$\iint_D \frac{x-y}{1+x+y}\,dx\,dy = \iint_E \text{㋡}[\quad]\,du\,dv$$

順に計算して，

$=$ ㋢[　　　　]

【解終】

㋐
㋗

極座標変換を用いた重積分①

例題

次の重積分の値を求めよう.

$$\iint_D x\,dx\,dy \qquad D = \{(x,y) \mid x^2 + y^2 \le 4,\ x \ge 0,\ y \ge 0\}$$

:: **解答** :: まず積分領域 D を図示してみよう.

$x^2 + y^2 = 4$ は原点中心,半径 2 の円なので D は右図のようになる.極座標

$$x = r\cos\theta,\ y = r\sin\theta$$

へ変換する.点 (x, y) が D 内を動くとき (r, θ) のとりうる値を調べよう.r は原点からの距離なので,$0 \le r \le 2$ となり,θ は x 軸正方向からの角だから $0 \le \theta \le \dfrac{\pi}{2}$ となる.したがって

$$G = \left\{(r, \theta) \,\middle|\, 0 \le r \le 2,\ 0 \le \theta \le \frac{\pi}{2}\right\}$$

となり,重積分の変換公式より

$$\iint_D x\,dx\,dy = \iint_G (r\cos\theta)\,r\,dr\,d\theta$$

となる.G は右図のような長方形領域だから図をみながら累次積分に直すと

$$= \int_0^{\frac{\pi}{2}} \left\{\int_0^2 r^2 \cos\theta\,dr\right\} d\theta$$

となる.{ }の中から順に計算すると

$$= \int_0^{\frac{\pi}{2}} \left[\frac{1}{3}r^3 \cos\theta\right]_0^2 d\theta$$

$$= \int_0^{\frac{\pi}{2}} \frac{1}{3}(2^3 - 0^3)\cos\theta\,d\theta$$

$$= \int_0^{\frac{\pi}{2}} \frac{8}{3}\cos\theta\,d\theta = \frac{8}{3}\left[\sin\theta\right]_0^{\frac{\pi}{2}}$$

$$= \frac{8}{3}\left(\sin\frac{\pi}{2} - \sin 0\right) = \frac{8}{3}(1 - 0) = \frac{8}{3}$$ 【解終】

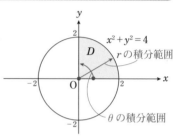

積分領域 D が円や円の一部になっているときには極座標への変換が有効です

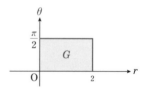

$$\int \cos\theta\,d\theta = \sin\theta + C$$

$$\int \sin\theta\,d\theta = -\cos\theta + C$$

POINT 積分領域が円や円の一部で表されるものに対しては極座標変換を用いる（p.251 定理 4.3.3 重積分の極座標変換の公式）

演習 64

次の重積分の値を求めよう.

$$\iint_D (x^2+y^2)\,dx\,dy \qquad D=\{(x,y) \mid x^2+y^2 \leqq 1,\ 0 \leqq y \leqq x\}$$

解答は p.296

解答 まず D を図示しよう.

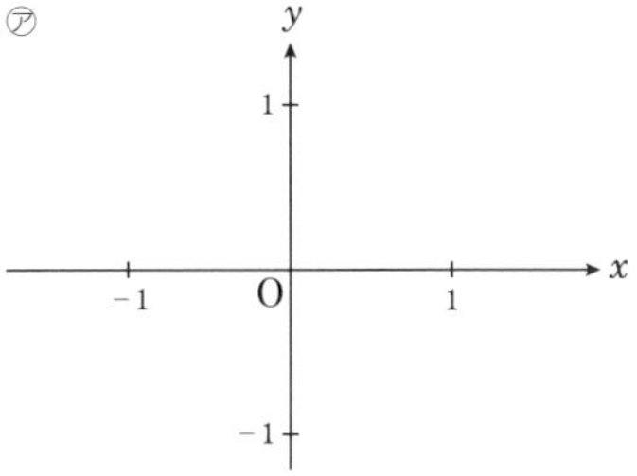

$x^2+y^2 \leqq 1$ は ㋑□ 中心，半径 ㋒□ の円の周と内部．$0 \leqq y \leqq x$ は直線 ㋓□ の右側で $y \geqq 0$ の部分である．したがって，D は右図㋐のようになる.

さて

$$x = r\cos\theta, \quad y = r\sin\theta$$

と変換するとき，領域 D は領域

$$G = \left\{(r,\theta) \mid ㋔□ \leqq r \leqq ㋕□,\quad ㋖□ \leqq \theta \leqq ㋗□\right\}$$

に移るから

$$\iint_D (x^2+y^2)\,dx\,dy = \iint_G ㋘□\ dr\,d\theta$$

$$= \iint_G ㋙□\ dr\,d\theta$$

ここで $\sin^2\theta + \cos^2\theta = 1$ を用いると

$$= \iint_G r^3\,dr\,d\theta$$

となる．G は右図㋚のような長方形領域だから累次積分に直すと

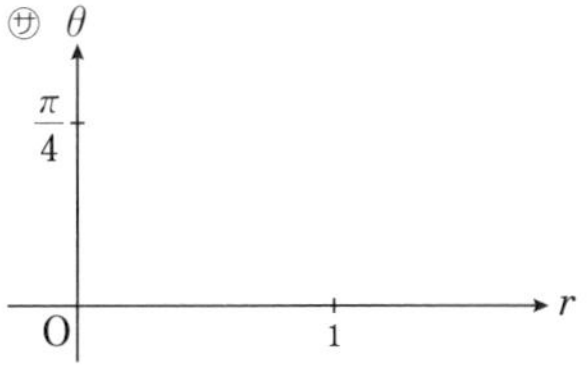

$$= ㋛□$$

となる．順に計算すると

$$= ㋜□$$

【解終】

例題

次の重積分の値を求めよう.

$$\iint_D y \, dx \, dy \qquad D = \{(x, y) \mid x^2 + y^2 \leq 2x, \ y \geq 0\}$$

∷ 解 答 ∷ D の図を描こう. $x^2 + y^2 \leq 2x$ を変形して

$$(x-1)^2 + y^2 \leq 1$$

となる. これは中心 $(1, 0)$, 半径 1 の円の周と内部であり, その $y \geq 0$ の部分は右図の影の部分である.

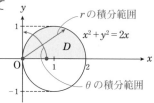

$$x = r \cos \theta, \quad y = r \sin \theta$$

と極座標に変換したとき, D はどのような (r, θ) の領域に移るだろうか? θ をある一定の値にとってみよう. このとき r のとり得る範囲は 0 から $x^2 + y^2 = 2x$ の円のふちまでである. そこで円の方程式を極方程式に直してみよう.

$x = r \cos \theta, \ y = r \sin \theta$ を代入すると

$$(r \cos \theta)^2 + (r \sin \theta)^2 = 2r \cos \theta$$

$$\therefore \quad r^2 = 2r \cos \theta$$

$$\therefore \quad r = 2 \cos \theta$$

$$\boxed{\sin^2 \theta + \cos^2 \theta = 1}$$

これが円 $x^2 + y^2 = 2x$ の極方程式である. ゆえに θ が一定のとき $0 \leq r \leq 2 \cos \theta$ となり, また θ の範囲は $0 \leq \theta \leq \dfrac{\pi}{2}$ となるから

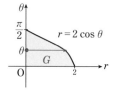

$$G = \left\{ (r, \theta) \,\middle|\, 0 \leq r \leq 2 \cos \theta, \ 0 \leq \theta \leq \frac{\pi}{2} \right\}$$

となる（右図）. したがって

$$\iint_D y \, dx \, dy = \iint_G (r \sin \theta) r \, dr \, d\theta = \int_0^{\frac{\pi}{2}} \left\{ \int_0^{2\cos\theta} r^2 \sin \theta \, dr \right\} d\theta$$

$$= \int_0^{\frac{\pi}{2}} \left[\frac{1}{3} r^3 \right]_0^{2\cos\theta} \sin \theta \, d\theta = \int_0^{\frac{\pi}{2}} \frac{8}{3} \cos^3 \theta \sin \theta \, d\theta$$

ここで $\cos \theta = t$ とおくと $-\sin \theta \, d\theta = dt$ より

θ	$0 \to \dfrac{\pi}{2}$
t	$1 \to 0$

$$= \frac{8}{3} \int_1^0 t^3 (-1) dt = -\frac{8}{3} \left[\frac{1}{4} t^4 \right]_1^0 = \frac{2}{3}$$

【解終】

POINT ▶ 積分領域が円や円の一部で表されるものに対しては，極座標変換を用いる

演習 65

次の重積分の値を求めよう．

$$\iint_D \sqrt{x^2 + y^2}\, dx\, dy \qquad D = \{(x, y) \mid x^2 + y^2 \le y\}$$

解答は p.296

∷ 解答 ∷ D を図示すると右図㋐のようになる．

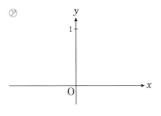

$x^2 + y^2 \le y$ を変形すると

$$x^2 + \left(y - \boxed{}^{\ ㋑}\right)^2 \le \frac{1}{4}$$

となるので，これは中心 $\boxed{}^{\ ㋒}$，半径 $\boxed{}^{\ ㋓}$ の

円の周と内部である．極座標

$$x = r \cos\theta, \quad y = r \sin\theta$$

に変換すると，円の方程式は

$$\boxed{}^{\ ㋔}$$

となるので，この変換により D は (r, θ) 領域

$$G = \{(r, \theta) \mid 0 \le r \le \boxed{}^{\ ㋕}, \ \boxed{}^{\ ㋖} \le \theta \le \boxed{}^{\ ㋗}\}$$

に移る．G は右上図㋖のような領域であるから

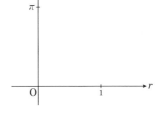

$$\iint_D \sqrt{x^2 + y^2}\, dx\, dy = \iint_G \boxed{}^{\ ㋘} dr\, d\theta$$

$$= \boxed{}^{\ ㋙}$$

【解終】

問題 66 ガウス積分

例題

次の積分が成り立つことを示そう.

$$\int_0^\infty e^{-x^2}dx = \frac{\sqrt{\pi}}{2}$$

:: 解答 :: $I = \int_0^\infty e^{-x^2}dx$ とおけば, $I = \int_0^\infty e^{-y^2}dy$ とも書ける. したがって,

$I^2 = \int_0^\infty \int_0^\infty e^{-(x^2+y^2)}dx\,dy$ となる. さらに, $D = \{(x,y)\,|\,x \geqq 0, y \geqq 0\}$ とおくと,

$I^2 = \iint_D e^{-(x^2+y^2)}dx\,dy$ となる.

今, n を正の整数として

$$D_n = \{(x,y)\,|\,x^2+y^2 \leqq n^2, x \geqq 0, y \geqq 0\}$$

とおき, $n \to \infty$ とすると, D_n は D に限りなく近づくので, $I_n^2 = \iint_{D_n} e^{-(x^2+y^2)}dx\,dy$ は限りなく I^2 に近づく.

まず, I_n^2 を計算する. p.254 問題 64 の解のように, $x^2+y^2 = n^2$ は原点中心, 半径 n の円なので D_n は右図のようになる. 極座標

$$x = r\cos\theta, \qquad y = r\sin\theta$$

と変換するとき,

$$G = \left\{(r,\theta)\,\middle|\,0 \leqq r \leqq n,\ 0 \leqq \theta \leqq \frac{\pi}{2}\right\}$$

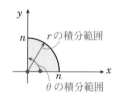

となり, 重積分の変換公式より

$$I_n^2 = \iint_{D_n} e^{-(x^2+y^2)}dx\,dy = \iint_G e^{-r^2}rdrd\theta = \int_0^{\frac{\pi}{2}}\int_0^n e^{-r^2}rdr\theta$$

$$= \int_0^{\frac{\pi}{2}}\left[-\frac{1}{2}e^{-r^2}\right]_0^n d\theta = \int_0^{\frac{\pi}{2}}\frac{1}{2}\left(1-e^{-n^2}\right)d\theta$$

$$= \frac{\pi}{4}\left(1-e^{-n^2}\right)$$

よって, $I^2 = \lim_{n\to\infty} I_n^2 = \frac{\pi}{4}$. $I > 0$ より $I = \frac{\sqrt{\pi}}{2}$　　　　　　【解終】

 解説 　$\int_{-\infty}^\infty e^{-x^2}dx$ あるいは, $\int_0^\infty e^{-x^2}dx$ の形の積分をガウス型積分といい, 確率統計（正規分布など）でよく用いられる重要な積分である.

演習 66

次の重積分の値を求めよう．

$$\int_{-\infty}^{\infty}\int_{-\infty}^{\infty}e^{-a(x^2+y^2)}dx\,dy \qquad \alpha > 0$$

解答は p.297

❚❚ 解答 ❚❚ $\boldsymbol{R}^2 = \{(x, y) \mid -\infty < x < \infty,\ -\infty < y < \infty\}$ （つまり xy 平面）とおくと，

$$\int_{-\infty}^{\infty}\int_{-\infty}^{\infty}e^{-a(x^2+y^2)}dx\,dy = \iint_{\boldsymbol{R}^2}e^{-(x^2+y^2)}dx\,dy$$

となる．今，

$$D_n = \{(x, y) \mid x^2 + y^2 \leq n^2\}$$

とおくと，$n \to \infty$ とすると，D_n は $\boldsymbol{R}^2$ に限りなく近づくので，$\iint_{D_n}e^{-a(x^2+y^2)}dx\,dy$ は $\iint_{\boldsymbol{R}^2}e^{-a(x^2+y^2)}dx\,dy$ に近づく．よって，$\iint_{D_n}e^{-a(x^2+y^2)}dx\,dy$ を計算する．$x^2+y^2 = n^2$ は原点中心，半径 n の円なので D_n を図示しよう（図 ㋐）．極座標

$$x = r\cos\theta, \qquad y = r\sin\theta$$

へ変換するとき，

$$G = \left\{(r, \theta) \ \middle|\ {}^{㋑}\boxed{} \leq r \leq {}^{㋒}\boxed{},\ {}^{㋓}\boxed{} \leq \theta \leq {}^{㋔}\boxed{}\right\}$$

となり，重積分の変換公式より

$$\iint_{D_n}e^{-a(x^2+y^2)}dx\,dy = \iint_{G}{}^{㋕}\boxed{}dr\,d\theta$$

順に計算して， $= {}^{㋖}\boxed{}$

よって，

$$\iint_{\boldsymbol{R}^2}e^{-a(x^2+y^2)}dx\,dy = \lim_{n\to\infty}\iint_{D_n}e^{-a(x^2+y^2)}dx\,dy$$

$$= \lim_{n\to\infty}{}^{㋗}\boxed{} = {}^{㋘}\boxed{}$$

【解終】

体積

重積分の定義のもとは

立体の体積をいかに計算したらよいのか

という所から出発していた. だから, 今までの重積分において積分領域 D 上で

$$z = f(x, y)$$

が正であれば, その重積分の値は立体の体積を表していることになる.

そこで, あらためて体積公式として次の定理をあげておこう.

定理 4.4.1 **体積公式**

関数 $z = f(x, y)$ が領域 D 上で連続, $f(x, y) \geqq 0$ とする. このとき
$z = f(x, y)$ のグラフの曲面と D とで囲まれた立体の体積は

$$\iint_D f(x, y) \, dx \, dy$$

で与えられる.

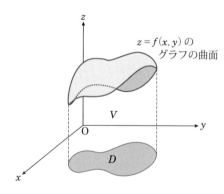

最後は
重積分の応用です.
よく出てくる曲面と方程式を
右頁に載せてありますので
参考にして下さい.

球面	1 葉双曲面	2 葉双曲面
$x^2 + y^2 + z^2 = a^2$	$\dfrac{x^2}{a^2} + \dfrac{y^2}{b^2} - \dfrac{z^2}{c^2} = 1$	$\dfrac{x^2}{a^2} - \dfrac{y^2}{b^2} - \dfrac{z^2}{c^2} = 1$
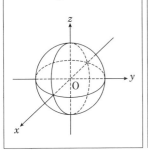	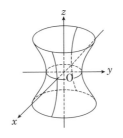	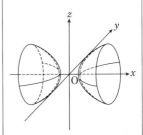
回転放物面	円錐面	双曲放物面
$z = \dfrac{x^2}{a^2} + \dfrac{y^2}{a^2}$	$z^2 = \dfrac{x^2}{a^2} + \dfrac{y^2}{a^2}$	$z = \dfrac{x^2}{a^2} - \dfrac{y^2}{b^2}$
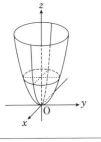	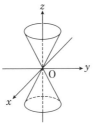	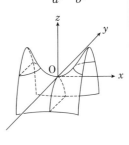
円柱面	放物柱面	双曲柱面
$x^2 + y^2 = a^2$	$y = ax^2$	$\dfrac{x^2}{a^2} - \dfrac{y^2}{b^2} = 1$
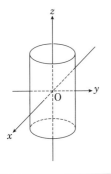	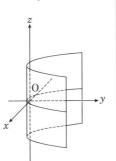	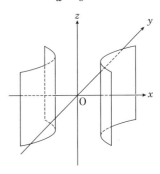

立体の体積の基本

例題

平面 $x+\dfrac{y}{3}+\dfrac{z}{2}=1$ と各座標平面とで囲まれた立体の体積を求めよう.

:: **解答** :: まず，どんな立体か図示しよう.

平面 $x+\dfrac{y}{3}+\dfrac{z}{2}=1$ を α とすると，α の x, y, z 軸との交点はそれぞれ 1，3，2 である. したがって平面 α と各座標平面で囲まれた立体は三角錐となる（右図）.

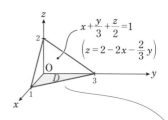

重積分を用いてこの体積を求めよう. 体積公式の $z=f(x, y)$ にあたるのが平面 α，D にあたるのが三角錐の底面である. 平面 α と xy 平面との交線の方程式は $x+\dfrac{y}{3}=1$ だから，D を集合の記号で表すと

$$D=\left\{(x, y) \,\middle|\, x+\frac{y}{3}\leqq 1,\ x\geqq 0,\ y\geqq 0\right\}$$

となる. これを図示すると右図のようになる. また平面 α の式を変形すると

$$z=2-2x-\frac{2}{3}y$$

となるので，求める体積は次のように計算することができる.

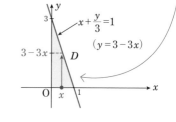

$$\iint_D\left(2-2x-\frac{2}{3}y\right)dx\,dy \qquad D=\left\{(x, y) \,\middle|\, x+\frac{y}{3}\leqq 1,\ x\geqq 0,\ y\geqq 0\right\}$$

$$=\int_0^1\left\{\int_0^{3-3x}\left(2-2x-\frac{2}{3}y\right)dy\right\}dx$$

$$=\int_0^1\left[2y-2xy-\frac{1}{3}y^2\right]_0^{3-3x}dx$$

$$=\int_0^1\left\{2(3-3x)-2x(3-3x)-\frac{1}{3}(3-3x)^2\right\}dx$$

$$=3\int_0^1(x-1)^2\,dx=\left[(x-1)^3\right]_0^1=1$$

【解終】

演習 67

回転放物面 $z = x^2 + y^2$ と平面 $x + y = 1$ と各座標平面とで囲まれた立体の体積を求めよう．

解答は p.297

:: **解答** :: 回転放物面 $z = x^2 + y^2$ は，zx 平面における放物線 ⑦ [＿＿＿] を z 軸を中心に回転させてできる曲面である（p.178 問題44）．平面 $x + y = 1$ は xy 平面における直線 ④ [＿＿＿] を ⑦ [＿] 軸に平行に移動してできる平面なので，立体は右図 ㊤ のようになる．$z = f(x, y)$ にあたるのが ㋧ [＿＿＿] で，D にあたるのが右図 ㋕ の xy 平面上にある三角形である．したがって求める体積は

$$\iint_D {}^{\oplus}\boxed{} \, dx \, dy$$

$$D = \{(x, y) \mid {}^{\circledcirc}\boxed{}\}$$

累次積分に直して計算すると，次のようになる．

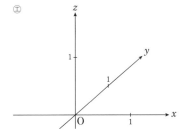

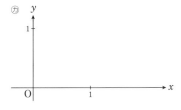

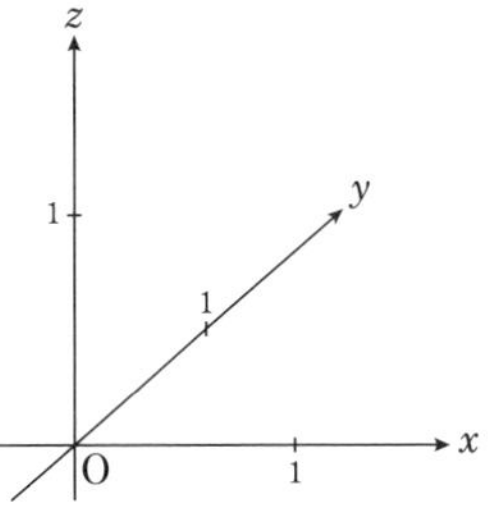

【解終】

D の図を見ながら累次積分に直しましょう

例題

円柱 $x^2+y^2\leqq 4$ の $0\leqq z\leqq x$ の部分の立体の体積を求めよう.

∷ 解答 ∷　$x^2+y^2=4$ のグラフは xy 平面における円 $x^2+y^2=4$ を z 軸に平行に動かしてできる円柱面で，$x^2+y^2\leqq 4$ は円柱面とその内部ということになる.
$0\leqq z\leqq x$ は，平面 $z=0$（xy 平面）と平面 $z=x$（xz 平面上の直線 $z=x$ を y 軸に平行に動かしてできる平面）にはさまれた $z\geqq$
0 の部分なので，立体は右図のようにみかんの
一房のような形をしている. $z=f(x,y)$ にあた
るのは平面 $z=x$，D にあたるのは xy 平面上の
半円なので，体積は重積分

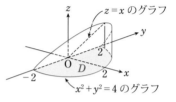

$$\iint_D x\,dx\,dy \qquad D=\{(x,y)\mid x^2+y^2\leqq 4,\ x\geqq 0\}$$

の値となる. ここで D は円の一部であるので，極座標に変換する.

$$x=r\cos\theta,\quad y=r\sin\theta$$

とおくと D は (r,θ) の領域

$$G=\left\{(r,\theta)\ \middle|\ 0\leqq r\leqq 2,\ -\frac{\pi}{2}\leqq\theta\leqq\frac{\pi}{2}\right\}$$

に移されるので

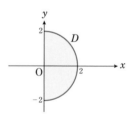

$$\iint_D x\,dx\,dy=\iint_G (r\cos\theta)r\,dr\,d\theta$$

となる. これを累次積分に直して計算すると

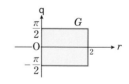

$$=\int_{-\frac{\pi}{2}}^{\frac{\pi}{2}}\left\{\int_0^2 r^2\cos\theta\,dr\right\}d\theta$$

$$=\int_{-\frac{\pi}{2}}^{\frac{\pi}{2}}\left[\frac{1}{3}r^3\right]_0^2\cos\theta\,d\theta$$

$$=\frac{8}{3}\int_{-\frac{\pi}{2}}^{\frac{\pi}{2}}\cos\theta\,d\theta=\frac{8}{3}\left[\sin\theta\right]_{-\frac{\pi}{2}}^{\frac{\pi}{2}}$$

$$=\frac{8}{3}\left\{\sin\frac{\pi}{2}-\sin\left(-\frac{\pi}{2}\right)\right\}$$

$$=\frac{8}{3}\{1-(-1)\}=\frac{16}{3}$$

【解終】

POINT > x と y だけの不等式に対して，極座標変換して積分すべき領域を決める

演習 68

球 $x^2+y^2+z^2 \leqq 4$ の $x^2+y^2 \leqq 2x$，$z \geqq 0$ の部分の立体の体積を求めよう．

解答は p.298

解答 $x^2+y^2+z^2 \leqq 4$ は㋐☐中心，半径㋑☐の球の球面とその内部である．$x^2+y^2 \leqq 2x$ は変形して (㋒☐$)^2+y^2 \leqq 1$ となるので，xy 平面上の円 (㋒☐$)^2+y^2=1$ を㋓☐軸に平行に移動してできる円柱面とその内部である．したがって立体は球と円柱の共通部分の上半分 (図㋔) となる．球の上半分の方程式は $z=$ ㋕☐ であるから，求める体積は

$$\iint_D ㋕☐\, dx\, dy$$

$$D=\{(x,y) \mid ㋖☐\}$$

となる (図㋗)．これも極座標に変換する．

$$x=r\cos\theta, \quad y=r\sin\theta$$

とおくと円 $x^2+y^2=2x$ は極方程式 ㋘☐ をもつので，D は (r,θ) の領域

$$G=\left\{(r,\theta) \,\middle|\, ㋙☐ \leqq r \leqq ㋚☐,\ ㋛☐ \leqq \theta \leqq ㋜☐\right\}$$

に移る (図㋝)．したがって，体積は次の計算により求まる．

㋔
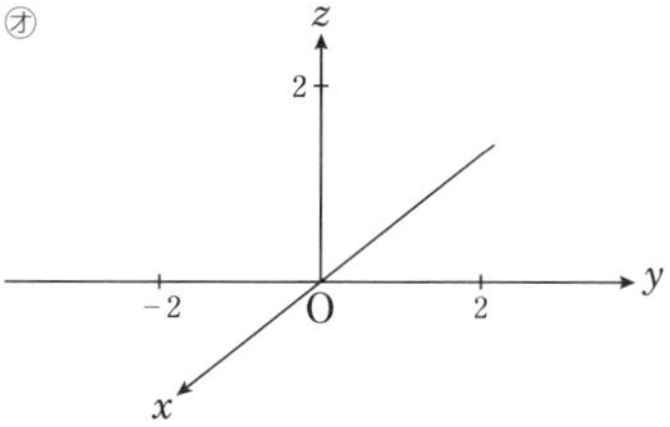

㋗
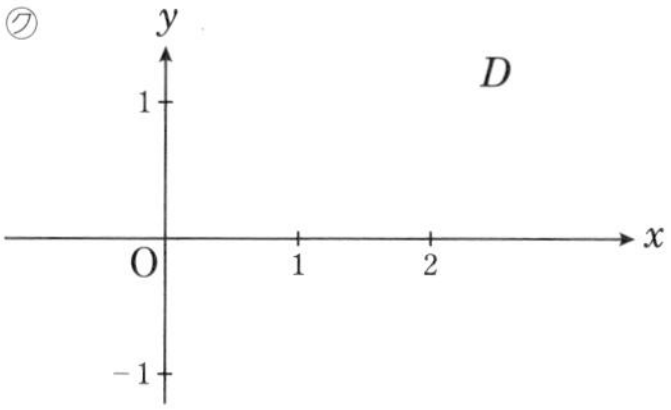

㋝
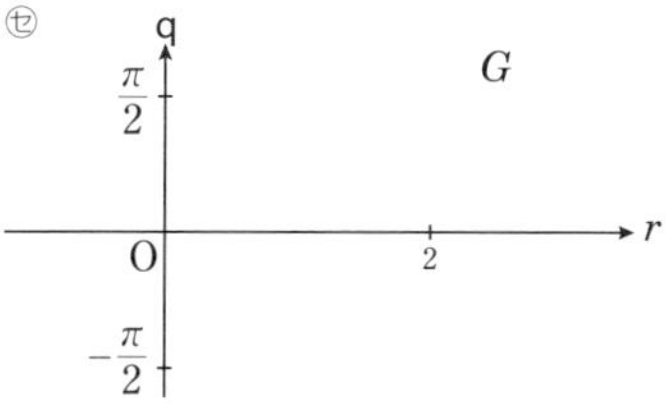

㋞

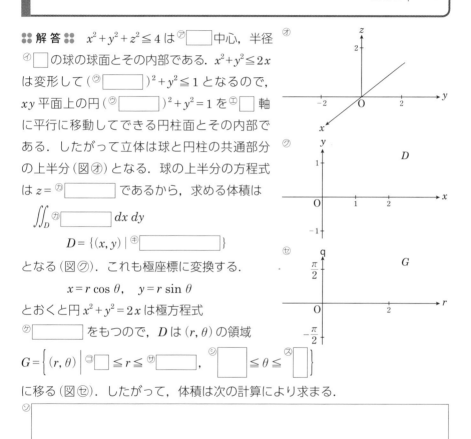

(長い計算になるので紙面余白を利用して下さい.)【解終】

問1　次の重積分の値を求めなさい.

(1) $\displaystyle\iint_D (xy + y^3)\,dx\,dy$　　　$D = \{(x, y) \mid y \geq x^2,\ y^2 \leq x\}$

(2) $\displaystyle\iint_D (2x - y)\,dx\,dy$　　　$D = \{(x, y) \mid x - y \leq 1,\ x + y \geq 1,\ y \leq 1\}$

(3) $\displaystyle\iint_D y\,dx\,dy$　　　$D = \{(x, y) \mid x^2 + y^2 \leq 1,\ x + y \geq 1\}$

(4) $\displaystyle\iint_D e^{x^2+y^2}\,dx\,dy$　　　$D = \{(x, y) \mid 1 \leq x^2 + y^2 \leq 4\}$

(5) $\displaystyle\iint_D \sqrt{x^2 + y^2}\,dx\,dy$　　　$D = \{(x, y) \mid x \geq 0,\ y \geq 0,\ x^2 + y^2 \leq 4,\ x^2 + y^2 \geq 2y\}$

問2　次の曲面と平面で囲まれた立体の体積を求めなさい.

放物面　$4z = x^2 + y^2$
円柱面　$x^2 + y^2 = 2x$
平　面　$z = 0$

総合演習のヒント

問1　D をしっかり図示しましょう.
(1)　D は 2 つの放物線に囲まれた部分.
(2)　累次積分に直すとき, 先に x から積分? or y から積分?
(3)　累次積分に直すとき, 先に x から積分? or y から積分?
(4)　極座標に変換しましょう. 変換公式に気をつけて!
(5)　極座標に変換しましょう. 積分領域に気をつけて!

問2　この問題の立体を描くとき

放物面は　$z = \dfrac{1}{4}(x^2 + y^2)$

円柱面は　$(x-1)^2 + y^2 = 1$

と変形すると描きやすいでしょう. 問題の立体は円柱の一部です.

Column　折り紙で 2 次曲線を！

　ここでは折り紙の中に 2 次曲線をつくってみましょう．折り紙は 3 枚用意して
下さい．それぞれに

放物線　　楕円　　双曲線

のどれかをつくります．

　はじめの 1 枚には，図 1 のように点と
線を描いて下さい．どんな位置でもかま
いません．そして，点が直線と重なるよ
うに紙に折り目をつけます（図 2）．次に，
直線と重なる点の位置を少しずつずらし
て折り目をたくさんつけます．どうです
か？　何か曲線が浮かんできませんか？

　2 枚目には，図 3 のようにできるだけ
大きな円と，円の中心とは異なる点を円
の内側に描いて下さい．1 枚目と同様に，
点が円周と重なるように紙に折り目をつ
けます（図 4）．そして，円周と重なる位
置を少しずつずらして折り目をたくさん
つけてゆきます．円周を一周するまで折
り目をつけ続けて下さい．今度はどんな
曲線が浮かんできましたか？

　最後の 3 枚目には，図 5 のように小さ
めの円と円の外側に点を描いて下さい．

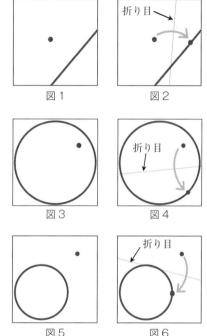

図 1　　　　　　図 2

図 3　　　　　　図 4

図 5　　　　　　図 6

ここでもこれまでと同様に，点と円周が重なるように折り目をつけます（図 6）．少
しずつ位置をずらして折り目をたくさんつけてゆきます．折りづらいかもしれません
が，円を一周するまで続けて下さい．残りの曲線が浮かんできましたか？

　どうして折るだけでこのような曲線が浮かんでくるのでしょう，数学的な理由も
考えてみて下さい．

参考文献：『折り紙算数・折り紙数学』数学教育協議会／銀林浩（編），国土社

第1章 1変数関数の微分

p.5 ● 演習 1

解 答 (1) $x=1$ のときは，x ㋐$\boxed{\leqq}$ 1のときの $g(x)$ の定義式を使って

$g(1)=$ ㋑$\boxed{1^2-1=1-1=0}$

(2) $g(x)$ の定義式より

$x>1$ のとき $y=$ ㋒$\boxed{x}$ の㋓[直線]

$x\leqq 1$ のとき $y=$ ㋔$\boxed{x^2-1}$ の㋕[放物線]

なので，$y=g(x)$ のグラフは図㋖のようになる．

㋖

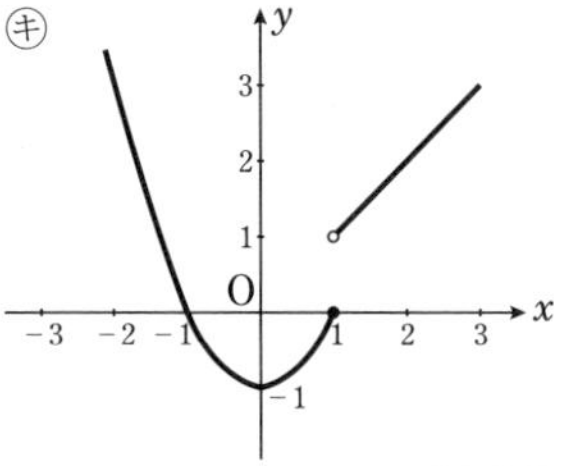

(3) $x\to 0$ のとき，$x=0$ の近辺のグラフは㋗[放物線]なので

$\lim\limits_{x\to 0} g(x)=$ ㋘$\boxed{0^2-1=-1}$

の値に収束する．

(4) $x\to 1$ のとき，$y=g(x)$ のグラフは

$x=1$ の右側では㋙[直線]

$x=1$ の左側では㋚[放物線]

なので

$\lim\limits_{x\to 1+0} g(x)=$ ㋛$\boxed{1}$

$\lim\limits_{x\to 1-0} g(x)=$ ㋜$\boxed{1^2-1=1-1=0}$

となり，x を1に近づけるときの近づけ方により $y=f(x)$ が近づく値が異なるので，$\lim\limits_{x\to 1} g(x)$ は

㋝[収束せず極限値なし]．

p.9 ● 演習 2

解 答 (1) $p=$ ㋐$\boxed{0}$ として微分係数の定義式へ代入して

$$f'(0)=\lim_{x\to 0}\frac{㋑\boxed{f(x)}-㋒\boxed{f(0)}}{x-0}$$

$f(x)=x^2-x$，$f(0)=$ ㋓$\boxed{0^2-0=0}$ より

$$=\lim_{x\to 0}\frac{(㋔\boxed{x^2-x})-㋕\boxed{0}}{x-0}=\lim_{x\to 0}\frac{㋖\boxed{x^2-x}}{x}$$

$$=\lim_{x\to 0}\frac{x(㋗\boxed{x-1})}{x}$$

$$=\lim_{x\to 0}(㋘\boxed{x-1})=㋙\boxed{0-1=-1}$$

(2) 導関数の定義式に

$f(x)=x^2-x$

$f(x+h)=(㋚\boxed{x+h})^2-(㋛\boxed{x+h})$

$=㋜\boxed{x^2+2xh+h^2-x-h}$

を代入して計算すると

$$f'(x)=\lim_{h\to 0}\frac{f(x+h)-f(x)}{h}$$

$$=\lim_{h\to 0}\frac{(㋝\boxed{x^2+2xh+h^2-x-h})-(x^2-x)}{h}$$

$$=\lim_{h\to 0}\frac{㋞\boxed{x^2+2xh+h^2-x-h-x^2+x}}{h}$$

$$=\lim_{h\to 0}\frac{㋟\boxed{2xh+h^2-h}}{h}$$

$$=\lim_{h\to 0}\frac{h(㋠\boxed{2x+h-1})}{h}$$

$$=\lim_{h\to 0}(㋡\boxed{2x+h-1})$$

$$=㋢\boxed{2x+0-1}$$

$$=㋣\boxed{2x-1}$$

p.15 ● 演習 3

解 答 (1) 基本微分公式❶，❷より

$y'=(x^5+3x^2-3x+1)'$

$=(㋐\boxed{x^5})'+3(㋑\boxed{x^2})'-3(㋒\boxed{x})'+(㋓\boxed{1})'$

定数・x^n の微分公式を用いると

$=㋔\boxed{5x^{5-1}+3\cdot 2x^{2-1}-3\cdot 1+0=5x^4+6x-3}$

(2) 指数法則を使って変形してから x^n の微分公式を用いると

$$y'=(4x^{㋕\boxed{-5}})'=4(x^{㋖\boxed{-5}})'$$

$$=㋗\boxed{4\cdot(-5)x^{-5-1}=-20x^{-6}=-\frac{20}{x^6}}$$

【(2) の別解】 基本微分公式❶と❹より

$$y'=\left(\frac{4}{x^5}\right)'=4\left(\frac{1}{㋘\boxed{x^5}}\right)'=4\left\{-\frac{(㋙\boxed{x^5})'}{(㋚\boxed{x^5})^2}\right\}$$

x^n の微分公式より

$$=㋛\boxed{-4\cdot\frac{5x^4}{x^{10}}=-\frac{20}{x^6}}$$

(3) 商の微分公式❺を用いると

$$y'=\left(\frac{2x+1}{1-3x^3}\right)'$$

$$=\frac{(㋜\boxed{2x+1})'\cdot(㋝\boxed{1-3x^3})-(㋞\boxed{2x+1})\cdot(㋟\boxed{1-3x^3})'}{(㋠\boxed{1-3x^3})^2}$$

㋡
$$=\boxed{\begin{aligned}&\frac{(2(x)'+(1)')\cdot(1-3x^3)-(2x+1)\cdot(1'-3(x^3)')}{(1-3x^3)^2}\\&=\frac{2(1-3x^3)-(2x+1)(-9x^2)}{(1-3x^3)^2}\\&=\frac{2-6x^3+18x^3+9x^2}{(1-3x^3)^2}=\frac{12x^3+9x^2+2}{(1-3x^3)^2}\end{aligned}}$$

p.23 演習 4

解 答

(1) $y'=$㋐$\boxed{\begin{aligned}&(\cos x+\tan x)'=(\cos x)'+(\tan x)'\\&=-\sin x+\frac{1}{\cos^2 x}\end{aligned}}$

(2) $y'=$㋑$\boxed{\begin{aligned}&(\cos x\cdot\sin x)'=(\cos x)'\cdot\sin x+\cos x\cdot(\sin x)'\\&=-\sin x\cdot\sin x+\cos x\cdot\cos x\\&=-\sin^2 x+\cos^2 x=\cos 2x\end{aligned}}$

(3) $y'=$㋒$\boxed{\left(\frac{1}{\sin x}\right)'=-\frac{(\sin x)'}{(\sin x)^2}=-\frac{\cos x}{\sin^2 x}}$

(4) $y'=\left(\frac{\cos x}{\tan x}\right)'$

$$=\frac{(㋓\boxed{\cos x})'\cdot\tan x-\cos x\cdot(㋔\boxed{\tan x})'}{(㋕\boxed{\tan x})^2}$$

$$=\frac{㋖\boxed{-\sin x}\cdot\tan x-\cos x\cdot ㋗\boxed{\frac{1}{\cos^2 x}}}{㋘\boxed{\tan^2 x}}$$

$$=-\frac{㋙\boxed{\sin x}\cdot\tan x+㋚\boxed{\frac{1}{\cos x}}}{㋘\boxed{\tan^2 x}}$$

分母分子に $\cos x$ をかけると

$$=-\frac{㋛\boxed{\sin x\cdot\tan x\cdot\cos x}+1}{㋘\boxed{\tan^2 x}\cos x}$$

ここで分子の $\tan x$ を $\frac{\sin x}{\cos x}$ におきかえて計算すると

$$=㋜\boxed{-\frac{\sin x\cdot\frac{\sin x}{\cos x}\cdot\cos x+1}{\tan^2 x\cdot\cos x}=-\frac{1+\sin^2 x}{\tan^2 x\cdot\cos x}}$$

p.25 演習 5

解 答 $y=\tan ax$ とおき，$u=ax$ とおくと $y=$㋐$\boxed{\tan u}$とかけるので

$$y'=\frac{dy}{dx}=\frac{dy}{du}\frac{du}{dx}=㋑\boxed{\frac{1}{\cos^2 u}}\cdot㋒\boxed{a}=㋓\boxed{\frac{a}{\cos^2 u}}$$

u をもとにもどすと

$$y'=㋔\boxed{\frac{a}{\cos^2 ax}}$$

(2) p.24 の例題(1)と上記(1)の結果を使うと

(i) $y'=2(\cos 5x)'+(\tan 2x)'$

$$=2(㋕\boxed{-5\sin 5x})+㋖\boxed{\frac{2}{\cos^2 2x}}$$

$$=㋗\boxed{-10\sin 5x+\frac{2}{\cos^2 2x}}$$

(ii) 逆数の微分公式を使って

$$y'=-\frac{(\tan\pi x)'}{(\tan\pi x)^2}=-\frac{㋘\boxed{\frac{\pi}{\cos^2\pi x}}}{(\tan\pi x)^2}$$

$\tan\pi x=\frac{\sin\pi x}{\cos\pi x}$ を使うと

$$=-\frac{㋙\boxed{\frac{\pi}{\cos^2\pi x}}}{\left(㋚\boxed{\frac{\sin\pi x}{\cos\pi x}}\right)^2}$$

$$=㋛\boxed{-\frac{\pi}{\cos^2\pi x}\times\frac{\cos^2\pi x}{\sin^2\pi x}=-\frac{\pi}{\sin^2\pi x}}$$

p.27 演習 6

解 答 (1) $u=5x-3$ とおくと $y=$㋐$\boxed{\cos u}$となるので

$$y'=(㋑\boxed{\cos u})'\cdot(5x-3)'=(㋒\boxed{-\sin u})\cdot㋓\boxed{5}$$

u をもとにもどして

$$=㋔\boxed{-5\sin(5x-3)}$$

(2) $u=\frac{1}{x}$ とおくと $y=$㋕$\boxed{\sin u}$となるので

$$y'=(㋖\boxed{\sin u})'\cdot\left(\frac{1}{x}\right)'=㋗\boxed{\cos u}\cdot\left(㋘\boxed{-\frac{1}{x^2}}\right)$$

u をもとにもどして

$$=㋙\boxed{-\frac{1}{x^2}\cos\frac{1}{x}}$$

(3) $u=$㋚$\boxed{\tan x}$とおくと $y=$㋛$\boxed{u^2}$となるので

$$y'=(㋜\boxed{u^2})'\cdot(㋝\boxed{\tan x})'=㋞\boxed{2u\cdot\frac{1}{\cos^2 x}}$$

u をもとにもどして

$$=㋟\boxed{\frac{2\tan x}{\cos^2 x}}$$

(4) $u=$㋠$\boxed{\cos 2x}$とおくと $y=$㋡$\boxed{u^3}$となるので

$$y'=㋢\boxed{(u^3)'\cdot(\cos 2x)'=(3u^2)\cdot(-2\sin 2x)}$$

u をもとにもどすと

$$=㋣\boxed{-6(\cos 2x)^2\sin 2x=-6\cos^2 2x\sin 2x}$$

p.33 演習 7

解 答 (1) $y=\sin^{-1}\left(-\frac{\sqrt{3}}{2}\right)$とおくと

$$\sin y=㋐\boxed{-\frac{\sqrt{3}}{2}}\quad\left(㋑\boxed{-\frac{\pi}{2}}\leqq y\leqq㋒\boxed{\frac{\pi}{2}}\right)$$

これをみたす y を求めると $y=$㋓$\boxed{-\frac{\pi}{3}}$ (図㋔) なので

$$\sin^{-1}\left(-\frac{\sqrt{3}}{2}\right) = \boxed{-\frac{\pi}{3}}^{\text{⑰}}$$

(2) $y = \cos^{-1}0$ とおくと

$$\boxed{\cos y}^{\text{⑱}} = 0 \quad (\boxed{0}^{\text{⑲}} \le y \le \boxed{\pi}^{\text{⑳}})$$

これをみたす y は $\boxed{\dfrac{\pi}{2}}^{\text{㉑}}$（図⑪）なので

$$\cos^{-1}0 = \boxed{\frac{\pi}{2}}^{\text{㉒}}$$

(3) $y = \tan^{-1}\left(-\dfrac{1}{\sqrt{3}}\right)$ とおくと図㉓を利用して

$$\boxed{\begin{array}{l} \tan y = -\dfrac{1}{\sqrt{3}} \quad \left(-\dfrac{\pi}{2} < y < \dfrac{\pi}{2}\right) \\[2mm] \text{これをみたす } y \text{ は} -\dfrac{\pi}{6} \text{ なので} \end{array}}^{\text{㉓}}$$

$$\tan^{-1}\left(-\frac{1}{\sqrt{3}}\right) = \boxed{-\frac{\pi}{6}}^{\text{㉔}}$$

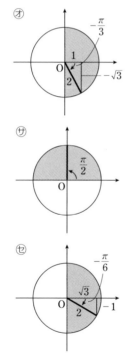

㋔

㋚

㋜

p.37 ● 演習 8

⁑ 解 答 ⁑

(1) $y' = \overset{\text{㋐}}{\boxed{(\tan x + \tan^{-1}x)' = (\tan x)' + (\tan^{-1}x)'}}$

$$= \frac{1}{\cos^2 x} + \frac{1}{1+x^2}$$

(2) $y' = \overset{\text{㋑}}{\boxed{\begin{array}{l} (\sin^{-1}x \cdot \cos^{-1}x)' \\[1mm] = (\sin^{-1}x)' \cdot \cos^{-1}x + (\sin^{-1}x) \cdot (\cos^{-1}x)' \\[1mm] = \dfrac{1}{\sqrt{1-x^2}} \cdot \cos^{-1}x + \sin^{-1}x \cdot \left(-\dfrac{1}{\sqrt{1-x^2}}\right) \\[1mm] = \dfrac{1}{\sqrt{1-x^2}} \cdot (\cos^{-1}x - \sin^{-1}x) \end{array}}}$

(3) $y' = \boxed{\begin{array}{l} \left(\dfrac{x^2}{\sin^{-1}x}\right)' = \dfrac{(x^2)' \cdot \sin^{-1}x - x^2 \cdot (\sin^{-1}x)'}{(\sin^{-1}x)^2} \\[3mm] = \dfrac{2x \cdot \sin^{-1}x - x^2 \cdot \dfrac{1}{\sqrt{1-x^2}}}{(\sin^{-1}x)^2} \\[5mm] = \dfrac{2x\sqrt{1-x^2}\,\sin^{-1}x - x^2}{(\sin^{-1}x)^2 \sqrt{1-x^2}} \end{array}}$

p.39 ● 演習 9

⁑ 解 答 ⁑ ゆっくり計算していこう.

(1) $u = 3-2x$ とおくと $y = \cos^{-1}u$ となるので

$$y' = (\cos^{-1}u)' \cdot (\overset{\text{㋐}}{\boxed{3-2x}})'$$

$$= \overset{\text{㋑}}{\boxed{-\frac{1}{\sqrt{1-u^2}}}} \cdot (-2)$$

$$= \overset{\text{㋒}}{\boxed{\frac{2}{\sqrt{1-(3-2x)^2}}}}$$

(2) 積の微分に注意して

$$y' = (\overset{\text{㋑}}{\boxed{1+x^2}})' \cdot \tan^{-1}5x + (\overset{\text{㋒}}{\boxed{1+x^2}}) \cdot (\tan^{-1}5x)'$$

ここで $(\tan^{-1}5x)'$ について，$u = 5x$ とおくと

$$(\tan^{-1}5x)' = (\tan^{-1}u)' \cdot (\overset{\text{㋓}}{\boxed{5x}})'$$

$$= \frac{1}{\underset{\text{㋔}}{\boxed{1+u^2}}} \cdot \overset{\text{㋕}}{\boxed{5}} = \frac{5}{1+(\underset{\text{㋖}}{\boxed{5x}})^2} = \overset{\text{㋗}}{\boxed{\frac{5}{1+25x^2}}}$$

したがって

$$y' = \overset{\text{㋘}}{\boxed{2x}} \cdot \tan^{-1}5x + (\overset{\text{㋙}}{\boxed{1+x^2}}) \cdot \overset{\text{㋚}}{\boxed{\frac{5}{1+25x^2}}}$$

$$= \overset{\text{㋛}}{\boxed{2x\tan^{-1}5x + \frac{5(1+x^2)}{1+25x^2}}}$$

(3) $u = \cos x$ とおくと $y = \overset{\text{㋜}}{\boxed{\sin^{-1}u}}$ となるから

$$y' = (\overset{\text{㋝}}{\boxed{\sin^{-1}u}})' \cdot (\cos x)'$$

$$= \overset{\text{㋞}}{\boxed{\frac{1}{\sqrt{1-u^2}}}} \cdot (\overset{\text{㋟}}{\boxed{-\sin x}})$$

$$= \frac{-\sin x}{\sqrt{1 - \underset{\text{㋠}}{\boxed{\cos^2 x}}}}$$

$\sin^2 x + \cos^2 x = 1$ より $1 - \cos^2 x = \sin^2 x$ なので

$$= \frac{-\sin x}{\sqrt{\underset{\text{㋡}}{\boxed{\sin^2 x}}}} = \overset{\text{㋢}}{\boxed{-\frac{\sin x}{|\sin x|}}} = \begin{cases} -1 & (\sin x > 0) \\ 1 & (\sin x < 0) \end{cases}$$

p.43 ● 演習 10

⁑ 解 答 ⁑ (1) 積の微分公式を用いて

$$y' = \overset{\text{㋐}}{\boxed{\begin{array}{l} (2x-1)' \cdot e^x + (2x-1) \cdot (e^x)' \\[1mm] = 2e^x + (2x-1)e^x = (2 + 2x - 1)e^x \\[1mm] = (2x+1)e^x \end{array}}}$$

(2) 商の微分公式を使うと
$$y' = \boxed{\frac{(e^x)' \cdot \sin x - e^x \cdot (\sin x)'}{(\sin x)^2} = \frac{e^x \sin x - e^x \cos x}{\sin^2 x}}$$
$$= \boxed{\frac{e^x (\sin x - \cos x)}{\sin^2 x}}$$

(3) 合成関数の微分公式を用いる.
$u = x^2 - 3x + 1$ とおくと $y = \boxed{e^u}$ であるから
$$y' = \boxed{(e^u)' \cdot (x^2 - 3x + 1)' = e^u (2x - 3)}$$
u をもとにもどすと
$$= \boxed{(2x-3)e^{x^2-3x+1}}$$

(4) (3)と同様に $u = e^x$ とおくと $y = \boxed{\tan u}$ である
から
$$y' = \boxed{(\tan u)' \cdot (e^x)' = \frac{1}{\cos^2 u} \cdot e^x}$$
u をもとにもどして
$$= \boxed{\frac{e^x}{\cos^2 e^x}}$$

p.47 ● 演習11

⁂ 解答 ⁂ (1) 積の微分公式を用いて微分してゆく.
$$y' = \boxed{(e^x)' \cdot \log x + e^x \cdot (\log x)'}$$
$$= \boxed{e^x \log x + e^x \cdot \frac{1}{x} = e^x \left(\log x + \frac{1}{x} \right)}$$

(2) 商の微分公式を用いて計算すると
$$y' = \boxed{\frac{(\log x)' \cdot x^2 - \log x \cdot (x^2)'}{(x^2)^2} = \frac{\frac{1}{x} \cdot x^2 - \log x \cdot 2x}{x^4}}$$
$$= \boxed{\frac{x - 2x \log x}{x^4} = \frac{x(1 - 2\log x)}{x^4} = \frac{1 - 2\log x}{x^3}}$$

(3) 合成関数の微分公式を用いる.
$u = \sin x$ とおくと $y = \boxed{\log |u|}$ であるから
$$y' = \boxed{(\log|u|)' \cdot (\sin x)' = \frac{1}{u} \cdot \cos x}$$
u をもとにもどすと
$$= \boxed{\frac{\cos x}{\sin x}}$$

p.51 ● 演習12

⁂ 解答 ⁂ (1) $\sqrt{3}$ が定数であることに注意して公式
より
$$y' = \boxed{\sqrt{3}\, x^{\sqrt{3}-1}}$$

(2) π が定数であることに注意して公式より
$$y' = \boxed{\pi^x \log \pi}$$

(3) 対数微分法で求める. 両辺の対数をとると
$$\log y = \log \boxed{x^{\sin x}} = \boxed{\sin x} \cdot \log x$$
両辺を x で微分すると
$$\boxed{\frac{1}{y}} \frac{dy}{dx} = (\boxed{\sin x} \cdot \log x)'$$
$$= \boxed{(\sin x)' \cdot \log x + \sin x \cdot (\log x)' = \cos x \log x + \sin x \cdot \frac{1}{x}}$$

$$\therefore \quad y' = y \boxed{\left(\cos x \log x + \frac{\sin x}{x} \right)}$$
$$= \boxed{x^{\sin x} \left(\cos x \log x + \frac{\sin x}{x} \right)}$$

(4) 両辺の対数をとると
$$\log y = \log \left(\sqrt{2x-1} \cdot \sqrt[4]{3x^2+5} \right)$$
$$= \log \{ (2x-1)^{\boxed{\frac{1}{2}}} \cdot (3x^2+5)^{\boxed{\frac{1}{4}}} \}$$
$$= \boxed{\log(2x+1)^{\frac{1}{2}} + \log(3x^2+5)^{\frac{1}{4}}}$$
$$= \frac{1}{2} \log(2x-1) + \frac{1}{4} \log(3x^2+5)$$
両辺を x で微分すると
$$\boxed{\frac{1}{y}} \frac{dy}{dx}$$
$$= \boxed{\frac{1}{2} \cdot \frac{1}{2x-1} \cdot (2x-1)' + \frac{1}{4} \cdot \frac{1}{3x^2+5} \cdot (3x^2+5)'}$$
$$= \frac{1}{2} \cdot \frac{2}{2x-1} + \frac{1}{4} \cdot \frac{6x}{3x^2+5}$$
$$= \frac{1}{2x-1} + \frac{3x}{2(3x^2+5)}$$

$$\frac{dy}{dx} = y \boxed{\left\{ \frac{1}{2x-1} + \frac{3x}{2(3x^2+5)} \right\}}$$
$$\therefore \quad y' = \boxed{\sqrt{2x-1} \sqrt[4]{3x^2+5} \left\{ \frac{1}{2x-1} + \frac{3x}{2(3x^2+5)} \right\}}$$

p.53 ● 演習13

⁂ 解答 ⁂ (1) $y = (3-2x^2)^{\boxed{\frac{1}{2}}}$ とかけるので
$$y' = \boxed{\frac{1}{2} (3-2x^2)^{\frac{1}{2}-1} \cdot (3-2x^2)' = \frac{1}{2}(3-2x^2)^{-\frac{1}{2}} \cdot (-4x)}$$
$$= \boxed{-2x(3-2x^2)^{-\frac{1}{2}} = -\frac{2x}{\sqrt{3-2x^2}}}$$

(2) 合成関数の微分公式を用いて
$$y' = \boxed{\frac{1}{1+e^{-x}} \cdot (1+e^{-x})' = \frac{1}{1+e^{-x}} \cdot (-e^{-x}) = -\frac{e^{-x}}{1+e^{-x}}}$$

(3) 対数微分法を用いる. 両辺の対数をとると
$$\log y = \boxed{\log(\tan x)^x = x \log(\tan x)}$$
両辺を x で微分すると
$$\boxed{\frac{1}{y}} \cdot y' = \boxed{\{ x \log(\tan x) \}'}$$
$$= (x)' \cdot \log(\tan x) + x \cdot \{ \log(\tan x) \}'$$
$$= 1 \cdot \log(\tan x) + x \cdot \frac{1}{\tan x} \cdot (\tan x)'$$
$$= \log(\tan x) + \frac{x}{\tan x} \cdot \frac{1}{\cos^2 x}$$
$$= \log(\tan x) + \frac{x}{\frac{\sin x}{\cos x}} \cdot \frac{1}{\cos^2 x}$$
$$= \log(\tan x) + \frac{x}{\sin x \cos x}$$

$$\therefore \quad y' = \boxed{(\tan x)^x \left\{ \log(\tan x) + \frac{x}{\sin x \cos x} \right\}}$$

(4) 第1項は積の微分，第2項は合成関数の微分公式を使うと

$$y' = (x\cos^{-1}x)' - (\sqrt{1-x^2})' = (x\cos^{-1}x)' - \{(1-x^2)^{\boxed{\textcircled{\scriptsize ア}\,\frac{1}{2}}}\}'$$

$$= \boxed{\textcircled{\scriptsize イ}}\boxed{1\cdot\cos^{-1}x + x\cdot\frac{-1}{\sqrt{1-x^2}}} - \boxed{\textcircled{\scriptsize ウ}}\boxed{\frac{1}{2}(1-x^2)^{\frac{1}{2}-1}\cdot(1-x^2)'}$$

$$= \boxed{\textcircled{\scriptsize エ}}\boxed{\cos^{-1}x - \frac{x}{\sqrt{1-x^2}} - \frac{1}{2}(1-x^2)^{-\frac{1}{2}}\cdot(-2x)}$$

$$= \cos^{-1}x - \frac{x}{\sqrt{1-x^2}} + \frac{x}{\sqrt{1-x^2}} = \cos^{-1}x$$

p.59 ● 演習 14

:: **解 答** :: (1) $y' = \boxed{\textcircled{\scriptsize ア}\,-2}\,e^{-2x}$

$$y'' = \boxed{\textcircled{\scriptsize イ}\,(-2)(-2)e^{-2x} = (-2)^2 e^{-2x}}$$

$$y''' = \boxed{\textcircled{\scriptsize ウ}\,(-2)^2(-2)e^{-2x} = (-2)^3 e^{-2x}}$$

$$\vdots$$

$$y^{(n)} = \boxed{\textcircled{\scriptsize エ}\,(-2)^n e^{-2x} = (-1)^n 2^n e^{-2x}}$$

(2) $y' = \boxed{\textcircled{\scriptsize オ}\,-3}\cdot\dfrac{1}{1-3x}$

これをベキの形に直してから微分してゆくと

$$y' = \boxed{\textcircled{\scriptsize カ}\,-3}(1-3x)^{\boxed{\textcircled{\scriptsize キ}\,-1}}$$

$$y'' = \boxed{\textcircled{\scriptsize ク}}\boxed{\begin{aligned}&(-3)\{(1-3x)^{-1}\}'\\&= (-3)\{(-1)(1-3x)^{-2}\cdot(1-3x)'\}\\&= (-3)\{(-1)(1-3x)^{-2}\cdot(-3)\}\\&= (-3)^2(-1)(1-3x)^{-2}\end{aligned}}$$

$$y''' = \boxed{\textcircled{\scriptsize ケ}}\boxed{\begin{aligned}&(-3)^2(-1)\{(1-3x)^{-2}\}'\\&= (-3)^2(-1)\{(-2)(1-3x)^{-3}\cdot(1-3x)'\}\\&= (-3)^2(-1)\{(-2)(1-3x)^{-3}\cdot(-3)\}\\&= (-3)^3(-1)(-2)(1-3x)^{-3}\end{aligned}}$$

$$\vdots$$

$$y^{(n)} = \boxed{\textcircled{\scriptsize コ}}\boxed{\begin{aligned}&(-3)^n(-1)(-2)\cdots(-(n-1))(1-3x)^{-n}\\&= (-3)^n(-1)^{n-1}(n-1)!(1-3x)^{-n}\\&= (-1)^n 3^n(-1)^{n-1}(n-1)!(1-3x)^{-n}\\&= (-1)^{2n-1}3^n(n-1)!(1-3x)^{-n}\\&= -3^n(n-1)!(1-3x)^{-n}\end{aligned}}$$

(3) 微分して sin が出たら，無理に cos に直していく。

$$y' = (\cos 5x)' = \boxed{\textcircled{\scriptsize サ}\,5}(-\sin 5x) = \boxed{\textcircled{\scriptsize シ}\,5}\cos\left(5x + \boxed{\textcircled{\scriptsize ス}\,\frac{\pi}{2}}\right)$$

$$y'' = \boxed{\textcircled{\scriptsize セ}\,5}\left\{\cos\left(5x + \boxed{\frac{\pi}{2}}\right)\right\}'$$

$$= \boxed{\textcircled{\scriptsize ソ}}\boxed{5\left\{-\sin\left(5x+\frac{\pi}{2}\right)\right\}\cdot\left(5x+\frac{\pi}{2}\right)' = 5^2\cos\left(5x+\frac{2}{2}\pi\right)}$$

$$y''' = \boxed{\textcircled{\scriptsize タ}}\boxed{\begin{aligned}&5^2\left\{\cos\left(5x+\frac{2}{2}\pi\right)\right\}'\\&= 5^2\left\{-\sin\left(5x+\frac{2}{2}\pi\right)\right\}\cdot\left(5x+\frac{2}{2}\pi\right)'\\&= 5^3\cos\left(5x+\frac{3}{2}\pi\right)\end{aligned}}$$

$$\vdots$$

$$y^{(n)} = \boxed{\textcircled{\scriptsize チ}}\boxed{5^n\cos\left(5x+\frac{n}{2}\pi\right)}$$

p.67 ● 演習 15

:: **解 答** :: (1) $\dfrac{\boxed{\textcircled{\scriptsize ア}\,0}}{\boxed{\textcircled{\scriptsize イ}\,0}}$ の不定形になっている。

$$\lim_{x\to 0}\frac{x^2}{\sin x} = \lim_{x\to 0}\frac{(x^2)'}{(\sin x)'} = \lim_{x\to 0}\frac{\boxed{\textcircled{\scriptsize ウ}\,2x}}{\boxed{\textcircled{\scriptsize エ}\,\cos x}} = \frac{\boxed{\textcircled{\scriptsize オ}\,0}}{\boxed{\textcircled{\scriptsize カ}\,1}} = \boxed{\textcircled{\scriptsize キ}\,0}$$

(2) $\dfrac{\boxed{\textcircled{\scriptsize ク}\,\infty}}{\boxed{\textcircled{\scriptsize ケ}\,\infty}}$ の不定形である。

$$\lim_{x\to 0}\frac{x^2+5x}{e^x} = \boxed{\textcircled{\scriptsize コ}}\boxed{\lim_{x\to\infty}\frac{(x^2+5x)'}{(e^x)'} = \lim_{x\to\infty}\frac{2x+5}{e^x}}$$

この段階ではまだ $\dfrac{\boxed{\textcircled{\scriptsize サ}\,\infty}}{\boxed{\infty}}$ の不定形で極限値が確定できないので，さらにロピタルの定理を使うと

$$= \boxed{\textcircled{\scriptsize シ}}\boxed{\lim_{x\to\infty}\frac{(2x+5)'}{(e^x)'} = \lim_{x\to\infty}\frac{2}{e^x} = 0}$$

(3) $\boxed{\textcircled{\scriptsize ス}\,0}\cdot\boxed{\textcircled{\scriptsize セ}\,\infty}$ の不定形であるので，変形してからロピタルの定理を用いると

$$\lim_{x\to 0+0}x(\log x)^2 = \lim_{x\to 0+0}\frac{(\log x)^2}{\boxed{\textcircled{\scriptsize ソ}\,\frac{1}{x}}} = \lim_{x\to 0+0}\frac{\{(\log x)^2\}'}{\left(\boxed{\frac{1}{x}}\right)'}$$

ここで $y = (\log x)^2$ とおくと

$$y' = \boxed{\textcircled{\scriptsize タ}\,2(\log x)}\left(\boxed{\log x}\right)' = 2(\log x)\frac{1}{x}$$

より

$$与式 = \boxed{\textcircled{\scriptsize チ}}\boxed{\lim_{x\to 0+0}\frac{2(\log x)\frac{1}{x}}{-\frac{1}{x^2}} = \lim_{x\to 0+0}(-2)\,x\log x}$$

$$= -2\lim_{x\to 0+0}x\log x$$

$\lim\limits_{x\to 0+0}x\log x$ は $\boxed{\textcircled{\scriptsize ツ}\,0}\cdot\boxed{\textcircled{\scriptsize テ}\,(-\infty)}$ の不定形なのだが，p.66 の例題(4)で解いてあったのでその結果を使って

$$= \boxed{\textcircled{\scriptsize ト}\,-2\times 0 = 0}$$

p.77 ● 演習 16

:: **解 答** :: $f(x) = \log(1-3x)$ を順に微分すると

$$f'(x) = \frac{\boxed{\textcircled{\scriptsize ア}\,-3}}{1-3x} = \boxed{\textcircled{\scriptsize イ}\,-3}(1-3x)^{\boxed{\textcircled{\scriptsize ウ}\,-1}}$$

$$f''(x) = \boxed{\textcircled{\scriptsize エ}}\boxed{\{(-3)(1-3x)^{-1}\}' = (-3)^2(-1)(1-3x)^{-2}}$$

$$f'''(x) = \boxed{\textcircled{\scriptsize オ}}\boxed{\begin{aligned}&\{(-3)^2(-1)(1-3x)^{-2}\}'\\&= (-3)^3(-1)(-2)(1-3x)^{-3}\end{aligned}}$$

$$\vdots$$

$$f^{(n)}(x) = \boxed{\textcircled{\scriptsize カ}}\boxed{\begin{aligned}&(-3)^n(-1)(-2)\cdots(-(n-1))(1-3x)^{-n}\\&= (-1)^n(-1)^{n-1}3^n(n-1)!(1-3x)^{-n}\\&= (-1)^{2n-1}3^n(n-1)!(1-3x)^{-n}\\&= -3^n(n-1)!(1-3x)^{-n}\end{aligned}}$$

であるから

$$f(0) = \boxed{\textcircled{\scriptsize キ}\,\log 1 = 0},\quad f'(0) = \boxed{\textcircled{\scriptsize ク}\,-3(1-0)^{-1} = -3},$$

$$f''(0) = \boxed{\textcircled{\scriptsize ケ}\,(-3)^{-2}(-1)(1-0)^{-2} = -9},\quad\cdots,$$

$$f^{(n)}(0) = \boxed{\textcircled{\scriptsize コ}\,-3^n(n-1)!(1-0)^{-n} = -3^n(n-1)!},\quad\cdots$$

となる. ゆえに

$$\log(1-3x) = f(0) + \frac{f'(0)}{1!}x + \frac{f''(0)}{2!}x^2 + \cdots + \frac{f^{(n)}(0)}{n!}x^n + \cdots$$

$$= \boxed{0 + (-3)x + \frac{-9}{2!}x^2 + \cdots + \frac{-3^n(n-1)!}{n!}x^n + \cdots}$$

$$= -3x - \frac{9}{2}x^2 - \cdots - \frac{3^n}{n}x^n + \cdots$$

とマクローリン展開される.

【別解】 定理 1.10.5 (p.71) の $\log(1+x)$ のマクローリン展開において, x を $\boxed{-3x}$ におきかえて求めると

$$\log(1-3x) = \boxed{-3x - \frac{1}{2}(-3x)^2 + \frac{1}{3}(-3x)^3 + \cdots + \frac{(-1)^{n-1}}{n}(-3x)^n + \cdots}$$

$$= -3x - \frac{9}{2}x^2 - 9x^3 - \cdots - \frac{3^n}{n}x^n - \cdots$$

となる.

x の範囲は $-1 < -3x \leq 1$ より $-\dfrac{1}{3} \leq x < \dfrac{1}{3}$ となる.

p.79 ● 演習 17

❚❚ 解 答 ❚❚ $f(x) = \sqrt[3]{1+x}$ の3階導関数まで求めておこう.

$$f(x) = \sqrt[3]{1+x} = (1+x)^{\boxed{\frac{1}{3}}} \quad \text{より} \quad f(0) = \boxed{1}$$

$$f'(x) = \boxed{\frac{1}{3}(1+x)^{\frac{1}{3}-1} = \frac{1}{3}(1+x)^{-\frac{2}{3}}} \qquad f'(0) = \boxed{\frac{1}{3}}$$

$$f''(x) = \boxed{\frac{1}{3}\left(-\frac{2}{3}\right)(1+x)^{-\frac{2}{3}-1} = \frac{1}{3}\left(-\frac{2}{3}\right)(1+x)^{-\frac{5}{3}}}$$

$$f''(0) = \boxed{\frac{1}{3}\left(-\frac{2}{3}\right) = -\frac{2}{9}}$$

$$f'''(x) = \boxed{\frac{1}{3}\left(-\frac{2}{3}\right)\left(-\frac{5}{3}\right)(1+x)^{\frac{5}{3}-1} = \frac{1}{3}\left(-\frac{2}{3}\right)\left(-\frac{5}{3}\right)(1+x)^{-\frac{8}{3}}}$$

$$f'''(0) = \boxed{\frac{1}{3}\left(-\frac{2}{3}\right)\left(-\frac{5}{3}\right) = \frac{10}{27}}$$

となるので

$$\sqrt[3]{1+x} = f(0) + \frac{f'(0)}{1!}x + \frac{f''(0)}{2!}x^2 + \frac{f'''(0)}{3!}x^3 + \cdots$$

$$= 1 + \frac{\boxed{\frac{1}{3}}}{1!}x + \frac{\boxed{-\frac{2}{9}}}{2!}x^2 + \frac{\boxed{\frac{10}{27}}}{3!}x^3 + \cdots$$

$$= \boxed{1 + \frac{1}{3}x - \frac{1}{9}x^2 + \frac{5}{81}x^3 + \cdots}$$

【別解】 定理 1.10.7 (p.74) の $(1+x)^a$ のマクローリン展開を用いて求めてみよう.

$$f(x) = \sqrt[3]{1+x} = (1+x)^{\boxed{\frac{1}{3}}}$$

であるから, $\alpha = \boxed{\dfrac{1}{3}}$ とおく. 定理 1.10.7 (p.74) に代入して x^3 の項までかき出すと

$$(1+x)^{\frac{1}{3}}$$

$$= \boxed{\binom{\frac{1}{3}}{0}} + \boxed{\binom{\frac{1}{3}}{1}}x + \boxed{\binom{\frac{1}{3}}{2}}x^2 + \boxed{\binom{\frac{1}{3}}{3}}x^3 + \cdots$$

ここで $\dbinom{\frac{1}{3}}{0} = \boxed{1}$, $\dbinom{\frac{1}{3}}{1} = \boxed{\dfrac{\frac{1}{3}}{1!} = \dfrac{1}{3}}$

$$\binom{\frac{1}{3}}{2} = \boxed{\frac{\frac{1}{3}\left(\frac{1}{3}-1\right)}{2!} = -\frac{1}{9}}$$

$$\binom{\frac{1}{3}}{3} = \boxed{\frac{\frac{1}{3}\left(\frac{1}{3}-1\right)\left(\frac{1}{3}-2\right)}{3!} = \frac{5}{81}}$$

$$\therefore \ \sqrt[3]{1+x} = \boxed{1 + \frac{1}{3}x - \frac{1}{9}x^2 + \frac{5}{81}x^3 + \cdots} \quad (|x| < 1)$$

p.81 ● 演習 18

❚❚ 解 答 ❚❚ $f(x) = e^x \sin x$ の3階導関数まで求める.

$$f'(x) = \boxed{\begin{aligned}&(e^x)'\sin x + e^x \cdot (\sin x)' = e^x \sin x + e^x \cos x\\&= e^x(\sin x + \cos x)\end{aligned}}$$

$$f''(x) = \boxed{\begin{aligned}&(e^x)'\cdot(\sin x + \cos x) + e^x \cdot (\sin x + \cos x)'\\&= e^x(\sin x + \cos x) + e^x(\cos x - \sin x) = 2e^x \cos x\end{aligned}}$$

$$f'''(x) = \boxed{\begin{aligned}&2\{(e^x)'\cos x + e^x \cdot(\cos x)'\}\\&= 2\{e^x \cos x + e^x(-\sin x)\} = 2e^x(\cos x - \sin x)\end{aligned}}$$

したがって

$$f(0) = \boxed{e^0 \sin 0 = 1 \cdot 0 = 0}$$
$$f'(0) = \boxed{e^0(\sin 0 + \cos 0) = 1(0+1) = 1}$$
$$f''(0) = \boxed{2e^0 \cos 0 = 2 \cdot 1 \cdot 1 = 2}$$
$$f'''(0) = \boxed{2e^0(\cos 0 - \sin 0) = 2 \cdot 1(1-0) = 2}$$

したがって $e^x \sin x$ のマクローリン展開は

$$e^x \sin x = \boxed{0 + \frac{0}{1!}x + \frac{2}{2!}x^2 + \frac{2}{3!}x^3 + \cdots = x + x^2 + \frac{1}{3}x^3 + \cdots}$$

【別解】 定理 1.10.4 (p.70) の e^x と, 定理 1.10.6 (p.72) の $\sin x$ の, マクローリン展開を使おう.

$$e^x \sin x = \left(\boxed{1 + \frac{1}{1!}x + \frac{1}{2!}x^2 + \cdots}\right) \cdot \left(\boxed{x - \frac{1}{3!}x^3 + \frac{1}{5!}x^5 - \cdots}\right)$$

であるから, はじめの数項をかけ合わせて x^3 までの項を求めると

$$e^x \sin x = \boxed{\begin{aligned}&\left(1 \cdot x - 1 \cdot \frac{1}{3!}x^3 + \cdots\right) + \left(\frac{1}{1!}x \cdot x + \cdots\right)\\&+ \left(\frac{1}{2!}x^2 \cdot x + \cdots\right) = x - \frac{1}{6}x^3 + x^2 + \frac{1}{2}x^3 + \cdots\\&= x + x^2 + \left(-\frac{1}{6} + \frac{1}{2}\right)x^3 + \cdots = x + x^2 + \frac{1}{3}x^3 + \cdots\end{aligned}}$$

p.90 ● 演習 19

解答 (1)　y', y'' を順に求め，因数分解しておく．

$$y'=㋐\boxed{-\frac{1}{2}\cdot 4x^3-2\cdot 3x^2=-2x^3-6x^2=-2x^2(x+3)}$$

$$y''=㋑\boxed{(-2x^3-6x^2)'=-2\cdot 3x^2-6\cdot 2x=-6x^2-12x \\ =-6x(x+2)}$$

(2)　(1) の結果より

$y'=0$ のとき　$x=㋒\boxed{-3}$　または　$x=㋓\boxed{0}$

$y''=0$ のとき　$x=㋔\boxed{-2}$　または　$x=㋕\boxed{0}$

(3)　増減表を作成する．

x の欄へ(2)で求めた値を小さい順に記入．

y'の式を見ながら，y'の欄へ＋(↗)，－(↘)，0 を記入．

y''の式を見ながら，y''の欄へ＋(∪)，－(∩)，0 を記入．

最後に y'，y'' の欄を見ながら，y の欄へ ↗，↗，↘，↘ を記入する．

増減表

㋖

x	…	-3	…	-2	…	0	…
y'	＋ (↗)	0		− (↘)		0	− (↘)
y''		− (∩)		0	＋ (∪)	0	− (∩)
y	↗	$\frac{27}{2}$	↘	8	↘	0	↘

(4)　増減表より，$x=㋗\boxed{-3}$ のとき極㋘[大]となり，極㋙[大]値は

$$y=㋚\boxed{-\frac{3}{2}(-3)^4-2(-3)^3=-\frac{81}{2}-2(-27) \\ =-\frac{81}{2}+54=-\frac{81}{2}+\frac{108}{2}=\frac{27}{2}}$$

(5)　変曲点は $x=㋛\boxed{-2}$ と $x=0$ のときで

$$x=㋜\boxed{-2}\text{のとき}\quad y=㋝\boxed{-\frac{1}{2}(-2)^4-2(-2)^3 \\ =-\frac{16}{2}-2(-8)=-8+16=8}$$

$$x=0\text{ のとき}\quad y=-\frac{1}{2}\cdot 0^4-2\cdot 0^3=0$$

ゆえに，変曲点は $(㋞\boxed{-2},\ ㋟\boxed{8})$ と $(0,0)$．

(6)　x 軸との共有点も求めておく．

$y=0$ とおくと

$$㋠\boxed{-\frac{1}{2}x^4-2x^3=0,\quad -\frac{1}{2}x^3(x+4)=0 \\ x=-4\ \text{または}\ x=0}$$

これより，x 軸との共有点は

$(㋡\boxed{-4},\ 0)$ と $(㋢\boxed{0},\ 0)$

増減表を見ながらグラフを描くと図のようになる．

㋣

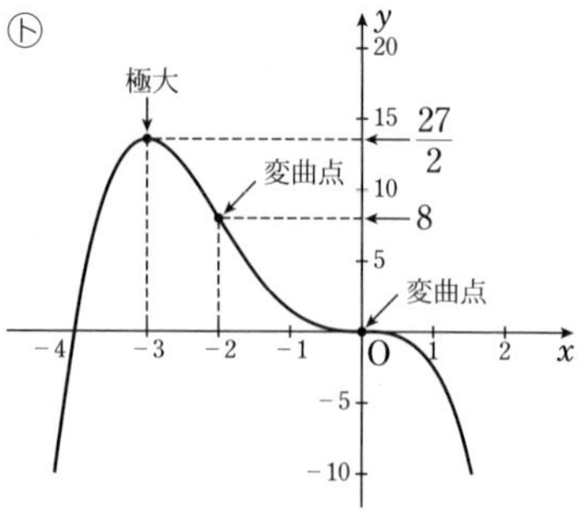

p.94 ● 演習 20

解答 (1)　積の微分公式を使って y'，y'' を順に求めると

$$y'=㋐\boxed{\{(1-x)e^{-x}\}'=(1-x)'\cdot e^{-x}+(1-x)\cdot(e^{-x})' \\ =-1\cdot e^{-x}+(1-x)(-e^{-x})=-e^{-x}-(1-x)e^{-x} \\ =\{-1-(1-x)\}e^{-x}=(x-2)e^{-x}}$$

$$y''=㋑\boxed{\{(x-2)e^{-x}\}'=(x-2)'\cdot e^{-x}+(x-2)\cdot(e^{-x})' \\ =1\cdot e^{-x}+(x-2)(-e^{-x})=e^{-x}-(x-2)e^{-x} \\ =\{1-(x-2)\}e^{-x}=(3-x)e^{-x}}$$

(2)　$y'=0$ のときの x を求めると

㋒$\boxed{(x-2)e^{-x}=0,\ e^{-x}\neq 0 \text{ より } x=2}$

$y''=0$ のときの x を求めると

㋓$\boxed{(3-x)e^{-x}=0,\ e^{-x}\neq 0 \text{ より } x=3}$

(3)　$x\to\infty$ のときの y を調べる．

$$\lim_{x\to\infty}y=\lim_{x\to\infty}(1-x)e^{-x}=\lim_{x\to\infty}\frac{㋔\boxed{1-x}}{㋕\boxed{e^x}}$$

ここで $\lim_{x\to\infty}(1-x)=㋖\boxed{-\infty}$，$\lim_{x\to\infty}e^x=㋗\boxed{\infty}$ なので，

これは $\frac{-\infty}{\infty}$ の不定形である．

ロピタルの定理を使うと

$$=\lim_{x\to\infty}\frac{(㋘\boxed{1-x})'}{(㋙\boxed{e^x})'}=㋚\boxed{\lim_{x\to\infty}\frac{-1}{e^x}=-\lim_{x\to\infty}\frac{1}{e^x}=-0=0}\ (\text{収束})$$

$x\to-\infty$ のときは $\lim_{x\to-\infty}(1-x)=㋛\boxed{\infty}$，

$\lim_{x\to-\infty}e^{-x}=㋜\boxed{\infty}$ より

$$\lim_{x\to-\infty}y=\lim_{x\to-\infty}(1-x)e^{-x}=㋝\boxed{\infty}\quad(\text{発散})$$

(4)　(1)～(3)で調べた結果を使って増減表を作成すると，次のようになる．

㋞　増減表

x	$-\infty$	…	2	…	3	…	∞	
y'		− (↘)	0		＋ (↗)			← $y'=㋟\boxed{(x-2)e^{-x}}$
y''			＋ (∪)		0	− (∩)		← $y''=㋠\boxed{(3-x)e^{-x}}$
y	(∞)	↘	$-e^{-2}$	↗	$-2e^{-3}$	↗	(0)	← $y=(1-x)e^{-x}$

(5) グラフを描くために，極値，変曲点，軸との交点を求めておく．

増減表より

$x=2$ のとき 極㋡[小]値 $y=$㋢ [$(1-2)e^{-2}=-e^{-2}$] をとる．

$x=3$ のとき㋣[変曲点]をとり，

このとき $y=$㋤ [$(1-3)e^{-3}=-2e^{-3}$]

x，y 軸との交点を求める．

y 軸との交点は $x=0$ とおいて

㋥ [$y=(1-0)e^{-0}=1\cdot 1=1$] より $(0,$ ㋦[1]$)$

x 軸との交点は $y=0$ とおいて

㋧ [$0=(1-x)e^{-x}$，$e^{-x}\neq 0$ より $x=1$] (㋨[1]$,0)$

以上よりグラフを描くと，図㋫のようになる．

㋫
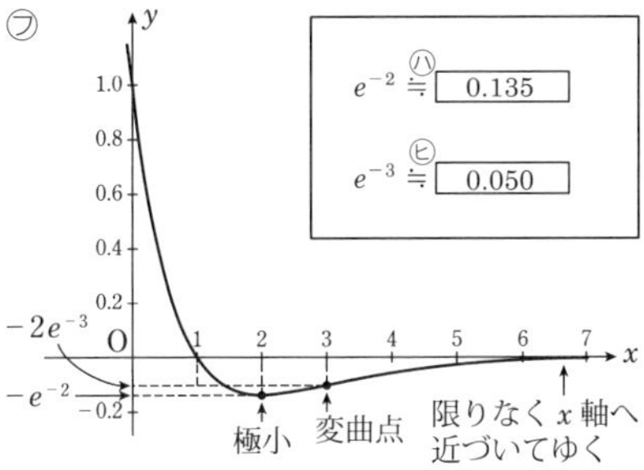

y
x
O
1.0
0.8
0.6
0.4
0.2
−0.2
1
2
3
4
5
6
7
$-2e^{-3}$
$-e^{-2}$
極小
変曲点
限りなく x 軸へ近づいてゆく
e^{-2} ≒ ㋩ 0.135
e^{-3} ≒ ㋪ 0.050

p.96 総合演習 1

問 1 (1) $10(x+1)(x^2+2x-5)^4$ (2) $\dfrac{7}{(2x+1)^2}$ (3) $\dfrac{3x^2}{4\sqrt[4]{(1+x^3)^3}}$

問 2 (1) $\dfrac{6\tan^2(2x+1)}{\cos^2(2x+1)}$ (2) $\dfrac{\cos x(2+\sin^2 x)}{(1+\cos^2 x)^2}$ (3) $2x\sin\dfrac{1}{x}-\cos\dfrac{1}{x}$

問 3 (1) $-\dfrac{e^x+e^{-x}}{(e^x-e^{-x})^2}$ (2) $\dfrac{e^{3x}}{\sqrt[3]{(1+e^{3x})^2}}$ (3) $\dfrac{1}{\sqrt{1+x^2}}$

問 4 (1) $\dfrac{(1+2x)^{\frac{1}{x}}}{x^2}\left\{\dfrac{2x}{1+2x}-\log(1+2x)\right\}$ (2) $\dfrac{1}{\sqrt{1-x^2}}e^{\sin^{-1}x}$

(3) $\dfrac{x\sqrt{x^2-1}}{(1-3x^2)^5}\left(\dfrac{1}{x^2-1}+\dfrac{30}{1-3x^2}\right)$ または $\dfrac{x(27x^2-29)}{(1-3x^2)^6\sqrt{x^2-1}}$

問 5 (1) $\sqrt{\dfrac{x}{2-x}}$ (2) $\dfrac{1}{\sqrt{1-x^2}}$

問 6 (1) $f^{(n)}(x)=2^x(\log 2)^n$

マクローリン展開

$$f(x)=\sum_{n=0}^{\infty}\frac{(\log 2)^n}{n\,!}x^n=1+\frac{\log 2}{1\,!}x+\frac{(\log 2)^2}{2\,!}x^2+\cdots+\frac{(\log 2)^n}{n\,!}x^n+\cdots$$

(2) $$f^{(n)}(x)=(-1)^{n-1}(n-1)\,!\,(1+x)^{-n}-(-1)^{n-1}(n-1)\,!\,(1-x)^{-n}(-1)^n$$
$$=(n-1)\,!\,\{(-1)^{n-1}(1+x)^{-n}+(1-x)^{-n}\}$$

マクローリン展開

$$f(x)=\sum_{n=0}^{\infty}\frac{(n-1)\,!\,\{(-1)^{n-1}+1\}}{n\,!}x^n=\sum_{n=0}^{\infty}\frac{(-1)^{n-1}+1}{n}x^n$$
$$=2\sum_{m=0}^{\infty}\frac{1}{2m+1}x^{2m+1}=2\left(x+\frac{1}{3}x^3+\frac{1}{5}x^5+\cdots+\frac{1}{2m+1}x^{2m+1}+\cdots\right)$$

問 7 (1) $y'=-\dfrac{x^2+2x-1}{(x^2+1)^2}=0$ より $x=-1\pm\sqrt{2}\,(\fallingdotseq 0.414,\ -2.414)$

$y'' = \dfrac{2(x-1)(x^2+4x+1)}{(x^2+1)^3} = 0$　より　$x = 1, -2 \pm \sqrt{3}\,(\fallingdotseq -0.268, -3.732)$

$\displaystyle \lim_{x \to \infty} \frac{x+1}{x^2+1}\left(\frac{\infty}{\infty}\text{ の不定形}\right) = \lim_{x \to \infty} \frac{(x+1)'}{(x^2+1)'} = \lim_{x \to \infty} \frac{1}{2x} = 0$　（正の方から収束）

$\displaystyle \lim_{x \to -\infty} \frac{x+1}{x^2+1}\left(\frac{-\infty}{\infty}\text{ の不定形}\right) = \lim_{x \to -\infty} \frac{(x+1)'}{(x^2+1)'} = \lim_{x \to -\infty} \frac{1}{2x} = 0$

（負の方から収束）

増減表

x	$-\infty$	$\cdots$	$-2-\sqrt{3}$	$\cdots$	$-1-\sqrt{2}$	$\cdots$	$-2+\sqrt{3}$	$\cdots$	$-1+\sqrt{2}$	$\cdots$	1	$\cdots$	∞
y'		$\begin{matrix}-\\(\searrow)\end{matrix}$			0		$\begin{matrix}+\\(\nearrow)\end{matrix}$		0		$\begin{matrix}-\\(\searrow)\end{matrix}$		
y''		$\begin{matrix}-\\(\cap)\end{matrix}$	0		$\begin{matrix}+\\(\cup)\end{matrix}$		0		$\begin{matrix}-\\(\cap)\end{matrix}$		0	$\begin{matrix}+\\(\cup)\end{matrix}$	
y	(0)	$\searrow$	$\frac{1}{4}(1-\sqrt{3})$	$\searrow$	$\frac{1}{2}(1-\sqrt{2})$	$\nearrow$	$\frac{1}{4}(1+\sqrt{3})$	$\nearrow$	$\frac{1}{2}(1+\sqrt{2})$	$\searrow$	1	$\searrow$	(0)

$x = -1-\sqrt{2}$　のとき　極小値 $\dfrac{1}{2}(1-\sqrt{2})$

$x = -1+\sqrt{2}$　のとき　極大値 $\dfrac{1}{2}(1+\sqrt{2})$

変曲点は，$\left(-2-\sqrt{3},\ \dfrac{1}{4}(1-\sqrt{3})\right),\ \left(-2+\sqrt{3},\ \dfrac{1}{4}(1+\sqrt{3})\right),\ (1, 1)$

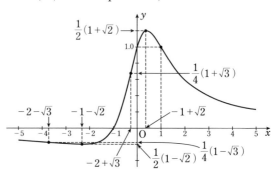

(2)　$-\pi \leqq x \leqq \pi$ に注意して

$y' = -(2\cos x + 1)(\cos x - 1) = 0$　より　$x = \pm\dfrac{2}{3}\pi,\ 0$

$y'' = \sin x(4\cos x - 1) = 0$　より　$x = 0,\ \pm\pi,\ \pm\cos^{-1}\dfrac{1}{4}\ (\fallingdotseq \pm 75.5^\circ)$

$\alpha = \cos^{-1}\dfrac{1}{4}$　のとき

$\cos\alpha = \dfrac{1}{4}\left(0 \leqq \alpha \leqq \dfrac{\pi}{2}\right),\ \sin\alpha = \dfrac{\sqrt{15}}{4}$

このとき

$y = \sin\alpha\,(1 - \cos\alpha) = \dfrac{\sqrt{15}}{4}\left(1 - \dfrac{1}{4}\right) = \dfrac{3}{16}\sqrt{15}$

$\beta = -\cos^{-1}\dfrac{1}{4}$　のとき　$\cos(-\beta) = \dfrac{1}{4}\left(0 \leqq -\beta \leqq \dfrac{\pi}{2}\right)$

このとき $\sin\beta = -\dfrac{\sqrt{15}}{4},\ \cos\beta = \dfrac{1}{4}$ となり

$y = \sin\beta\,(1 - \cos\beta) = -\dfrac{\sqrt{15}}{4}\left(1 - \dfrac{1}{4}\right) = -\dfrac{3}{16}\sqrt{15}$

右図: 直角三角形、斜辺 4、底辺 1、高さ $\sqrt{4^2 - 1^2} = \sqrt{15}$、角 α、$\alpha = \cos^{-1}\dfrac{1}{4}$

増減表

x	$-\pi$	$\cdots$	$-\dfrac{2}{3}\pi$	$\cdots$	$-\cos^{-1}\dfrac{1}{4}$	$\cdots$	0	$\cdots$	$\cos^{-1}\dfrac{1}{4}$	$\cdots$	$\dfrac{2}{3}\pi$		π
y'	-2	$\underset{(\searrow)}{-}$	0	$\underset{(\nearrow)}{+}$	0	$\underset{(\nearrow)}{+}$	0	$\underset{(\nearrow)}{+}$	0		0	$\underset{(\searrow)}{-}$	-2
y''	0	$\underset{(\cup)}{+}$		0		$\underset{(\cap)}{-}$	0	$\underset{(\cup)}{+}$	0		$\underset{(\cap)}{-}$		0
y	0	$\searrow$	$-\dfrac{3}{4}\sqrt{3}$	$\nearrow$	$-\dfrac{3}{16}\sqrt{15}$	$\nearrow$	0	$\nearrow$	$\dfrac{3}{16}\sqrt{15}$	$\nearrow$	$\dfrac{3}{4}\sqrt{3}$	$\searrow$	0

$x = -\dfrac{2}{3}\pi$ のとき 極小値 $-\dfrac{3}{4}\sqrt{3}$,　$x = \dfrac{2}{3}\pi$ のとき 極大値 $\dfrac{3}{4}\sqrt{3}$

変曲点は

$\left(-\cos^{-1}\dfrac{1}{4},\ -\dfrac{3}{16}\sqrt{15}\right)$

$(0, 0)$

$\left(\cos^{-1}\dfrac{1}{4},\ \dfrac{3}{16}\sqrt{15}\right)$

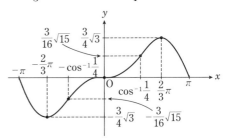

(3)　$y' = x^2(3\log x + 1) = 0$　より　$3\log x + 1 = 0,\ x = e^{-\frac{1}{3}}\ (\fallingdotseq 0.717)$

　　　$y'' = x(6\log x + 5) = 0$　より　$6\log x + 5 = 0,\ x = e^{-\frac{5}{6}}\ (\fallingdotseq 0.435)$

　　　$\displaystyle\lim_{x \to 0+0}\dfrac{\dfrac{1}{x}}{-3x^{-4}} = \lim_{x \to 0+0}\left(-\dfrac{1}{3}x^3\right) = 0$　（負の方から収束）

　　　$\displaystyle\lim_{x \to \infty}x^3\log x = \infty$　（発散）

増減表

x	(0)	$\cdots$	$e^{-\frac{5}{6}}$	$\cdots$	$e^{-\frac{1}{3}}$	$\cdots$	∞
y'		$\begin{matrix} - \\ (\searrow) \end{matrix}$		0	$\begin{matrix} + \\ (\nearrow) \end{matrix}$		
y''	$\begin{matrix} - \\ (\cap) \end{matrix}$	0		$\begin{matrix} + \\ (\cup) \end{matrix}$			
y	(0)	$\searrow$	$-\frac{5}{6}e^{-\frac{5}{2}}$	$\searrow$	$-\frac{1}{3}e^{-1}$	$\nearrow$	∞

$-\dfrac{1}{3}e^{-1} \fallingdotseq -0.123$

$-\dfrac{5}{6}e^{-\frac{5}{2}} \fallingdotseq -0.068$

$x = e^{-\frac{1}{3}}$ のとき　極小値 $-\dfrac{1}{3}e^{-1}$

変曲点は　$\left(e^{-\frac{5}{6}},\ -\dfrac{5}{6}e^{-\frac{5}{2}} \right)$

$\displaystyle \lim_{x \to 0+0} y' = 0$　（負の方から収束）

より，曲線は下から接するように x 軸に近づく．

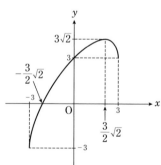

(4)　$y' = 1 - \dfrac{x}{\sqrt{9-x^2}} = 0$　より　$\dfrac{x}{\sqrt{9-x^2}} = 1,\ x = \sqrt{9-x^2}$

両辺を2乗（ここで前後の式の同値性がくずれる）して整理すると $2x^2 = 9$.

これより，$x = \dfrac{3}{2}\sqrt{2}$ $\left(x = -\dfrac{3}{2}\sqrt{2} \text{は方程式をみたさない} \right)$.

$y'' = \dfrac{-9}{(9-x^2)\sqrt{9-x^2}}$　より $y'' = 0$ となる x はない.

増減表

x	-3	$\cdots$	$\frac{3}{2}\sqrt{2}$	$\cdots$	3
y'	∞	$\begin{matrix} + \\ (\nearrow) \end{matrix}$	0	$\begin{matrix} - \\ (\searrow) \end{matrix}$	$-\infty$
y''			$\begin{matrix} - \\ (\cap) \end{matrix}$		
y	-3	$\nearrow$	$3\sqrt{2}$	$\searrow$	3

$x = \dfrac{2}{3}\sqrt{2}$ のとき　極小値 $3\sqrt{2}$

変曲点なし

この曲線は斜めになった楕円の一部です

p.105 ● 演習 21

:: **解 答** :: 線形性を用いてバラバラにし，各種積分公式を使えばよい.

(1) x^a の積分公式を用いて，

$$\int (5x^4 - 4x + 3)\,dx = \boxed{5}\int x^4 dx - \boxed{4}\int x\,dx + \boxed{3}\int dx$$

$$= \boxed{5 \cdot \frac{1}{5}x^5 - 4 \cdot \frac{1}{2}x^2 + 3 \cdot x + C = x^5 - 2x^2 + 3x + C}$$

(2) 三角関数の積分公式を用いて

$$\int \left(\sin x - \frac{3}{\cos^2 x} \right) dx = \int \sin x\,dx - \boxed{3}\int \frac{1}{\cos^2 x}\,dx$$

$$= \boxed{-\cos x - 3\tan x + C}$$

(3) $\frac{1}{x^2}$ はベキの形に直しておく方が，公式が使いやすい.

$$\int \left(\frac{1}{x^2} + 3\sqrt{x} \right) dx = \int x^{\boxed{-2}}\,dx + \boxed{3}\int \sqrt{x}\,dx$$

x^a の積分公式を使って

$$= \boxed{\frac{1}{-1}x^{-1} + 3 \cdot \frac{2}{3}x\sqrt{x} + C = -\frac{1}{x} + 2x\sqrt{x} + C}$$

(4) 係数に気をつけながら x^a の積分公式を使うと

$$\int \left(\frac{1}{2\sqrt{x}} + \frac{1}{3x} \right) dx = \boxed{\frac{1}{2}} \int \frac{1}{\sqrt{x}}\,dx + \boxed{\frac{1}{3}} \int \frac{1}{x}\,dx$$

$$= \boxed{\frac{1}{2} \cdot 2\sqrt{x} + \frac{1}{3} \cdot \log|x| + C = \sqrt{x} + \frac{1}{3}\log|x| + C}$$

p.107 ● 演習 22

:: **解 答** :: 基本公式の"総まとめ"のつもりでやってみよう.

(1) 線形性よりバラバラにし，x^a と逆三角関数の積分公式を使うと

$$\int \left(\frac{1}{x^2} + \frac{2}{1+x^2} \right) dx$$

$$= \int x^{\boxed{-2}}\,dx + \boxed{2} \int \frac{1}{1+x^2}\,dx$$

$$= \boxed{\frac{1}{-1}x^{-1} + 2\tan^{-1}x + C = -\frac{1}{x} + 2\tan^{-1}x + C}$$

(2) バラバラにしてから $x^a \left(a = -\frac{1}{2} \right)$ と逆三角関数の積分公式を使うと

$$\int \left(\frac{3}{\sqrt{x}} - \frac{2}{\sqrt{1-x^2}} \right) dx$$

$$= \boxed{3} \int \frac{1}{\sqrt{x}}\,dx - \boxed{2} \int \frac{1}{\sqrt{1-x^2}}\,dx$$

$$= \boxed{3 \cdot 2\sqrt{x} - 2 \cdot \sin^{-1}x + C = 6\sqrt{x} - 2\sin^{-1}x + C}$$

(3) $\frac{1}{x}$, e^x, a^x の積分公式を間違えないように使おう.

$$\int \left(\frac{1}{x} - 2^x + 3e^x \right) dx$$

$$= \boxed{\int \frac{1}{x}\,dx - \int 2^x dx + 3\int e^x dx = \log|x| - \frac{2^x}{\log 2} + 3e^x + C}$$

p.111 ● 演習 23

:: **解 答** :: (1) $u = 3x + 2$ において，左辺を u で微分，右辺を x で微分して

$$du = \boxed{3}\,dx,\ \ これより\ dx = \boxed{\frac{1}{3}}\,du.\ \ 置換積分法より$$

$$\int (3x+2)^4 dx = \int u^{\boxed{4}} \cdot \boxed{\frac{1}{3}}\,du = \boxed{\frac{1}{3}} \int u^4\,du$$

$$= \boxed{\frac{1}{3} \cdot \frac{1}{4+1}u^{4+1} + C = \frac{1}{15}u^5 + C}$$

u をもとにもどして

$$= \boxed{\frac{1}{15}(3x+2)^5 + C}$$

(2) $u = 2x + 1$ より

$$du = \boxed{2}\,dx\ \ なので\ \ dx = \boxed{\frac{1}{2}}\,du.$$

したがって置換積分法より

$$\int \frac{1}{2x+1}\,dx = \boxed{\int \frac{1}{u} \cdot \frac{1}{2}\,du = \frac{1}{2}\int \frac{1}{u}\,du = \frac{1}{2}\log|u| + C}$$

u をもとにもどすと

$$= \boxed{\frac{1}{2}\log|2x+1| + C}$$

(3) $u = 6x - 5$ より $du = \boxed{6}\,dx$.

ゆえに $dx = \boxed{\frac{1}{6}}\,du$ より

$$\int \sqrt[3]{(6x-5)^2}\,dx$$

$$= \boxed{\int \sqrt[3]{u^2} \cdot \frac{1}{6}\,du = \frac{1}{6}\int u^{\frac{2}{3}}\,du = \frac{1}{6} \cdot \frac{3}{5}u^{\frac{5}{3}} + C}$$

$$= \boxed{\frac{1}{10}(6x-5)^{\frac{5}{3}} + C}$$

p.113 ● 演習 24

:: **解 答** :: (1) $\boxed{6x+5}$ を u とみなして積分する.
x の係数は $\boxed{6}$ なので

$$\int (6x+5)^8 dx = \frac{1}{\boxed{6}} \cdot \frac{1}{\boxed{8+1}}(6x+5)^{\boxed{8+1}} + C$$

$$= \frac{1}{\boxed{54}}(6x+5)^{\boxed{9}} + C$$

(2) $\boxed{4-3x}$ を u とみなす. x の係数は $\boxed{-3}$ なので

$$\int \frac{1}{4-3x}\,dx = \frac{1}{\boxed{-3}} \cdot \boxed{\log|4-3x|} + C$$

$$= \boxed{-\frac{1}{3}\log|4-3x| + C}$$

(3) $\boxed{2x-1}$ を u とみなす. x の係数は $\boxed{2}$ なので

$$\int \sqrt[3]{2x-1}\,dx = \int (2x-1)^{\boxed{\frac{1}{3}}}\,dx$$

$$= \frac{1}{\boxed{2}} \cdot \frac{1}{\boxed{\frac{1}{3}+1}}(2x-1)^{\boxed{\frac{1}{3}+1}} + C$$

$$= \boxed{\dfrac{1}{2} \cdot \dfrac{1}{\frac{4}{3}} (2x-1)^{\frac{4}{3}} + C = \dfrac{1}{2} \cdot \dfrac{3}{4} (2x-1)^{\frac{4}{3}} + C}$$

$$= \boxed{\dfrac{3}{8} (2x-1)^{\frac{4}{3}} + C}$$

(4) ⓑ $\boxed{4x+3}$ を u とみなす．x の係数は ⓒ $\boxed{4}$ なので

$$\int \dfrac{1}{\sqrt{4x+3}}\,dx = \int (4x+3)^{\textcircled{\scriptsize ?}\,\boxed{-\frac{1}{2}}}\,dx$$

$$= \boxed{\textcircled{\scriptsize ?}\,\dfrac{1}{4} \cdot \dfrac{1}{-\frac{1}{2}+1} (4x+3)^{-\frac{1}{2}+1} + C = \dfrac{1}{4} \cdot \dfrac{1}{\frac{1}{2}} (4x+3)^{\frac{1}{2}} + C}$$

$$= \boxed{\dfrac{1}{4} \cdot \dfrac{2}{1} (4x+3)^{\frac{1}{2}} + C = \dfrac{1}{2}\sqrt{4x+3} + C}$$

p.115 ● 演習 25

解 答 (1)と(2)を2通りの方法で求める．

(1) $u = 5x$ とおくと $du = \textcircled{\scriptsize ?}\,\boxed{5}\,dx$.

したがって $dx = \textcircled{\scriptsize ?}\,\boxed{\dfrac{1}{5}}\,du$ より

$$\int \cos 5x\,dx$$

$$= \boxed{\textcircled{\scriptsize ?}\int \cos u \cdot \dfrac{1}{5}\,du = \dfrac{1}{5}\int \cos u\,du = \dfrac{1}{5}\sin u + C}$$

$$\boxed{= \dfrac{1}{5}\sin 5x + C}$$

(1)【別】 $f(ax+b)$ の積分公式❹ において $a=5$, $b=0$ の場合なので，すぐに

$$\int \cos 5x\,dx = \boxed{\textcircled{\scriptsize ?}\,\dfrac{1}{5}\sin 5x + C}$$

(2) $u = -\dfrac{x}{2}$ とおくと $du = \textcircled{\scriptsize ?}\,\boxed{-\dfrac{1}{2}}\,dx$.

ゆえに $dx = \textcircled{\scriptsize ?}\,\boxed{-2}\,du$ となるから

$$\int e^{-\frac{x}{2}}\,dx$$

$$= \boxed{\textcircled{\scriptsize ?}\int e^u \cdot (-2)\,du = -2\int e^u\,du = -2e^u + C = -2e^{-\frac{x}{2}} + C}$$

(2)【別】 $f(ax+b)$ の積分公式❺ において $a = \boxed{-\dfrac{1}{2}}$, ⓒ $\boxed{b=0}$ とおけば

$$\int e^{-\frac{x}{2}}\,dx = \boxed{\textcircled{\scriptsize ?}\,\dfrac{1}{-\frac{1}{2}} e^{-\frac{x}{2}} + C}$$

$$= \boxed{\textcircled{\scriptsize ?}\,-2e^{-\frac{x}{2}} + C}$$

(3) $4x^2 = (\textcircled{\scriptsize ?}\,\boxed{2x})^2$ なので $u = \textcircled{\scriptsize ?}\,\boxed{2x}$ とおくと $du = \textcircled{\scriptsize ?}\,\boxed{2}\,dx$.

ゆえに $dx = \textcircled{\scriptsize ?}\,\boxed{\dfrac{1}{2}}\,du$ となる．したがって

$$\int \dfrac{1}{1+4x^2}\,dx = \int \dfrac{1}{1+(2x)^2}\,dx$$

$$= \boxed{\textcircled{\scriptsize ?}\int \dfrac{1}{1+(2x)^2}\,dx = \int \dfrac{1}{1+u^2} \cdot \dfrac{1}{2}\,du = \dfrac{1}{2}\int \dfrac{1}{1+u^2}\,du}$$

$$\boxed{= \dfrac{1}{2}\tan^{-1}u + C = \dfrac{1}{2}\tan^{-1}(2x) + C}$$

p.117 ● 演習 26

解 答 p.116 の例題と同様，2通りの方法で解いてみよう．

(1) $u = \textcircled{\scriptsize ?}\,\boxed{4-5x^3}$ とおくと

$$du = \textcircled{\scriptsize ?}\,\boxed{-15x^2}\,dx,\quad x^2 dx = \boxed{-\dfrac{1}{15}}\,du.$$

$$\therefore\ \int \dfrac{x^2}{(4-5x^3)^2}\,dx$$

$$= \int (4-5x^3)^{\textcircled{\scriptsize ?}\,\boxed{-2}} \cdot x^2\,dx$$

$$= \boxed{\textcircled{\scriptsize ?}\int u^{-2}\left(-\dfrac{1}{15}\right)du = -\dfrac{1}{15}\int u^{-2}\,du = -\dfrac{1}{15} \cdot \dfrac{1}{-1} u^{-1} + C}$$

$$\boxed{= \dfrac{1}{15} u^{-1} + C = \dfrac{1}{15u} + C = \dfrac{1}{15(4-5x^3)} + C}$$

(1)【別】 $(4-5x^3)' = \boxed{-15x^2}$ に注意すると，

$$\int \dfrac{x^2}{(4-5x^3)^2}\,dx = \int \dfrac{1}{(4-5x^3)^2} \cdot x^2\,dx$$

$$= \boxed{\int \dfrac{1}{(4-5x^3)^2} \cdot \left(-\dfrac{1}{15}\right)(4-5x^3)'\,dx}$$

$$= \boxed{\textcircled{\scriptsize ?}\,-\dfrac{1}{15}\int (4-5x^3)^{\textcircled{\scriptsize ?}\,\boxed{-2}} \cdot (4-5x^3)'\,dx}$$

系 2.2.2 の❷を用いて

$$= \boxed{-\dfrac{1}{15} \cdot \dfrac{1}{-1} (4-5x^3)^{-1} + C = \dfrac{1}{15(4-5x^3)} + C}$$

(2) $u = \cos x$ とおくと

$$du = \boxed{-\sin x}\,dx,$$

$$\sin x\,dx = (\textcircled{\scriptsize ?}\,\boxed{-1})\,du$$

$$\therefore\ \int \cos^8 x \cdot \sin x\,dx$$

$$= \boxed{\textcircled{\scriptsize ?}\int u^8 \cdot (-1)\,du = -\int u^8\,du = -\dfrac{1}{9}u^9 + C = -\dfrac{1}{9}\cos^9 x + C}$$

(2)【別】 $(\cos x)' = \boxed{-\sin x}$ に注意して

$$\int \cos^8 x \sin x\,dx$$

$$= -\int (\cos x)^8 \cdot (-\sin x)\,dx$$

$$= -\int (\cos x)^8 \cdot (\cos x)'\,dx$$

$$= \boxed{\textcircled{\scriptsize ?}\,-\dfrac{1}{8+1}(\cos x)^{8+1} + C = -\dfrac{1}{9}\cos^9 x + C}$$

p.119 ● 演習 27

解 答 (1) $u = \log x$ とおくと $du = \textcircled{\scriptsize ?}\,\boxed{\dfrac{1}{x}}\,dx$.

$$\therefore\ \int \dfrac{(\log x)^3}{x}\,dx$$

$$= \int (\log x)^3 \cdot \textcircled{\scriptsize ?}\,\boxed{\dfrac{1}{x}}\,dx$$

$$= \boxed{\textcircled{\scriptsize ?}\int u^3\,du = \dfrac{1}{4}u^4 + C = \dfrac{1}{4}(\log x)^4 + C}$$

(1)【別】 $(\log x)'=\dfrac{1}{x}$なので

$$\int\frac{(\log x)^3}{x}\,dx$$

$$=\int(\log x)^3\cdot(\log x)'\,dx$$

系 2.2.2 ❷において $f(x)=\log x$, $a=3$ の場合なので

$$=\text{[エ]}\boxed{\frac{1}{3+1}(\log x)^{3+1}+C=\frac{1}{4}(\log x)^4+C}$$

(2) $u=1+\cos x$ とおくと

$du=$[オ]$\boxed{-\sin x}\,dx.$

$$\therefore\ \int\frac{\sin x}{1+\cos x}\,dx$$

$$=-\int\frac{1}{1+\cos x}\cdot(\text{[カ]}\boxed{-\sin x})\,dx$$

$$=\text{[キ]}\boxed{\begin{aligned}&-\int\frac{1}{u}\,du=-\log|u|+C=-\log|1+\cos x|+C\\&=-\log(1+\cos x)+C\end{aligned}}$$

(2)【別】 $(1+\cos x)'=-\sin x$ なので

$$\int\frac{\sin x}{1+\cos x}\,dx$$

$$=-\int\frac{(\text{[ク]}\boxed{1+\cos x})'}{1+\cos x}\,dx$$

系 2.2.2 の❸を使うと

$$=\text{[ケ]}\boxed{-\log|1+\cos x|+C=-\log(1+\cos x)+C}$$

p.123 演習 28

解 答 f'からf, g から g'をしっかり求めてから部分積分を行おう.

(1) $f'=$[ア]$\boxed{e^{2x}}$, $g=$[イ]$\boxed{x}$とおくと

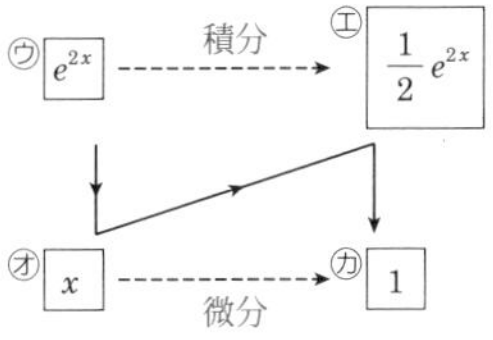

部分積分法より

$$\int xe^{2x}dx=\int\underset{f'}{\text{[ア]}\boxed{e^{2x}}}\cdot\underset{g}{\text{[イ]}\boxed{x}}\,dx$$

$$=\underset{f}{\text{[キ]}\boxed{\frac{1}{2}e^{2x}}}\cdot\underset{g}{\text{[ク]}\boxed{x}}-\int\underset{f}{\text{[ケ]}\boxed{\frac{1}{2}e^{2x}}}\cdot\underset{g'}{\text{[コ]}\boxed{1}}\,dx$$

$$=\frac{1}{2}\text{[サ]}\boxed{xe^{2x}}-\frac{1}{2}\int\text{[シ]}\boxed{e^{2x}}\,dx$$

$$=\frac{1}{2}\text{[ス]}\boxed{xe^{2x}}-\frac{1}{2}\cdot\text{[セ]}\boxed{\frac{1}{2}e^{2x}}+C$$

$$=\text{[ソ]}\boxed{\frac{1}{2}xe^{2x}-\frac{1}{4}e^{2x}+C}$$

(2) $f'=$[タ]$\boxed{\sin x}$, $g=$[チ]$\boxed{x}$とおくと

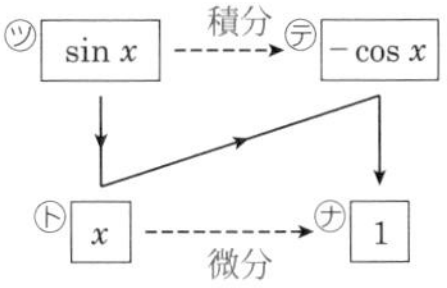

部分積分法より

$$\int x\sin x\,dx=\int\underset{f'}{\text{[タ]}\boxed{\sin x}}\cdot\underset{g}{\text{[チ]}\boxed{x}}\,dx$$

$$=(\underset{f}{\text{[ニ]}\boxed{-\cos x}})\cdot\underset{g}{\text{[ヌ]}\boxed{x}}-\int(\underset{f}{\text{[ネ]}\boxed{-\cos x}})\cdot\underset{g'}{\text{[ノ]}\boxed{1}}\,dx$$

$$=\text{[ハ]}\boxed{-x\cos x}+\int\text{[ヒ]}\boxed{\cos x}\,dx$$

$$=\text{[フ]}\boxed{-x\cos x+\sin x+C}$$

p.125 演習 29

解 答 $f'=\sin 3x$, $g=x^2$ とおくと，部分積分法より

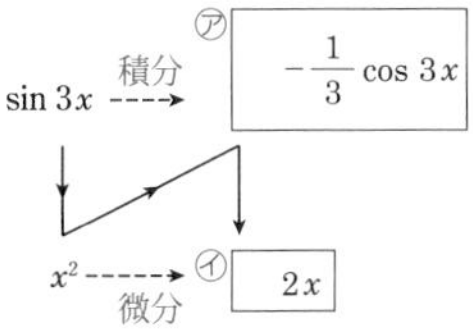

$$\int x^2\sin 3x\,dx=\int\underset{f'}{\underline{\sin 3x}}\cdot\underset{g}{\underline{x^2}}\,dx$$

$$=\Bigl(\underset{f}{\text{[ウ]}\boxed{-\frac{1}{3}\cos 3x}}\Bigr)\cdot\underset{g}{x^2}-\int\Bigl(\underset{f}{\text{[エ]}\boxed{-\frac{1}{3}\cos 3x}}\Bigr)\cdot\underset{g'}{\text{[オ]}\boxed{2x}}\,dx$$

$$=\text{[カ]}\boxed{-\frac{1}{3}x^2\cos 3x}+\frac{2}{3}\int x\cos 3x\,dx$$

ここで，第 2 項に部分積分法を再び使う.

$f'=$[キ]$\boxed{\cos 3x}$, $g=$[ク]$\boxed{x}$ とおくと

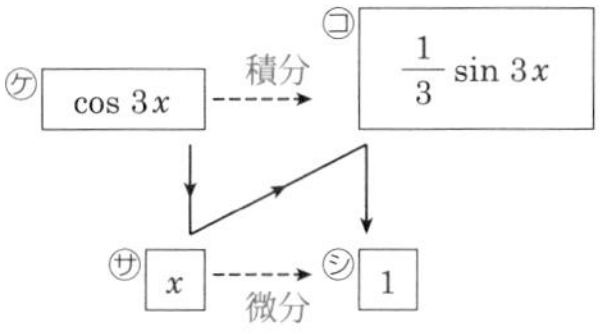

$$=\text{[ス]}\boxed{-\frac{1}{3}x^2\cos 3x}$$

$$+\frac{2}{3}\Bigl(\underset{f}{\text{[セ]}\boxed{\frac{1}{3}\sin 3x}}\cdot\underset{g}{\text{[ソ]}\boxed{x}}-\int\underset{f}{\text{[タ]}\boxed{\frac{1}{3}\sin 3x}}\cdot\underset{g'}{\text{[チ]}\boxed{1}}\,dx\Bigr)$$

$$=\text{[ツ]}\boxed{-\frac{1}{3}x^2\cos 3x}+\text{[テ]}\boxed{\frac{2}{9}x\sin 3x}-\text{[ト]}\boxed{\frac{2}{9}}\int\sin 3x\,dx$$

$$=\text{[ナ]}\boxed{\begin{aligned}&-\frac{1}{3}x^2\cos 3x+\frac{2}{9}x\sin 3x-\frac{2}{9}\Bigl(-\frac{1}{3}\cos 3x\Bigr)+C\\&=-\frac{1}{3}x^2\cos 3x+\frac{2}{9}x\sin 3x+\frac{2}{27}\cos 3x+C\end{aligned}}$$

p.127 ● 演習 30
∷ 解 答 ∷ (1) $f'=1$, $g=(\log x)^2$ とおくと

$$\int (\log x)^2\,dx = \int \underbrace{\boxed{1}}_{f'}\cdot \underbrace{\boxed{(\log x)^2}}_{g}\,dx$$

$$1 \xrightarrow{\text{積分}} \boxed{x}$$
$$(\log x)^2 \xrightarrow[\text{微分}]{} \boxed{2(\log x)\cdot \dfrac{1}{x}}$$

$$= \boxed{x(\log x)^2 - \int x\cdot 2(\log x)\cdot\frac{1}{x}\,dx = x(\log x)^2 - 2\int \log x\,dx}$$

ここでまた，$f'=\boxed{1}$，$g=\boxed{\log x}$ とおくと

$$\boxed{1} \xrightarrow{\text{積分}} \boxed{x}$$
$$\boxed{\log x} \xrightarrow[\text{微分}]{} \boxed{\dfrac{1}{x}}$$

$$= \boxed{\begin{aligned} &x(\log x)^2 - 2\left\{(\log x)\cdot x - \int x\cdot\frac{1}{x}\,dx\right\} \\ &= x(\log x)^2 - 2\left(x\log x - \int 1\,dx\right) \\ &= x(\log x)^2 - 2(x\log x - x) + C \\ &= x\{(\log x)^2 - 2\log x + 2\} + C \end{aligned}}$$

(2) $f'=\boxed{1}$，$g=\boxed{\sin^{-1}x}$ とおくと

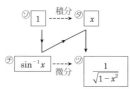

$$\boxed{1} \xrightarrow{\text{積分}} \boxed{x}$$
$$\boxed{\sin^{-1}x} \xrightarrow[\text{微分}]{} \boxed{\dfrac{1}{\sqrt{1-x^2}}}$$

$$\int \sin^{-1}x\,dx = \boxed{x\cdot(\sin^{-1}x) - \int x\cdot\frac{1}{\sqrt{1-x^2}}\,dx}$$

ここで $u=1-x^2$ とおくと $du=\boxed{-2x}\,dx$，
$x\,dx=\boxed{-\dfrac{1}{2}}\,du$ より

$$\therefore \int x\cdot\frac{1}{\sqrt{1-x^2}}\,dx = \int \boxed{\frac{1}{\sqrt{1-x^2}}}\cdot x\,dx$$

$$= \boxed{\begin{aligned} &\int \frac{1}{\sqrt{u}}\cdot\left(-\frac{1}{2}\right)du = -\frac{1}{2}\int u^{-\frac{1}{2}}\,du \\ &= -\frac{1}{2}\cdot 2u^{\frac{1}{2}} + C = -\sqrt{u} + C = -\sqrt{1-x^2} + C \end{aligned}}$$

$$\therefore \int \sin^{-1}x\,dx$$
$$= \boxed{x\sin^{-1}x - (-\sqrt{1-x^2}) + C = x\sin^{-1}x + \sqrt{1-x^2} + C}$$

p.131 ● 演習 31
∷ 解 答 ∷ (1) まず割り算をおこなってから積分しよう.

[割り算] ⑦
$$\begin{array}{r} x^2 + x + 1 \\ x-1\overline{)\,x^3} \\ \underline{x^3 - x^2} \\ x^2 \\ \underline{x^2 - x} \\ x \\ \underline{x - 1} \\ 1 \end{array}$$

$$\int \frac{x^3}{x-1}\,dx$$

$$= \int\left(\boxed{x^2+x+1} + \frac{\boxed{1}}{x-1}\right)dx$$

$$= \int (x^2+x+1)\,dx + \int \frac{1}{x-1}\,dx$$

$$= \frac{1}{3}x^3 + \frac{1}{2}x^2 + x + \log|x-1| + C$$

(2) 分母を因数分解してから部分分数に分け，それから積分しよう.

$$\int \frac{1}{x^2-5x+6}\,dx$$

$$= \int \frac{1}{(\boxed{x-2})(\boxed{x-3})}\,dx$$

$$= \int\left(\frac{\boxed{-1}}{x-2} + \frac{\boxed{1}}{x-3}\right)dx$$

$$= \boxed{\begin{aligned} &-\int\frac{1}{x-2}\,dx + \int\frac{1}{x-3}\,dx \\ &= -\log|x-2| + \log|x-3| + C = \log\left|\frac{x-3}{x-2}\right| + C \end{aligned}}$$

[部分分数分解]
$$\frac{1}{(x-2)(x-3)} = \frac{A}{x-2} + \frac{B}{x-3}$$
とおくと

$$\boxed{\begin{aligned} &= \frac{A(x-3)+B(x-2)}{(x-2)(x-3)} = \frac{(A+B)x - (3A+2B)}{(x-2)(x+3)} \\ &\text{分子を比較して } A+B=0,\ -(3A+2B)=1 \\ &\text{これを解いて } A=-1,\ B=1 \end{aligned}}$$

p.133 ● 演習 32
∷ 解 答 ∷ (1) 部分分数に分けるとき気をつけよう.

$$\int \frac{9}{x^2(x-3)}\,dx$$

$$= \int\left\{\frac{\boxed{-1}}{\boxed{x}} + \frac{\boxed{-3}}{\boxed{x^2}} + \frac{\boxed{1}}{x-3}\right\}dx$$

$$= \boxed{\begin{aligned} &-\int\frac{1}{x}\,dx - 3\int\frac{1}{x^2}\,dx + \int\frac{1}{x-3}\,dx \\ &= -\log|x| - 3\left(-\frac{1}{x}\right) + \log|x-3| + C \\ &= \log\left|\frac{x-3}{x}\right| + \frac{3}{x} + C \end{aligned}}$$

[部分分数分解]

$$\frac{9}{x^2(x-3)}=\frac{A}{\text{[ア]}\boxed{x}}+\frac{B}{\text{[イ]}\boxed{x^2}}+\frac{C}{\text{[ウ]}\boxed{x-3}}$$

とおくと

[エ]
$$=\frac{Ax(x-3)+B(x-3)+Cx^2}{x^2(x-3)}$$
$$=\frac{(A+C)x^2+(B-3A)x-3B}{x^2(x-3)}$$
分子を比較して $A+C=0$, $B-3A=0$, $-3B=9$
これを解いて $A=-1$, $B=-3$, $C=1$

(2) 部分分数に分けてから積分する.

$$\int\frac{5}{x(x^2+5)}\,dx$$
$$=\int\left\{\frac{\text{[コ]}\boxed{1}}{x}+\frac{\text{[サ]}\boxed{-x}}{x^2+5}\right\}dx$$
$$=\int\frac{\text{[コ]}\boxed{1}}{x}\,dx-\int\frac{\text{[シ]}\boxed{x}}{x^2+5}\,dx$$

後の項は有理関数の積分公式❷が使えるように変形して積分すると,

$$=\text{[ス]}\boxed{\log|x|}-\text{[セ]}\boxed{\frac{1}{2}}\int\frac{\text{[ソ]}\boxed{2x}}{x^2+5}\,dx$$
$$=\text{[タ]}\boxed{\log|x|-\frac{1}{2}\log(x^2+5)+C}$$

[部分分数分解]

$$\frac{5}{x(x^2+5)}=\frac{A}{x}+\frac{Bx+C}{x^2+5}$$ とおくと

[ケ]
$$=\frac{A(x^2+5)+x(Bx+C)}{x(x^2+5)}=\frac{(A+B)x^2+Cx+5A}{x(x^2+5)}$$
分子を比較して $A+B=0$, $C=0$, $5A=5$
これを解いて $A=-1$, $B=-1$, $C=0$

p.137 演習33

解答 (1) $\tan\frac{x}{2}=t$ とおくと, 置換公式を用いて

$$\int\frac{1}{(1+\cos x)^2}\,dx=\int\frac{1}{\left(1+\text{[ア]}\boxed{\frac{1-t^2}{1+t^2}}\right)^2}\cdot\text{[イ]}\boxed{\frac{2}{1+t^2}}\,dt$$

[ウ]
$$=\int\frac{(1+t^2)^2}{(1+t^2+1-t^2)^2}\cdot\frac{2}{1+t^2}\,dt=\int\frac{1+t^2}{2^2}\cdot\frac{2}{1}\,dt$$
$$=\frac{1}{2}\int(1+t^2)\,dt=\frac{1}{2}\left(t+\frac{1}{3}t^3\right)+C=\frac{1}{2}t+\frac{1}{6}t^3+C$$

もとにもどして

$$=\text{[エ]}\boxed{\frac{1}{2}\tan\frac{x}{2}+\frac{1}{6}\left(\tan\frac{x}{2}\right)^3+C}$$

(2) $\tan\frac{x}{2}=t$ とおくと, 置換公式を用いて

$$\int\frac{1}{1+\sin x+\cos x}\,dx$$
$$=\int\frac{1}{1+\text{[オ]}\boxed{\frac{2t}{1+t^2}}+\text{[カ]}\boxed{\frac{1-t^2}{1+t^2}}}\cdot\text{[キ]}\boxed{\frac{2}{1+t^2}}\,dt$$

[ク]
$$=\int\frac{1+t^2}{1+t^2+2t+1-t^2}\cdot\frac{2}{1+t^2}\,dt$$
$$=\int\frac{2}{1+t^2+2t+1-t^2}\,dt=\int\frac{2}{2t+2}\,dt=\int\frac{1}{t+1}\,dt$$
$$=\log|t+1|+C$$

もとにもどして

$$=\text{[ケ]}\boxed{\log\left|\tan\frac{x}{2}+1\right|+C}$$

p.145 演習34

解答 (1) $\displaystyle\int_1^8\left(\sqrt[3]{x}-\frac{2}{x}\right)dx=\int_1^8\left(x^{\text{[ア]}\boxed{\frac{1}{3}}}-\frac{2}{x}\right)dx$

$$=\left[\text{[イ]}\boxed{\frac{3}{4}x^{\frac{4}{3}}-2\log|x|}\right]_{\text{[エ]}\boxed{1}}^{\text{[ウ]}\boxed{8}}$$
$$=\left[\frac{3}{4}x\,\text{[オ]}\boxed{\sqrt[3]{x}}-2\,\text{[カ]}\boxed{\log|x|}\right]_{\text{[エ]}\boxed{1}}^{\text{[ウ]}\boxed{8}}$$
$$=\left(\text{[キ]}\boxed{\frac{3}{4}\cdot8\cdot\sqrt[3]{8}-2\log 8}\right)-\left(\text{[ク]}\boxed{\frac{3}{4}\cdot1\cdot\sqrt[3]{1}-2\log 1}\right)$$
$$=\frac{3}{4}\cdot8\cdot\text{[ケ]}\boxed{2}-2\log 2\,\text{[コ]}\boxed{3}-\frac{3}{4}+2\cdot\text{[サ]}\boxed{0}$$
$$=\text{[シ]}\boxed{12}-\text{[ス]}\boxed{6}\log 2-\frac{3}{4}$$
$$=\text{[セ]}\boxed{\frac{45}{4}-6\log 2}$$

(2) $\displaystyle\int_0^1(1-3e^x)\,dx=\Big[\text{[ソ]}\boxed{x-3e^x}\Big]_{\text{[チ]}\boxed{0}}^{\text{[タ]}\boxed{1}}$

$$=(\text{[ツ]}\boxed{1-3e^1})-(\text{[テ]}\boxed{0-3e^0})$$
$$=1-3e+3\cdot\text{[ト]}\boxed{1}$$
$$=\text{[ナ]}\boxed{4-3e}$$

(3) $\displaystyle\int_{\frac{\pi}{6}}^{\frac{\pi}{3}}\cos x\,dx=\Big[\text{[ニ]}\boxed{\sin x}\Big]_{\text{[ネ]}\boxed{\frac{\pi}{6}}}^{\text{[ヌ]}\boxed{\frac{\pi}{3}}}$

$$=\text{[ノ]}\boxed{\sin\frac{\pi}{3}}-\text{[ハ]}\boxed{\sin\frac{\pi}{6}}$$
$$=\text{[ヒ]}\boxed{\frac{\sqrt{3}}{2}}-\text{[フ]}\boxed{\frac{1}{2}}$$
$$=\text{[ヘ]}\boxed{\frac{1}{2}(\sqrt{3}-1)}$$

p.147 演習35

解答

(1) $\displaystyle\int_3^9\frac{4}{\sqrt{x}}\,dx=\text{[ア]}\boxed{4}\int_3^9\frac{1}{\sqrt{x}}\,dx=4\int_3^9\frac{1}{x^{\frac{1}{2}}}\,dx$

$$=4\int_3^9 x^{\text{[イ]}\boxed{-\frac{1}{2}}}\,dx$$
$$=4\left[\frac{1}{\text{[ウ]}\boxed{-\frac{1}{2}+1}}x^{\text{[エ]}\boxed{-\frac{1}{2}+1}}\right]_3^9$$
$$=4\left[\frac{1}{\text{[オ]}\boxed{\frac{1}{2}}}x^{\text{[カ]}\boxed{\frac{1}{2}}}\right]_3^9=4\Big[\text{[キ]}\boxed{2\sqrt{x}}\Big]_3^9$$

= ㋗ $\boxed{4\cdot 2(\sqrt{9}-\sqrt{3})=8(3-\sqrt{3})}$

(2) $\displaystyle\int_0^1 \frac{1}{x+1}dx=\Big[\text{㋘}\ \boxed{\log|x+1|}\Big]_0^1$

$= \text{㋙}\ \boxed{\log 2-\log 1=\log 2}$

(3) $\displaystyle\int_{-\frac{1}{\sqrt2}}^{\frac{1}{\sqrt2}} \frac{1}{\sqrt{1-x^2}}dx=\Big[\text{㋚}\ \boxed{\sin^{-1}x}\Big]_{-\frac{1}{\sqrt2}}^{\frac{1}{\sqrt2}}$

$= \text{㋛}\ \boxed{\sin^{-1}\frac{1}{\sqrt2}-\sin^{-1}\left(-\frac{1}{\sqrt2}\right)}$

ここで $\sin^{-1}\frac{1}{\sqrt2}=\text{㋜}\ \boxed{\frac{\pi}{4}}$, $\sin^{-1}\left(-\frac{1}{\sqrt2}\right)=\text{㋝}\ \boxed{-\frac{\pi}{4}}$ なので

$= \text{㋞}\ \boxed{\frac{\pi}{4}-\left(-\frac{\pi}{4}\right)=\frac{\pi}{4}+\frac{\pi}{4}=\frac{\pi}{2}}$

(4) $\displaystyle\int_0^{\sqrt3} \frac{1}{1+x^2}dx=\Big[\text{㋟}\ \boxed{\tan^{-1}x}\Big]_0^{\sqrt3}$

$= \text{㋠}\ \boxed{\tan^{-1}\sqrt3-\tan^{-1}0}$

ここで $\tan^{-1}\sqrt3=\text{㋡}\ \boxed{\frac{\pi}{3}}$, $\tan^{-1}0=\text{㋢}\ \boxed{0}$ なので

$= \text{㋣}\ \boxed{\frac{\pi}{3}-0=\frac{\pi}{3}}$

p.149 ● 演習36

解答 (1) 公式❶において $a=3$, $b=-2$, $p=4$ とすると

$\displaystyle\int_1^2 (3x-2)^4 dx=\left[\frac{1}{\text{㋐}\ \boxed{3}}\cdot\frac{1}{\text{㋑}\ \boxed{4+1}}(3x-2)^{\text{㋒}\ \boxed{4+1}}\right]_1^2$

$= \text{㋓}\ \boxed{\frac{1}{15}}\Big[(3x-2)^{\text{㋔}\ \boxed{5}}\Big]_1^2$

$= \text{㋕}\ \boxed{\frac{1}{15}(4^5-1^5)=\frac{1}{15}(1024-1)=\frac{1023}{15}}$

(2) 公式❷において $a=2$, $b=-3$ とすると

$\displaystyle\int_2^4 \frac{1}{2x-3}dx=\left[\frac{1}{\text{㋖}\ \boxed{2}}\log \text{㋗}\ \boxed{|2x-3|}\right]_2^4$

$= \text{㋘}\ \boxed{\frac{1}{2}(\log|8-3|-\log|4-3|)=\frac{1}{2}(\log 5-\log 1)=\frac{1}{2}(\log 5-0)=\frac{1}{2}\log 5}$

(3) 公式❹において $a=3$, $b=0$ とおくと

$\displaystyle\int_0^{\frac{\pi}{4}} \cos 3x\,dx=\left[\frac{1}{\text{㋙}\ \boxed{3}}\sin 3x\right]_0^{\frac{\pi}{4}}$

$= \text{㋚}\ \boxed{\frac{1}{3}\left(\sin\frac{3}{4}\pi-\sin 0\right)=\frac{1}{3}\left(\frac{1}{\sqrt2}-0\right)=\frac{1}{3\sqrt2}=\frac{\sqrt2}{6}}$

(4) 公式❺において $a=2$, $b=0$ とおくと

$\displaystyle\int_0^1 e^{2x}dx=\left[\frac{1}{\text{㋛}\ \boxed{2}}\text{㋜}\ \boxed{e^{2x}}\right]_0^1=\text{㋝}\ \boxed{\frac{1}{2}(e^2-e^0)=\frac{1}{2}(e^2-1)}$

p.151 ● 演習37

解答 頭の中で置換して，不定積分を求めることができれば，すぐ端点を代入してよい．ここではしっかり置換して解いてみよう．

(1) $(x^2+5)'=2x$ であることに注目して，$u=x^2+5$ とおくと $du=\text{㋐}\ \boxed{2x}\ dx$.

$\displaystyle\therefore\int_0^2 \frac{x}{\sqrt{x^2+5}}dx=\int_0^2 \frac{1}{\sqrt{x^2+5}}\cdot x\,dx$

x	$0 \longrightarrow 2$
u	㋒ $\boxed{5} \longrightarrow$ ㋑ $\boxed{9}$

$\displaystyle=\int_{\text{㋒}\boxed{5}}^{\text{㋑}\boxed{9}} \frac{1}{\sqrt u}\cdot\text{㋓}\ \boxed{\frac{1}{2}}\ du$

$\displaystyle=\text{㋓}\ \boxed{\frac{1}{2}}\int_{\text{㋒}\boxed{5}}^{\text{㋑}\boxed{9}} \frac{1}{\sqrt u}du=\frac{1}{2}\Big[\text{㋔}\ \boxed{2\sqrt u}\Big]_{\text{㋖}\boxed{5}}^{\text{㋕}\boxed{9}}$

$=\frac{1}{2}\{\text{㋗}\ \boxed{2\sqrt9}-\text{㋘}\ \boxed{2\sqrt5}\}=\text{㋙}\ \boxed{3-\sqrt5}$

(2) $(\sin x)'=\cos x$ に注意して，$u=\sin x$ とおくと $du=\text{㋚}\ \boxed{\cos x}\ dx$.

$\displaystyle\therefore\int_0^{\frac{\pi}{4}} \sin^4 x\cdot\cos x\,dx=\int_{\text{㋜}\boxed{0}}^{\text{㋛}\boxed{\frac{1}{\sqrt2}}} \text{㋝}\ \boxed{u^4}\ du$

x	$0 \longrightarrow \frac{\pi}{4}$
u	㋜ $\boxed{0} \longrightarrow$ ㋛ $\boxed{\frac{1}{\sqrt2}}$

$=\left[\text{㋞}\ \boxed{\frac{1}{5}u^5}\right]_{\text{㋠}\boxed{0}}^{\text{㋟}\boxed{\frac{1}{\sqrt2}}}$

$=\text{㋡}\ \boxed{\frac{1}{5}\left(\frac{1}{\sqrt2}\right)^5}-\text{㋢}\ \boxed{\frac{1}{5}\cdot 0}=\frac{1}{5\ \text{㋣}\ \boxed{4\sqrt2}}=\text{㋤}\ \boxed{\frac{\sqrt2}{40}}$

(3) $(e^x+3)'=e^x$ に気をつけて，$u=e^x+3$ とおくと $du=\text{㋥}\ \boxed{e^x}\ dx$.

$\displaystyle\int_0^1 \frac{e^x}{(e^x+3)^3}dx=\int_0^1 (e^x+3)^{\text{㋦}\boxed{-3}}\cdot e^x dx$

x	$0 \longrightarrow 1$
u	㋧ $\boxed{4} \longrightarrow$ ㋨ $\boxed{e+3}$

$= \text{㋩}\ \boxed{\displaystyle\int_4^{e+3} u^{-3}du=\left[-\frac{1}{2}u^{-2}\right]_4^{e+3}=-\frac{1}{2}\left[\frac{1}{u^2}\right]_4^{e+3}=-\frac{1}{2}\left\{\frac{1}{(e+3)^2}-\frac{1}{4^2}\right\}=\frac{1}{2}\left\{\frac{1}{16}-\frac{1}{(e+3)^2}\right\}}$

p.153 ● 演習38

解答

(1) $f'=e^{-x}$, $g=x^2$ とおくと

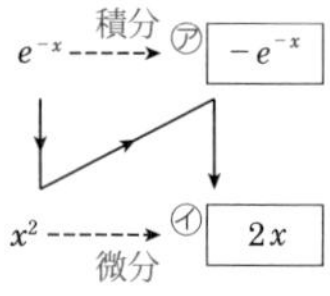

$\displaystyle\int_0^1 x^2 e^{-x}dx$

$= \text{㋒}\ \boxed{\displaystyle\Big[x^2\cdot(-e^{-x})\Big]_0^1-\int_0^1(-e^{-x})\cdot 2x\,dx=-\Big[x^2e^{-x}\Big]_0^1+2\int_0^1 xe^{-x}dx=-(1\cdot e^{-1}-0\cdot e^{-0})+2\int_0^1 xe^{-x}dx=-\frac{1}{e}+2\int_0^1 xe^{-x}dx}$

後半の定積分で，もう一度，部分積分法を用いる．

$f'=$㋓$\boxed{e^{-x}}$，$g=$㋔$\boxed{x}$ とおくと

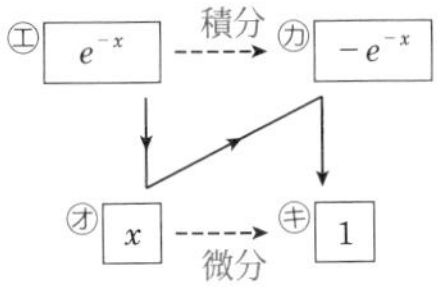

$$=㋗\ \boxed{\begin{aligned}&-\frac{1}{e}+2\left\{\left[x\cdot(-e^{-x})\right]_0^1-\int_0^1(-e^{-x})\cdot 1\,dx\right\}\\&=-\frac{1}{e}+2\left\{(-1\cdot e^{-1}-0)+\int_0^1 e^{-x}dx\right\}\\&=-\frac{1}{e}+2\left\{-\frac{1}{e}+\left[-e^{-x}\right]_0^1\right\}\\&=-\frac{3}{e}+2\{-e^{-1}-(-e^0)\}=2-\frac{5}{e}\end{aligned}}$$

(2)　$f'=$㋘$\boxed{\sin x}$，
$g=$㋙$\boxed{x}$ とおくと

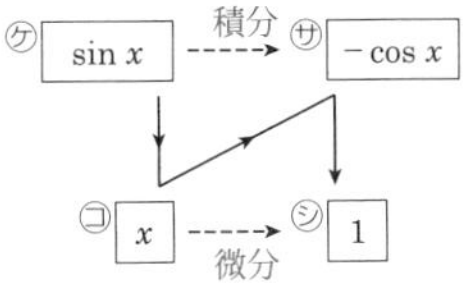

$$\int_0^{\frac{\pi}{6}} x\sin x\,dx$$

$$=㋜\ \boxed{\begin{aligned}&\left[x\cdot(-\cos x)\right]_0^{\frac{\pi}{6}}-\int_0^{\frac{\pi}{6}}(-\cos x)\cdot 1\,dx\\&=\left(-\frac{\pi}{6}\cos\frac{\pi}{6}-0\right)+\int_0^{\frac{\pi}{6}}\cos x\,dx\\&=-\frac{\pi}{6}\cdot\frac{\sqrt{3}}{2}+\left[\sin x\right]_0^{\frac{\pi}{6}}\\&=-\frac{\sqrt{3}}{12}\pi+\left(\sin\frac{\pi}{6}-\sin 0\right)=\frac{1}{2}-\frac{\sqrt{3}}{12}\pi\end{aligned}}$$

(3)　これは部分積分法の特殊な使い方．

$f'=$㋝$\boxed{1}$，$g=$㋞$\boxed{\log x}$
とおくと

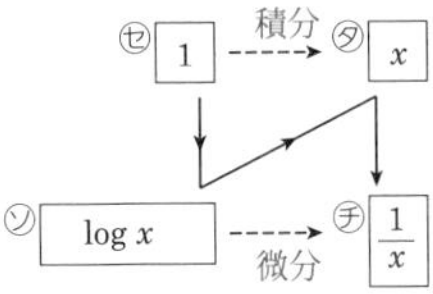

$$\int_1^e \log x\,dx$$

$$=㋡\ \boxed{\begin{aligned}&\left[x\cdot\log x\right]_1^e-\int_1^e x\cdot\frac{1}{x}dx\\&=(e\log e-1\cdot\log 1)-\int_1^e 1\,dx=e-\left[x\right]_1^e=e-(e-1)\\&=1\end{aligned}}$$

p.157 演習 39

解 答 (1)　$f(x)=\dfrac{1}{x^2}$ のグラフは図㋐のようになる．
グラフは $x=$㋑$\boxed{0}$ のところで発散しているから

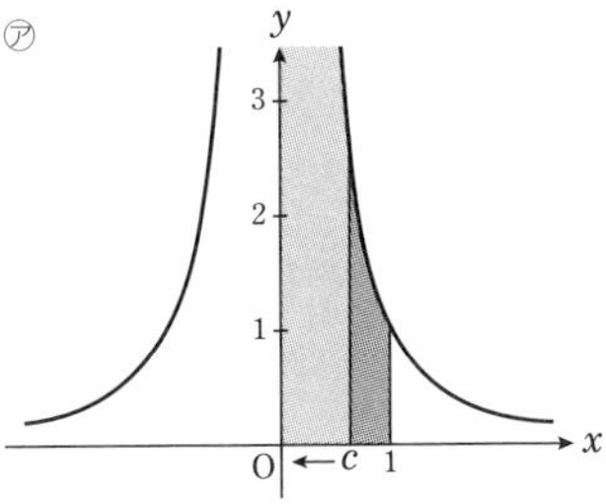

$$\int_0^1\frac{1}{x^2}dx=\lim_{c\to ㋒\boxed{0+0}}\int_c^1\frac{1}{x^2}dx$$

$$=\lim_{c\to ㋒\boxed{0+0}}\left[㋓\boxed{-\frac{1}{x}}\right]_c^1$$

$$=\lim_{c\to ㋒\boxed{0+0}}\left(㋔\boxed{-1+\frac{1}{c}}\right)$$

ここで $\displaystyle\lim_{c\to 0+0}\frac{1}{c}=\infty$ なので

$=$㋕$\boxed{\infty}$　(発散，広義積分㋖$\boxed{\text{不可能}}$)

(2)

x	0 …	$\frac{1}{4}$	…	$\frac{1}{2}$	…	$\frac{3}{4}$	… 1
$\dfrac{1}{\sqrt{1-x^2}}$	1	㋗ $\boxed{\frac{4}{\sqrt{15}}\fallingdotseq 1.03}$		㋘ $\boxed{\frac{2}{\sqrt{3}}\fallingdotseq 1.15}$		㋙ $\boxed{\frac{4}{\sqrt{7}}\fallingdotseq 1.51}$	∞

$x=0,\ \frac{1}{4},\ \frac{1}{2},\ \frac{3}{4}$，1 などを代入して
$y=\dfrac{1}{\sqrt{1-x^2}}\ (-1<x<1)$ のグラフを描くと図㋜のようになる．グラフは $x=$㋚$\boxed{1}$ のとき ∞ に発散するから

$$\int_0^1\frac{1}{\sqrt{1-x^2}}dx$$

$$=㋛\ \boxed{\begin{aligned}&\lim_{c\to 1-0}\int_0^c\frac{1}{\sqrt{1-x^2}}dx=\lim_{c\to 1-0}\left[\sin^{-1}x\right]_0^c\\&=\lim_{c\to 1-0}(\sin^{-1}c-\sin^{-1}0)=\sin^{-1}1-\sin^{-1}0\\&=\frac{\pi}{2}-0=\frac{\pi}{2}\quad\text{(収束，広義積分可能)}\end{aligned}}$$

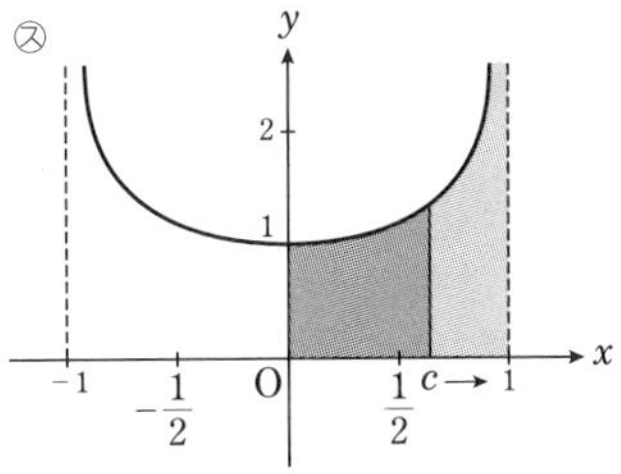

p.161 演習 40

解 答 (1)　まず $y=\dfrac{1}{\sqrt{x}}$ のグラフを図㋐に描いてから lim に直そう.

㋐
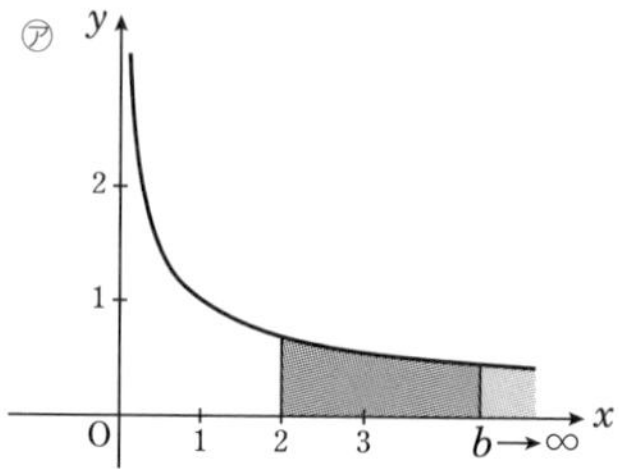

$$\int_2^{\infty}\frac{1}{\sqrt{x}}\,dx=\lim_{b\to ㋑\boxed{\infty}}\int_2^{㋒\boxed{b}}\frac{1}{\sqrt{x}}\,dx$$

$$=\lim_{b\to ㋑\boxed{\infty}}\Big[㋓\boxed{2\sqrt{x}}\Big]_2^{㋔\boxed{b}}$$

$$=\lim_{b\to ㋑\boxed{\infty}}\left(㋕\boxed{2\sqrt{b}}-㋖\boxed{2\sqrt{2}}\right)$$

$$=㋗\boxed{\infty}$$　(発散)

これより無限積分は㋘ [不可能] である.

(2)　$y=e^{-x}$ のグラフは右図㋙のようになる.

㋙
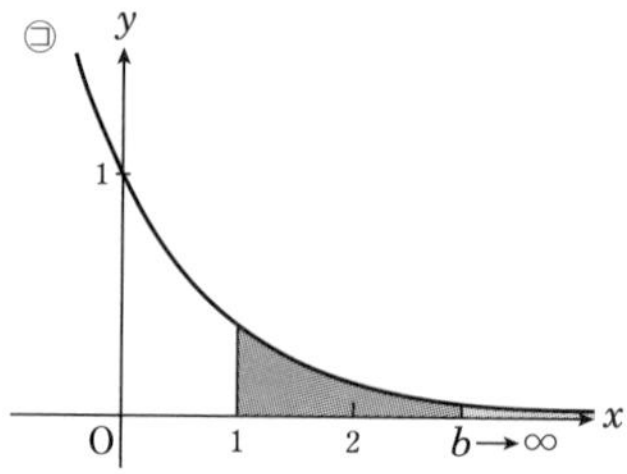

$$\int_1^{\infty}e^{-x}dx$$

$$=㋚\boxed{\begin{aligned}&\lim_{b\to\infty}\int_1^b e^{-x}dx=\lim_{b\to\infty}\Big[-e^{-x}\Big]_1^b\\&=\lim_{b\to\infty}\{(-e^{-b})-(-e^{-1})\}=\lim_{b\to\infty}\left(-\frac{1}{e^b}+\frac{1}{e}\right)\\&=\lim_{b\to\infty}\left(-\frac{1}{e^b}\right)+\frac{1}{e}=-\lim_{b\to\infty}\frac{1}{e^b}+\frac{1}{e}=0+\frac{1}{e}=\frac{1}{e}\\&\text{(収束)}\end{aligned}}$$

ゆえに無限積分㋛ [可能] であり，値は㋜ $\boxed{\dfrac{1}{e}}$.

p.165 演習 41

解 答 (1)　まず図形を図㋐に描こう．この図形は $y=(x-2)^2$，x 軸，y 軸に囲まれた

㋐
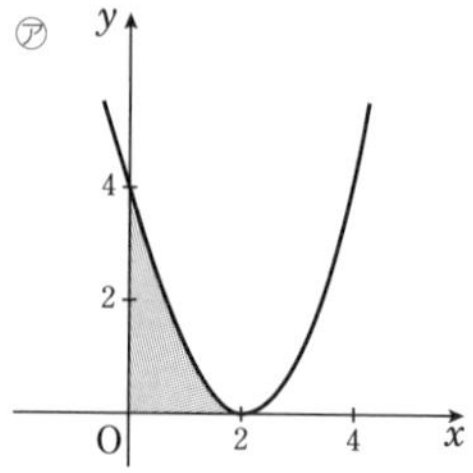

㋑ $\boxed{0}\leqq x\leqq$ ㋒ $\boxed{2}$

の部分であるから，求める面積 S は

$$S=\int_{㋔\boxed{0}}^{㋓\boxed{2}}㋕\boxed{(x-2)^2}\,dx$$

定積分の値を求めると

$$=㋖\boxed{\left[\frac{1}{3}(x-2)^3\right]_0^2=\frac{1}{3}\{(2-2)^3-(0-2)^3\}=\frac{8}{3}}$$

(2)　$\dfrac{\pi}{4}\leqq x\leqq\dfrac{5}{4}\pi$ の範囲で $\sin x=\cos x$ となるのは

$x=$ ㋗ $\boxed{\dfrac{\pi}{4}}$ と ㋘ $\boxed{\dfrac{5}{4}}$ の 2 つだけ．したがって，この図形は図㋙の斜線の部分となるので面積 S は

㋙
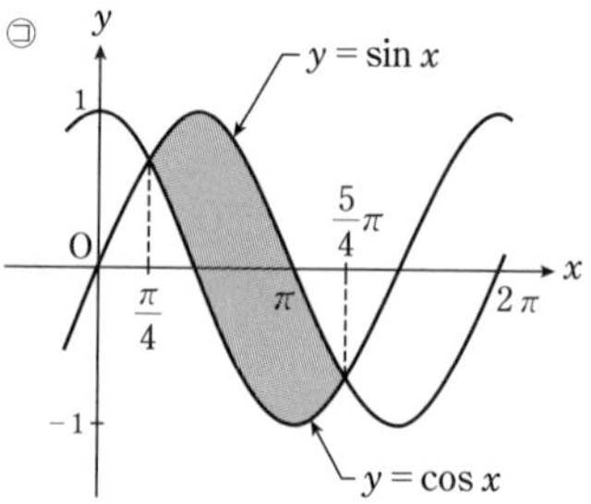

$$S=㋚\boxed{\begin{aligned}&\int_{\frac{\pi}{4}}^{\frac{5}{4}\pi}(\sin x-\cos x)\,dx=\Big[-\cos x-\sin x\Big]_{\frac{\pi}{4}}^{\frac{5}{4}\pi}\\&=-\Big[\cos x+\sin x\Big]_{\frac{\pi}{4}}^{\frac{5}{4}\pi}\\&=-\left(\cos\frac{5}{4}\pi+\sin\frac{5}{4}\pi\right)+\left(\cos\frac{\pi}{4}+\sin\frac{\pi}{4}\right)\\&=-\left(-\frac{1}{\sqrt{2}}-\frac{1}{\sqrt{2}}\right)+\left(\frac{1}{\sqrt{2}}+\frac{1}{\sqrt{2}}\right)=\frac{4}{\sqrt{2}}=2\sqrt{2}\end{aligned}}$$

p.167 演習 42

解答 (1) 曲線 $y=\sqrt{x}$ は横向きの放物線なので，回転させる図形は図㋐のようになる．

㋐

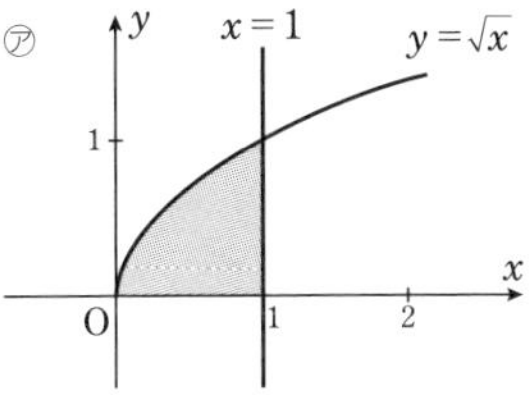

Vの式を立てて計算すると

$V=$ ㋑ $\boxed{\pi}\int_{㋓\boxed{0}}^{㋒\boxed{1}}$ (㋔ $\boxed{\sqrt{x}}$ $)^2dx$

$=$ ㋕ $\boxed{\pi\int_0^1 x\,dx=\pi\left[\frac{1}{2}x^2\right]_0^1=\pi\left(\frac{1}{2}-0\right)=\frac{\pi}{2}}$

(2) 回転させる図形は図㋖のようになる．

㋖

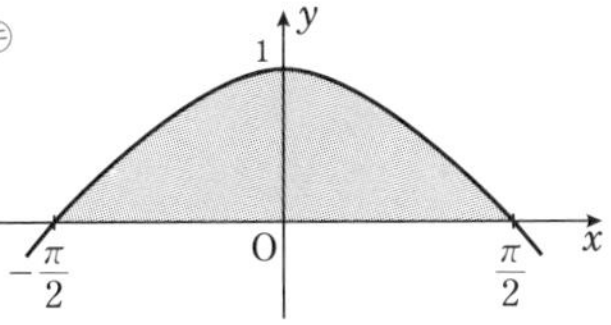

Vの式を立てると

$V=$ ㋗ $\boxed{\pi\int_{-\frac{\pi}{2}}^{\frac{\pi}{2}}(\cos x)^2dx}$

倍角公式を使って変形してから積分すると

㋘

$$=\pi\int_{-\frac{\pi}{2}}^{\frac{\pi}{2}}\frac{1}{2}(1+\cos 2x)\,dx=\frac{\pi}{2}\left[x+\frac{1}{2}\sin 2x\right]_{-\frac{\pi}{2}}^{\frac{\pi}{2}}$$

$$=\frac{\pi}{2}\left\{\left(\frac{\pi}{2}+\frac{1}{2}\sin 2\cdot\frac{\pi}{2}\right)-\left(-\frac{\pi}{2}+\frac{1}{2}\sin 2\left(-\frac{\pi}{2}\right)\right)\right\}$$

$$=\frac{\pi}{2}\left\{\left(\frac{\pi}{2}+\frac{1}{2}\sin\pi\right)-\left(-\frac{\pi}{2}+\frac{1}{2}\sin(-\pi)\right)\right\}$$

$$=\frac{\pi}{2}\left\{\left(\frac{\pi}{2}+0\right)-\left(-\frac{\pi}{2}+0\right)\right\}=\frac{\pi}{2}\cdot\pi=\frac{\pi^2}{2}$$

p.168 総合演習 2

問1　・$a\neq 0$，$b\neq 0$ としておく．

《求め方 1》 Iに 2 回部分積分を行うと

$$I=\frac{1}{a}e^{ax}\sin bx-\frac{b}{a^2}e^{ax}\cos bx-\frac{b^2}{a^2}I$$

移項してIを求めればよい．また，Jに 2 回部分積分を行うと

$$J=\frac{1}{a}e^{ax}\cos bx+\frac{b}{a^2}e^{ax}\sin bx-\frac{b^2}{a^2}J$$

移項してJを求めればよい．

《求め方 2》 IとJにそれぞれ部分積分を 1 回行うと

$$I=\frac{1}{a}e^{ax}\sin bx-\frac{b}{a}J$$

$$J=\frac{1}{a}e^{ax}\cos bx+\frac{b}{a}I$$

これらをIとJの連立方程式とみなしてIとJを求めればよい．

・$a\neq 0$，$b=0$ のとき

$$I=\int 0\,dx=0,\quad J=\int e^{ax}dx$$

・$a=0$，$b\neq 0$ のとき

$$I=\int\sin bx\,dx,\quad J=\int\cos bx\,dx$$

となるので，これらを求めて，右辺と一致することを示せばよい．

問2 ヒントの置換を行って計算すると

$$\text{与式} = \frac{1}{2}\int_0^{\frac{\pi}{3}} \frac{1}{2+\sin \pi}\, d\theta = \frac{1}{2}\int_0^{\frac{1}{\sqrt{3}}} \frac{1}{t^2+t+1}\, dt = \frac{1}{2}\int_0^{\frac{1}{\sqrt{3}}} \frac{1}{\left(t+\frac{1}{2}\right)^2 + \left(\frac{\sqrt{3}}{2}\right)^2}\, dt$$

$$= \frac{1}{2}\int_{\frac{1}{2}}^{\frac{1}{2}+\frac{1}{\sqrt{3}}} \frac{1}{u^2 + \left(\frac{\sqrt{3}}{2}\right)^2}\, du = \frac{1}{\sqrt{3}}\left(\tan^{-1}\frac{\sqrt{3}+2}{3} - \frac{\pi}{6}\right)$$

問3 （1）　部分積分を 1 回行って

$$\text{与式} = -\frac{1}{x}\log(1+x^2) + 2\int \frac{1}{1+x^2}\, dx = -\frac{1}{x}\log(1+x^2) + 2\tan^{-1}x + C$$

（2）　無限積分を極限に直して計算する．（1）の結果を使うと

$$\text{与式} = \lim_{\substack{a\to 0+0 \\ b\to\infty}} \int_a^b f(x)\, dx$$

$$= \lim_{a\to 0+0}\left\{\frac{1}{a}\log(1+a^2) - 2\tan^{-1}a\right\} + \lim_{b\to\infty}\left\{-\frac{1}{b}\log(1+b^2) + 2\tan^{-1}b\right\}$$

ロピタルの定理（p.64，65）を使って $\dfrac{0}{0}$，$\dfrac{\infty}{\infty}$ の不定形の極限を求めると

$$\lim_{a\to 0+0}\frac{\log(1+a^2)}{a} = \lim_{a\to 0+0}\frac{\dfrac{2a}{1+a^2}}{1} = \lim_{a\to 0+0}\frac{2a}{1+a^2} = 0$$

$$\lim_{b\to\infty}\frac{\log(1+b^2)}{b} = \lim_{b\to\infty}\frac{\dfrac{2b}{1+b^2}}{1} = \lim_{b\to\infty}\frac{2b}{1+b^2} = \lim_{b\to\infty}\frac{2}{2b} = 0$$

また，$\displaystyle\lim_{a\to 0+0}\tan^{-1}a = 0$，$\displaystyle\lim_{b\to\infty}\tan^{-1}b = \frac{\pi}{2}$　より

$$\text{与式} = \pi$$

問4　円の方程式 $x^2+y^2=r^2$ より $y=\pm\sqrt{r^2-x^2}$.

円の上半分は $y=\sqrt{r^2-x^2}$ の式をもつので，求める面積 S は

$$S = 4\int_0^r \sqrt{r^2-x^2}\, dx$$

$x=r\sin\theta$ とおき，半角の公式を使って計算していくと

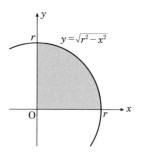

$$S = 4r^2\int_0^{\frac{\pi}{2}} \cos^2\theta\, d\theta$$

$$= 4r^2\int_0^{\frac{\pi}{2}} \frac{1}{2}(1+\cos 2\theta)\, d\theta = \pi r^2$$

問5　問 4 と同じ $\frac{1}{4}$ 円を x 軸のまわりに 1 回転させたとすると

$$V = 2\times\pi\int_0^r \left(\sqrt{r^2-x^2}\right)^2 dx = 2\pi\int_0^r (r^2-x^2)\, dx = \frac{4}{3}\pi r^3$$

第3章 2 変数関数の微分

p.177 ● 演習 43

解 答 各座標平面との交線を求めよう.

xy 平面上では㋐$\boxed{z=0}$を代入し㋑$\boxed{2x-y=2}$

$\therefore\ y=$㋒$\boxed{2x-2}$

yz 平面上では㋓$\boxed{x=0}$を代入し㋔$\boxed{-y+z=2}$

$\therefore\ z=$㋕$\boxed{y+2}$

xz 平面上では㋖$\boxed{y=0}$を代入し㋗$\boxed{2x+z=2}$

$\therefore\ z=$㋘$\boxed{-2x+2}$

これらを図㋟に描きこむと，$x \geqq 0$，$y \leqq 0$，$z \geqq 0$ の部分で切りとられた三角形ができる．その三角形を引き延ばしたのが求める平面のグラフである．

㋟

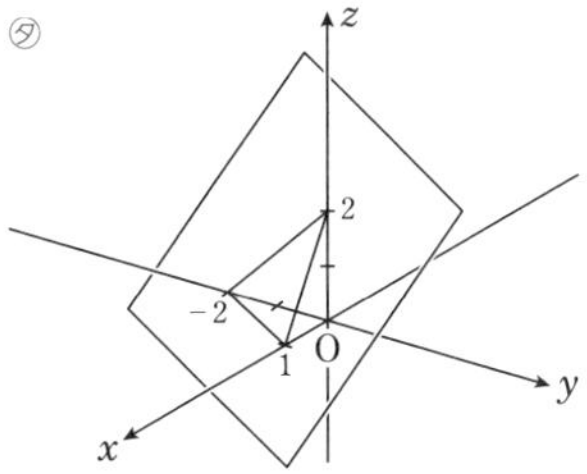

【別解】平面の方程式を変形すれば

$$\frac{x}{㋙\boxed{1}}+\frac{y}{㋚\boxed{-2}}+\frac{z}{㋛\boxed{2}}=1$$

となるが，この式の x 軸，y 軸，z 軸切片がそれぞれ㋜$\boxed{1}$，㋝$\boxed{-2}$，㋞$\boxed{2}$となるので，平面のグラフがすぐ描ける．

p.179 ● 演習 44

解 答 変数 y がないのだが，z を 2 変数関数としてグラフを描かなければいけない．まず各座標平面との交線を求めてみよう．

㋐$\boxed{x}=0$ (yz 平面) とおくと㋑$\boxed{z=0}$ つまり y 軸

㋒$\boxed{y}=0$ (xz 平面) とおくと㋓$\boxed{z=x^2}$ これは放物線

㋔$\boxed{z}=0$ (xy 平面) とおくと㋕$\boxed{x^2=0}$ したがって $x=0$ のみ

次に式

$$z=x^2$$

の特徴をとらえてみよう．それは何といっても y がないことである．つまり，y がどのような値であっても常に

$$z=x^2$$

という式が成立している．いいかえると，どんな実数 k に対しても $y=k$ という平面上で常に㋖$\boxed{z=x^2}$という放物線が描けるということである．

したがってグラフは

xz 平面上の放物線㋗$\boxed{z=x^2}$を㋘$\boxed{y}$軸に沿って平行移動しながらできる曲面 (図㋙) となる．

㋙

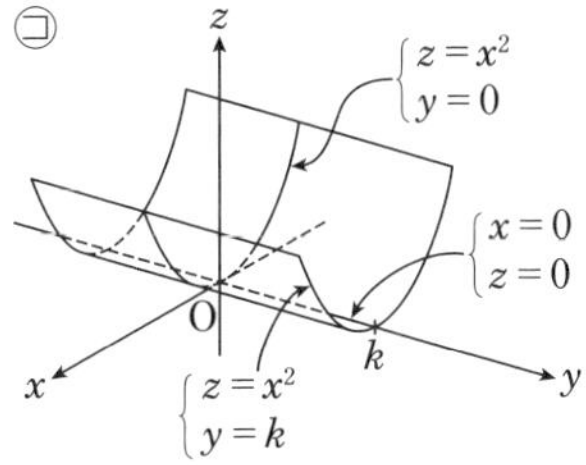

p.185 ● 演習 46

解 答 (1) y を定数と思って，x で微分すると

$f_x(x,y)=$㋐$\boxed{5x^4+8y^7\cdot 3x^2-0+0=5x^4+24x^2y^7}$

x を定数と思って，y で微分すると

$f_y(x,y)=$㋑$\boxed{0+8x^3\cdot 7y^6-4\cdot 2y+0=56x^3y^6-8y}$

(2) y を定数と思い，x で微分すると

$$f_x(x,y)=㋒\boxed{\begin{aligned}&(\log y)\cdot\left(\frac{1}{\log x}\right)_x=(\log y)\cdot\left\{-\frac{(\log x)'}{(\log x)^2}\right\}\\&=-(\log y)\frac{\frac{1}{x}}{(\log x)^2}=-\frac{\log y}{x(\log x)^2}\end{aligned}}$$

x を定数と思い，y で微分すると

$$f_y(x,y)=㋓\boxed{\frac{1}{\log x}\cdot(\log y)_y=\frac{1}{\log x}\cdot\frac{1}{y}=\frac{1}{y\log x}}$$

(3) y を定数と思い，x で微分すると

$f_x(x,y)=$㋔$\boxed{(x^2)_x\cdot e^y=2xe^y}$

x を定数と思い，y で微分すると

$f_y(x,y)=$㋕$\boxed{x^2(e^y)_y=x^2e^y}$

(4) y を定数と思い，x で微分すると

$f_x(x,y)=$㋖$\boxed{-\sin x+0=-\sin x}$

x を定数と思い，y で微分すると

$f_y(x,y)=$㋗$\boxed{0+\cos y=\cos y}$

p.187 ● 演習 47

解 答 (1) 積の偏微分公式を使って

$f_x(x,y)=$

㋐$\boxed{(x^3-2x^2y-y^3)_x\cdot\log y+(x^3-2x^2y-y^3)\cdot(\log y)_x}$

y を定数とみなして微分してゆくと

$$=㋑\boxed{\begin{aligned}&(3x^2-2\cdot 2x\cdot y-0)\cdot\log y+(x^3-2x^2y-y^3)\cdot 0\\&=(3x^2-4xy)\log y\end{aligned}}$$

$f_y(x,y)=$

㋒$\boxed{(x^3-2x^2y-y^3)_y\cdot\log y+(x^3-2x^2y-y^3)\cdot(\log y)_y}$

x を定数とみなして微分してゆくと

$$=㋓\ \boxed{(0-2x^2\cdot 1-3y^2)\cdot\log y+(x^3-2x^2y-y^3)\cdot\frac{1}{y} \\ =-(2x^2+3y^2)\log y+\frac{1}{y}(x^3-2x^2y-y^3)}$$

(2)　商の偏微分公式を使って

$$f_x(x,y)=㋔\ \boxed{\frac{(e^x)_x\cdot(\sin x+\cos y)-e^x\cdot(\sin x+\cos y)_x}{(\sin x+\cos y)^2} \\ =\frac{e^x\cdot(\sin x+\cos y)-e^x\cdot(\cos x+0)}{(\sin x+\cos y)^2} \\ =\frac{e^x(\sin x+\cos y-\cos x)}{(\sin x+\cos y)^2}}$$

$$f_y(x,y)=㋕\ \boxed{\frac{(e^x)_y\cdot(\sin x+\cos y)-e^x\cdot(\sin x+\cos y)_y}{(\sin x+\cos y)^2} \\ =\frac{0\cdot(\sin x+\cos y)-e^x\cdot(0-\sin y)}{(\sin x+\cos y)^2} \\ =\frac{e^x\sin y}{(\sin x+\cos y)^2}}$$

p.191 ● 演習48

解　答　(1)　$u=x^2-y$ とおくと

$f(x,y)=\cos u$　となるので

$$f_x(x,y)=㋐\ \boxed{\frac{df}{du}\frac{\partial u}{\partial x}=\frac{d}{du}(\cos u)\cdot\frac{\partial}{\partial x}(x^2-y) \\ =-\sin u\cdot 2x=-2x\ \sin(x^2-y)}$$

$$f_y(x,y)=㋑\ \boxed{\frac{df}{du}\frac{\partial u}{\partial y}=\frac{d}{du}(\cos u)\frac{\partial}{\partial y}(x^2-y) \\ =-\sin u\cdot(-1)=\sin(x^2-y)}$$

(2)　$u=\dfrac{y}{x}$ とおくと，$f(x,y)=\tan^{-1}u$　となるので

$$f_x(x,y)=㋒\ \boxed{\frac{df}{du}\frac{\partial u}{\partial x}=\frac{d}{dv}(\tan^{-1}u)\cdot\frac{\partial}{\partial x}\left(\frac{y}{x}\right) \\ =\frac{1}{1+u^2}\left(-\frac{y}{x^2}\right) \\ =\frac{1}{1+\left(\frac{y}{x}\right)^2}\left(-\frac{y}{x^2}\right)=-\frac{y}{x^2+y^2}}$$

$$f_y(x,y)=㋓\ \boxed{\frac{df}{du}\frac{\partial u}{\partial y}=\frac{d}{dv}(\tan^{-1}u)\cdot\frac{\partial}{\partial y}\left(\frac{y}{x}\right) \\ =\frac{1}{1+u^2}\left(\frac{1}{x}\right)=\frac{1}{1+\left(\frac{y}{x}\right)^2}\cdot\frac{1}{x} \\ =\frac{x}{x^2+y^2}}$$

(3)　まず積の微分公式を用いて

$f_x(x,y)=(xe^{xy})_x=㋔\ \boxed{(x)_x\cdot e^{xy}+x\cdot(e^{xy})_x=1\cdot e^{xy}+x(e^{xy})_x}$

ここで $u=xy$ とおくと $e^{xy}=e^u$ となるから

$(e^{xy})_x=㋕\ \boxed{(e^u)'\cdot(xy)_x=e^u\cdot y=ye^{xy}\ (\text{′は } u \text{ に関して微分})}$

$\therefore\ \ f_x(x,y)=㋖\ \boxed{e^{xy}+x(ye^{xy})=e^{xy}(1+xy)}$

引き続き $u=xy$ とおくと $f(x,y)=xe^u$ なので，x を定数とみて y で偏微分すると

$f_y(x,y)=x(e^{xy})_y=㋗\ \boxed{x\{(e^u)'\cdot(xy)_y\}=x(e^u\cdot x)=x^2e^{xy}}$

p.195 ● 演習49

解　答

(1)　$$\frac{\partial^2 f}{\partial x\partial y}=\frac{\partial}{\partial x}\left(\frac{\partial f}{\partial y}\right)=\frac{\partial}{\partial x}\left\{\frac{\partial}{\partial y}(3x^4+2xy^3-y)\right\}$$

$$=\frac{\partial}{\partial x}(㋐\ \boxed{0+2x\cdot 3y^2-1})$$

$$=\frac{\partial}{\partial x}(㋑\ \boxed{6xy^2-1})=㋒\ \boxed{6\cdot 1\cdot y^2-0=6y^2}$$

$$\frac{\partial^3 f}{\partial x\partial y\partial x}=\frac{\partial}{\partial x}\left(\frac{\partial^2 f}{\partial y\partial x}\right)=\frac{\partial}{\partial x}\left\{\frac{\partial}{\partial y}\left(\frac{\partial f}{\partial x}\right)\right\}$$

$$=\frac{\partial}{\partial x}\left[\frac{\partial}{\partial y}\left\{\frac{\partial}{\partial x}(3x^4+2xy^3-y)\right\}\right]$$

$$=\frac{\partial}{\partial x}\left\{\frac{\partial}{\partial y}(㋓\ \boxed{3\cdot 4x^3+2\cdot 1\cdot y^3-0})\right\}$$

$$=\frac{\partial}{\partial x}\left\{\frac{\partial}{\partial y}(㋔\ \boxed{12x^3+2y^3})\right\}$$

$$=\frac{\partial}{\partial x}(㋕\ \boxed{0+2\cdot 3y^2})=\frac{\partial}{\partial x}(㋖\ \boxed{6y^2})=㋗\ \boxed{0}$$

(2)　$f_{yx}=(f_y)_x=[\{\log(x+y)\}_y]_x$

$u=x+y$ とおくと

$$\{\log(x+y)\}_y=㋘\ \boxed{(\log u)'\cdot u_y=\frac{1}{u}\cdot 1=\frac{1}{x+y}}$$

$$\therefore\ \ f_{yx}=\left(㋙\ \boxed{\frac{1}{x+y}}\right)_x$$

$$=㋚\ \boxed{\left(\frac{1}{u}\right)'\cdot u_x=\left(-\frac{1}{u^2}\right)\cdot 1=-\frac{1}{(x+y)^2}}$$

また，$f_{xxy}=(f_{xx})_y=\{(f_x)_x\}_y=[\{(\log(x+y))_x\}_x]_y$

ここで，$f_x=\{\log(x+y)\}_x=㋛\ \boxed{(\log u)'\cdot u_x=\dfrac{1}{u}\cdot 1=\dfrac{1}{x+y}}$

$$\therefore\ \ (f_x)_x=\left(㋜\ \boxed{\frac{1}{x+y}}\right)_x$$

$$=㋝\ \boxed{\left(\frac{1}{u}\right)'\cdot u_x=-\frac{1}{u^2}\cdot 1=-\frac{1}{(x+y)^2}}$$

$$\therefore\ \ \{(f_x)_x\}_y=\left(㋞\ \boxed{-\frac{1}{(x+y)^2}}\right)_y$$

$$=㋟\ \boxed{\left(-\frac{1}{u^2}\right)'\cdot u_y=\frac{2}{u^3}\cdot 1=\frac{2}{(x+y)^3}}$$

p.201 ● 演習50

解　答　はじめに偏微分を求めてから全微分を求める.

(1)　$f_x(x,y)=(x^2+y^2)_x=㋐\ \boxed{2x+0=2x}$

　　$f_y(x,y)=(x^2+y^2)_y=㋑\ \boxed{0+2y=2y}$

　$\therefore\ \ df=f_x(x,y)\,dx+f_y(x,y)\,dy=㋒\ \boxed{2x\,dx+2y\,dy}$

(2)　ていねいに偏微分していこう.

$$f_x(x,y)=\left(\log\frac{x-y}{x+y}\right)_x=\frac{1}{㋓\ \boxed{\frac{x-y}{x+y}}}\cdot\left(㋔\ \boxed{\frac{x-y}{x+y}}\right)_x$$

$$=㋕\ \boxed{\frac{x+y}{x-y}}\cdot$$

$$\frac{(㋖\ \boxed{x-y})_x\cdot(㋗\ \boxed{x+y})-(㋘\ \boxed{x-y})\cdot(㋙\ \boxed{x+y})_x}{(㋚\ \boxed{x+y})^2}$$

$= \dfrac{1}{\text{㋛}\boxed{x-y}} \cdot \dfrac{(\text{㋜}\boxed{(1-0)(x+y)}) - (\text{㋝}\boxed{(x-y)(1+0)})}{x+y}$

$= \text{㋞}\boxed{\dfrac{(x+y)-(x-y)}{(x-y)(x+y)} = \dfrac{2y}{x^2-y^2}}$

$f_y(x, y) = \left(\log \dfrac{x-y}{x+y}\right)_y$

$= \text{㋟}\boxed{\begin{aligned} &\dfrac{1}{\dfrac{x-y}{x+y}} \cdot \left(\dfrac{x-y}{x+y}\right)_y \\ &= \dfrac{x+y}{x-y} \cdot \dfrac{(x-y)_y \cdot (x+y) - (x-y) \cdot (x+y)_y}{(x+y)^2} \\ &= \dfrac{x+y}{x-y} \cdot \dfrac{(0-1)(x+y) - (x-y)(0+1)}{(x+y)^2} \\ &= \dfrac{-(x+y)-(x-y)}{(x-y)(x+y)} = \dfrac{-2x}{x^2-y^2} \end{aligned}}$

$\therefore \ df = f_x(x, y)\,dx + f_y(x, y)\,dy = \text{㋠}\boxed{\dfrac{2y}{x^2-y^2}dx + \dfrac{-2x}{x^2-y^2}dy}$

p.203 演習 51

解 答 まず偏微分係数を求めよう.

(1) $f_x(x, y) = \text{㋐}\boxed{\dfrac{1}{y} \cdot 1 = \dfrac{1}{y}}$, $f_y(x, y) = \text{㋑}\boxed{x \cdot \dfrac{-1}{y^2} = -\dfrac{x}{y^2}}$

ゆえに

$f_x(3, -1) = \text{㋒}\boxed{\dfrac{1}{-1} = -1}$, $f_y(3, -1) = \text{㋓}\boxed{-\dfrac{3}{(-1)^2} = -3}$

また, $f(3, -1) = \text{㋔}\boxed{\dfrac{3}{-1} = -3}$

ゆえに 点 $P(3, -1)$ における接平面の方程式は

$\text{㋕}\boxed{z-(-3) = -1 \cdot (x-3) - 3 \cdot (y-(-1))}$

これを整理して, $\text{㋖}\boxed{x+3y+z = -3}$

(2) $u = 2x+3y$ とおくと $f(x, y) = e^u$ となる.

ゆえに

$f_x(x, y) = \dfrac{df}{du}\dfrac{\partial u}{\partial x} = \text{㋗}\boxed{e^u \cdot 2 = 2e^{2x+3y}}$

$\therefore f_x(1, 0) = \text{㋘}\boxed{2e^{2\cdot1+3\cdot0} = 2e^2}$

$f_y(x, y) = \dfrac{df}{du}\dfrac{\partial u}{\partial y} = \text{㋙}\boxed{e^u \cdot 3 = 3e^{2x+3y}}$

$\therefore \ f_y(1, 0) = \text{㋚}\boxed{3e^{2\cdot1+3\cdot0} = 3e^2}$

また, $f(1, 0) = \text{㋛}\boxed{e^{2\cdot1+3\cdot0} = e^2}$

より, 点 $P(1, 0)$ における接平面の方程式は

$\text{㋜}\boxed{z-e^2 = 2e^2(x-1) + 3e^2(y-0) \text{ より } 2e^2x + 3e^2y - z = e^2}$

p.207 演習 52

解 答 (1) 合成関数の偏微分公式 2 を用いるために次の計算をしておこう.

$\dfrac{\partial z}{\partial x} = 3(2x+y)^{3-1} \cdot (2x+y)_x = 3(2x+y)^2 \cdot 2 = 6(2x+y)^2$

$\dfrac{\partial z}{\partial y} = \text{㋐}\boxed{3(2x+y)^{3-1} \cdot (2x+y)_y = 3(2x+y)^2 \cdot 1 = 3(2x+y)^2}$

$\dfrac{dx}{dt} = \text{㋑}\boxed{(2t+1)' = 2}$, $\dfrac{dy}{dt} = \text{㋒}\boxed{(t^2-t+3)' = 2t-1}$

$\therefore \ \dfrac{dz}{dt} = \dfrac{\partial z}{\partial x}\dfrac{dx}{dt} + \dfrac{\partial z}{\partial y}\dfrac{dy}{dt}$

$= 6(2x+y)^2 \cdot \text{㋓}\boxed{2} + \text{㋔}\boxed{3(2x+y)^2} \cdot (\text{㋕}\boxed{2t-1})$

$= \text{㋖}\boxed{3(2x+y)^2(2\cdot2+2t-1) = 3(2x+y)^2(2t+3)}$

(2) 同様にして

$\dfrac{\partial z}{\partial x} = \text{㋗}\boxed{(\cos x)'\sin y = -\sin x \sin y}$,

$\dfrac{\partial z}{\partial y} = \text{㋘}\boxed{\cos x(\sin y)' = \cos x \cos y}$

$\dfrac{dx}{dt} = \text{㋙}\boxed{(e^t)' = e^t}$, $\dfrac{dy}{dt} = \text{㋚}\boxed{(t^2)' = 2t}$

$\therefore \ \dfrac{dz}{dt} = \dfrac{\partial z}{\partial x}\dfrac{dx}{dt} + \dfrac{\partial z}{\partial y}\dfrac{dy}{dt}$

$= \text{㋛}\boxed{\begin{aligned} &(-\sin x \sin y)e^t + (\cos x \cos y)2t \\ &= 2t\cos x \cos y - e^t \sin x \sin y \end{aligned}}$

(3) 同様にして

$\dfrac{\partial z}{\partial x} = \text{㋜}\boxed{(x^2+y^2)_x = 2x+0 = 2x}$,

$\dfrac{\partial z}{\partial y} = \text{㋝}\boxed{(x^2+y^2)_y = 0+2y = 2y}$

$\dfrac{dx}{dt} = \text{㋞}\boxed{(2t)' = 2}$, $\dfrac{dy}{dt} = \text{㋟}\boxed{(\log t)' = \dfrac{1}{t}}$

$\therefore \ \dfrac{dz}{dt} = \dfrac{\partial z}{\partial x}\dfrac{dx}{dt} + \dfrac{\partial z}{\partial y}\dfrac{dy}{dt} = \text{㋠}\boxed{2x \cdot 2 + 2y \cdot \dfrac{1}{t} = 4x + \dfrac{2y}{t}}$

p.209 演習 53

解 答 まず次の各計算をおこなっておこう.

$\dfrac{\partial z}{\partial x} = (e^{xy})_x = e^{xy} \cdot (xy)_x = e^{xy} \cdot y = ye^{xy}$

$\dfrac{\partial z}{\partial y} = \text{㋐}\boxed{(e^{xy})_y = e^{xy} \cdot (xy)_y = e^{xy} \cdot x = xe^{xy}}$

$\dfrac{\partial x}{\partial u} = (\sin uv)_u = (\cos uv) \cdot (uv)_u = (\cos uv) \cdot v = v\cos uv$

$\dfrac{\partial x}{\partial v} = \text{㋑}\boxed{(\sin uv)_v = (\cos uv) \cdot (uv)_v = (\cos uv) \cdot u = u\cos uv}$

$\dfrac{\partial y}{\partial u} = \text{㋒}\boxed{\begin{aligned} &\{\cos(u+v)\}_u = \{-\sin(u+v)\} \cdot (u+v)_u \\ &= \{-\sin(u+v)\} \cdot 1 = -\sin(u+v) \end{aligned}}$

$\dfrac{\partial y}{\partial v} = \text{㋓}\boxed{\begin{aligned} &\{\cos(u+v)\}_v = \{-\sin(u+v)\} \cdot (u+v)_v \\ &= \{-\sin(u+v)\} \cdot 1 = -\sin(u+v) \end{aligned}}$

したがって

$\dfrac{\partial z}{\partial u} = \dfrac{\partial z}{\partial x}\dfrac{\partial x}{\partial u} + \dfrac{\partial z}{\partial y}\dfrac{\partial y}{\partial u}$

$= ye^{xy} \cdot \text{㋔}\boxed{v\cos uv} + \text{㋕}\boxed{xe^{xy}} \cdot \{\text{㋖}\boxed{-\sin(u+v)}\}$

$= \text{㋗}\boxed{e^{xy}\{yv\cos uv - x\sin(u+v)\}}$

$\dfrac{\partial z}{\partial v} = \dfrac{\partial z}{\partial x}\dfrac{\partial x}{\partial v} + \dfrac{\partial z}{\partial y}\dfrac{\partial y}{\partial v}$

$= \text{㋘}\boxed{\begin{aligned} &ye^{xy}(u\cos uv) + xe^{xy}\{-\sin(u+v)\} \\ &= e^{xy}\{yu\cos uv - x\sin(u+v)\} \end{aligned}}$

解 答 $f_x(x,y)$ と $f_y(x,y)$ を求めると次のようになる.

$$f_x(x,y) = \boxed{4\cdot 1\cdot y - 4x^3 = 4y - 4x^3}$$

$$f_y(x,y) = \boxed{4x\cdot 1 - 2\cdot 2y - 0 = 4x - 4y}$$

停留点は $f_x(x,y) = f_y(x,y) = 0$ を満たす点であるから,

連立方程式 $\boxed{\begin{cases} 4y - 4x^3 = 0 \\ 4x - 4y = 0 \end{cases}}$ を解けばよい.

連立方程式を書き直して $\begin{cases} y - x^3 = 0 \cdots ① \\ x - y = 0 \cdots ② \end{cases}$

②より $y = x$, ①へ代入して $x - x^3 = 0$, $x(1 - x^2) = 0$, $x(1+x)(1-x) = 0$, $x = 0, -1, 1$. これらを②へそれぞれ代入すると, $y = 0, -1, 1$

連立方程式の解より, 停留点は次の $\boxed{3}$ つである.

$$\boxed{(0,0),\ (1,1),\ (-1,-1)}$$

解 答 (1)

$\begin{cases} f_x(x,y) = \boxed{1\cdot y - \dfrac{1}{x^2} + 0 = y - \dfrac{1}{x^2}} = 0 \cdots ① \\ f_y(x,y) = \boxed{x\cdot 1 + 0 - \dfrac{1}{y^2} = x - \dfrac{1}{y^2}} = 0 \cdots ② \end{cases}$

を解く.

①より $y = \dfrac{1}{x^2}$, ②へ代入して $x - x^4 = 0$.
因数分解して $x(x-1)(x^2+x+1) = 0$

$x \neq 0$ なので, 実数解は $x = \boxed{1}$ となる. ①に代入して

$y = \boxed{1}$ を得る. したがって求める停留点は 1 個で

$$\boxed{(1,1)}$$

(2) 2 階偏導関数を求める.

$$f_{xx}(x,y) = \boxed{\left(y - \dfrac{1}{x^2}\right)_x = 0 + \dfrac{2}{x^3} = \dfrac{2}{x^3}}$$

$$f_{xy}(x,y) = \boxed{\left(y - \dfrac{1}{x^2}\right)_y = 1 - 0 = 1}$$

$$f_{yy}(x,y) = \boxed{\left(x - \dfrac{1}{y^2}\right)_y = 0 + \dfrac{2}{y^3} = \dfrac{2}{y^3}}$$

(1)で求めた点 $\boxed{(1,1)}$ について, $x = \boxed{1}$, $y = \boxed{1}$
であるから,

$B^2 - AC = \boxed{1^2 - \dfrac{2}{1}\cdot\dfrac{2}{1} = -3} < 0$, $A = \boxed{\dfrac{2}{1} = 2} > 0$

ゆえに点 $\boxed{(1,1)}$ で極 $\boxed{小}$ となり, 極 $\boxed{小}$ 値は

$$\boxed{f(1,1) = 1\cdot 1 + \dfrac{1}{1} + \dfrac{1}{1} = 3}$$

である.

解 答 $f_x(x,y) = \boxed{3x^2 - y} = 0 \cdots ①$

$$f_y(x,y) = \boxed{-x + 3y^2} = 0 \cdots ②$$

を解く.

①より $y = 3x^2$. これを②に代入すると
$-x + 27x^4 = 0$, $x(27x^3 - 1) = 0$
$\therefore\ x(3x-1)(9x^2 + 3x + 1) = 0$

実数解なので $x = \boxed{0}$ と $x = \boxed{\dfrac{1}{3}}$

①に代入して $y = \boxed{0}$ と $y = \boxed{\dfrac{1}{3}}$.

したがって停留点は $\boxed{(0,0)}$ と $\boxed{\left(\dfrac{1}{3}, \dfrac{1}{3}\right)}$ である.

次に 2 階偏導関数を求めよう.

$$f_{xx} = \boxed{(3x^2 - y)_x = 6x}$$

$$f_{xy} = \boxed{(3x^2 - y)_y = -1}$$

$$f_{yy} = \boxed{(-x + 3y^2)_y = 6y}$$

$\boxed{(0,0)}$ の場合

$x = y = 0$ を代入して
$B^2 - AC = (-1)^2 - (6\cdot 0)(6\cdot 0) = 1 > 0$.
ゆえにこの点は極値を与えない.

$\boxed{\left(\dfrac{1}{3}, \dfrac{1}{3}\right)}$ の場合

$x = y = \dfrac{1}{3}$ を代入して
$\begin{cases} B^2 - AC = (-1)^2 - \left(6\cdot\dfrac{1}{3}\right)\left(6\cdot\dfrac{1}{3}\right) = -3 < 0 \\ A = 6\cdot\dfrac{1}{3} = 2 > 0 \end{cases}$
ゆえにこの点は極小点で, 極小値は
$$f\left(\dfrac{1}{3}, \dfrac{1}{3}\right) = \left(\dfrac{1}{3}\right)^3 - \left(\dfrac{1}{3}\right)\left(\dfrac{1}{3}\right) + \left(\dfrac{1}{3}\right)^3 = -\dfrac{1}{27}$$

解 答 $z = f(x,y) = y - x$, $g(x,y) = x^2 + y^2 - 2$
とおく.

$f_x = \boxed{-1}$, $f_y = \boxed{1}$, $g_x = \boxed{2x}$, $g_y = \boxed{2y}$ なので,
定理 3.8.1 より, $z = f(x,y)$ が極値をとる点 (x,y) では
次をみたす.

(a) $\boxed{x^2 + y^2 = 2}$ (b) $\boxed{y = -x}$

(a), (b) より,

$(x,y) = (\boxed{-1}, \boxed{1})\ (\boxed{1}, \boxed{-1})$ となる.

$x^2 + y^2 = 2$ の両辺を x で微分すると, $2x + 2yy' = 0$ より,
$y' = -\dfrac{x}{y}$ となる.
したがって, $h'(x)$, $h''(x)$ は次のように計算できる.

$$h'(x) = \boxed{-\left(1 + \dfrac{x}{y}\right)}, \qquad h''(x) = \boxed{-\dfrac{1}{y^2}\left(y + \dfrac{x^2}{y}\right)}.$$

$(x, y) = (\boxed{\text{⊕} -1}, \boxed{\text{⊘} 1})$ のとき,

$h'(-1) = \boxed{\text{⊙} 0}$, $\qquad h''(-1) = \boxed{\text{⊖} -2 < 0}$

から, 極$\boxed{\text{⊘} 大}$値 $f\left((\boxed{\text{⊕} -1}, \boxed{\text{⊘} 1})\right) = \boxed{\text{⊘} 2}$ をとる.

$(x, y) = (\boxed{\text{⊘} 1}, \boxed{\text{⊜} -1})$ のとき,

$h'(1) = \boxed{\text{⊛} 0}$, $\qquad h''(1) = \boxed{\text{⊝} 2 > 0}$

から, 極$\boxed{\text{⊘} 小}$値 $f(\boxed{\text{⊘} 1}, \boxed{\text{⊜} -1}) = \boxed{\text{ⓑ} -2}$ をとる.

p.226 ● 総合演習 3

問1　(1)　円錐面　　　　　　　　　(2)　円柱面

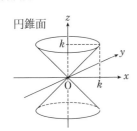 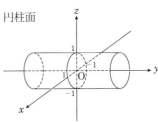

問2　(1)　$f_x = -\dfrac{y}{x^2} \cos \dfrac{y}{x}$,　$f_y = \dfrac{1}{x} \cos \dfrac{y}{x}$　より 示せる.

(2)　$f_x = \dfrac{e^x}{e^x + e^y}$,　$f_y = \dfrac{e^y}{e^x + e^y}$,　$f_{xx} = f_{yy} = \dfrac{e^x e^y}{(e^x + e^y)^2}$,　$f_{xy} = \dfrac{-e^x e^y}{(e^x + e^y)^2}$　より 示せる.

(3)　$f_x = \dfrac{1}{1 + \left(\dfrac{y}{x}\right)^2}\left(-\dfrac{y}{x^2}\right) = \dfrac{-y}{x^2 + y^2}$,　$f_y = \dfrac{1}{1 + \left(\dfrac{y}{x}\right)^2}\left(\dfrac{1}{x}\right) = \dfrac{x}{x^2 + y^2}$

$f_{xx} = \dfrac{2xy}{(x^2 + y^2)^2}$,　$f_{yy} = \dfrac{-2xy}{(x^2 + y^2)^2}$　より 示せる.

問3　(1)　$z_r = z_x \cos \theta + z_y \sin \theta$,　$z\theta = z_x(-r \sin \theta) + z_y(r \cos \theta)$

これらを右辺に代入すると左辺に一致する.

(2)　$z_{rr} = (z_x)_r \cos \theta + (z_y)_r \sin \theta$

ここで, $(z_x)_r = \dfrac{\partial z_x}{\partial r} = \dfrac{\partial z_x}{\partial x}\dfrac{\partial x}{\partial r} + \dfrac{\partial z_x}{\partial y}\dfrac{\partial y}{\partial r} = z_{xx} \cos \theta + z_{xy} \sin \theta$

$(z_y)_r = \dfrac{\partial z_y}{\partial r} = \dfrac{\partial z_y}{\partial x}\dfrac{\partial x}{\partial r} + \dfrac{\partial z_y}{\partial y}\dfrac{\partial y}{\partial r} = z_{yx} \cos \theta + z_{yy} \sin \theta$

ゆえに, $z_{rr} = z_{xx} \cos^2 \theta + 2 z_{xy} \sin \theta \cos \theta + z_{yy} \sin^2 \theta$

同様に, $z_{\theta\theta} = r^2(z_{xx} \sin^2 \theta - 2 z_{xy} \sin \theta \cos \theta + z_{yy} \cos^2 \theta) - r(z_x \cos \theta + z_y \sin \theta)$

これらを右辺に代入すれば左辺と一致する.

問4　$f_x = 3x^2 - 3$,　$f_y = 3y^2 - 3$

(1)　$f_x(0, 0) = -3$, $f_y(0, 0) = -3$ より接平面の方
程式は $z + 3x + 3y = 0$

(2)　停留点は以下の 4 点.

$(1, 1)$, $(-1, 1)$, $(1, -1)$, $(-1, -1)$

$(1, 1)$ のとき極小値 -4, $(-1, -1)$ のとき極大値 4.

$(-1, 1)$ と $(1, -1)$ は極値をとらない.

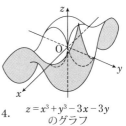

$z = x^3 + y^3 - 3x - 3y$
のグラフ

p.239 ● 演習 58

‼ **解 答** ‼ はじめは y についての積分であるから x は定数とみなして

$$\int_1^2 \left\{ \int_{-1}^1 (x+y+1)\,dy \right\} dx = \int_1^2 \left[\boxed{xy + \frac{1}{2}y^2 + y} \right]_{-1}^1 dx$$

[ ]の中の y に 1 と -1 とを代入して

$$= \int_1^2 \left\{ \boxed{\left(x \cdot 1 + \frac{1}{2} \cdot 1^2 + 1\right)} - \boxed{\left(x \cdot (-1) + \frac{1}{2}(-1)^2 + (-1)\right)} \right\} dx$$

$$= \int_1^2 \boxed{2x+2}\,dx$$

$$= \boxed{\left[2 \cdot \frac{1}{2}x^2 + 2x \right]_1^2 = \left[x^2 + 2x \right]_1^2}$$
$$= (2^2 + 2 \cdot 2) - (1^2 + 2 \cdot 1) = 5$$

次に積分領域 D を求める．累次積分の式より

{ } の中の積分から $-1 \leqq y \leqq \boxed{1}$

{ } の外の積分から $\boxed{1} \leqq x \leqq 2$

となるので D は次のようにかける．

$$D = \{ (x,y) \mid \boxed{1 \leqq x \leqq 2}, \boxed{-1 \leqq y \leqq 1} \}$$

これより，D は図㋩のような長方形領域である．

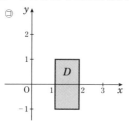

㋩

p.241 ● 演習 59

‼ **解 答** ‼ { } の中は x についての積分であるから y を定数とみなすと

$$\int_0^{\frac{\pi}{2}} \left\{ \int_{-y}^y \sin(2x+y)\,dx \right\} dy$$

$$= \int_0^{\frac{\pi}{2}} \left[\boxed{-\frac{1}{2}\cos(2x+y)} \right]_{-y}^y dy$$

x に y と $-y$ を代入して

$$= -\frac{1}{2} \int_0^{\frac{\pi}{2}} \{ \boxed{\cos(2y+y)} - \boxed{\cos(-2y+y)} \}\,dy$$

$$= -\frac{1}{2} \int_0^{\frac{\pi}{2}} \{ \boxed{\cos 3y} - \boxed{\cos(-y)} \}\,dy$$

$$= -\frac{1}{2} \int_0^{\frac{\pi}{2}} (\boxed{\cos 3y - \cos y})\,dy$$

これは y についての普通の積分なので

$$= \boxed{-\frac{1}{2} \left[\frac{1}{3}\sin 3y - \sin y \right]_0^{\frac{\pi}{2}}}$$
$$= -\frac{1}{2} \left\{ \left(\frac{1}{3}\sin\frac{3}{2}\pi - \sin\frac{\pi}{2} \right) - \left(\frac{1}{3}\sin 0 - \sin 0 \right) \right\}$$
$$= -\frac{1}{2} \left\{ \left(\frac{1}{3}(-1) - 1 \right) - \left(\frac{1}{3} \cdot 0 - 0 \right) \right\} = \frac{3}{2}$$

値の確認

$\sin 0 = \boxed{0}$	$\cos 0 = \boxed{1}$
$\sin\frac{\pi}{2} = \boxed{1}$	$\cos\frac{\pi}{2} = \boxed{0}$
$\sin\pi = \boxed{0}$	$\cos\pi = \boxed{-1}$
$\sin\frac{3}{2}\pi = \boxed{-1}$	$\cos\frac{3}{2}\pi = \boxed{0}$

また，D は累次積分の式より

$$D = \left\{ (x,y) \mid -y \leqq x \leqq \boxed{y}, \boxed{0} \leqq y \leqq \boxed{\frac{\pi}{2}} \right\}$$

となる．D の境界の関数の式は

$$\boxed{-y = x}, \quad \boxed{x = y}, \quad \boxed{0 = y}, \quad \boxed{y = \frac{\pi}{2}}$$

つまり

$$y = \boxed{-x}, \quad y = \boxed{x}, \quad y = \boxed{0}, \quad y = \boxed{\frac{\pi}{2}}$$

領域は図㋭.

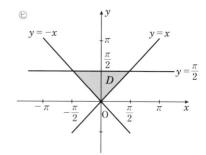

㋭

p.243 ● 演習 60

‼ **解 答** ‼ まず，積分領域 D をしっかり描こう（図㋣）.

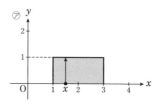

㋣

次に x, y のうちどちらを定数とみなすか決める．今度は x の方を先に定数とみなしてみよう．$1 \leqq x \leqq 3$ の間で x を 1 つ固定してみると，D 内で y の動ける範囲

は $0 \leqq y \leqq 1$ である（図に↕で描き込もう）．この範囲で y を積分すると，累次積分の中身は

$$\int_{\text{㋒}\boxed{0}}^{\text{㋑}\boxed{1}} (x^2+y^2)\, d\,\text{㋓}\boxed{y}$$

となる．

次は固定しておいた x を動かす．x は $1 \leqq x \leqq 3$ の範囲なので，この範囲で積分すると，重積分は次のように累次積分に直せる．

$$\iint_D (x^2+y^2)\,dx\,dy$$

$$=\int_{\text{㋕}\boxed{1}}^{\text{㋔}\boxed{3}} \left\{ \int_{\text{㋗}\boxed{0}}^{\text{㋖}\boxed{1}} (x^2+y^2)\, d\,\text{㋘}\boxed{y} \right\} d\,\text{㋙}\boxed{x}$$

あとは順に計算して

$$=\text{㋚}\boxed{\begin{aligned}&\int_1^3 \left[x^2y+\frac{1}{3}y^3 \right]_0^1 dx \\ &=\int_1^3 \left\{ \left(x^2\cdot 1+\frac{1}{3}\cdot 1^3 \right) - \left(x^2\cdot 0+\frac{1}{3}\cdot 0^3 \right) \right\} dx \\ &=\int_1^3 \left(x^2+\frac{1}{3} \right) dx = \left[\frac{1}{3}x^3+\frac{1}{3}x \right]_1^3 \\ &=\left(\frac{1}{3}\cdot 3^3+\frac{1}{3}\cdot 3 \right) - \left(\frac{1}{3}\cdot 1^3+\frac{1}{3}\cdot 1 \right) = \frac{28}{3}\end{aligned}}$$

p.245 ● 演習 61

解 答 この積分領域 D の形に着目すると，x, y のどちらからでも積分できると判断できるが，今回は y を定数とみなして，x から積分する．

【y を定数とみなして，x から先に積分するときの手順】

(1)　積分領域 D を図示する．（図㋐）

(2)　D に x 軸に平行な直線を引く．交点を A, B とする．（図㋐に記入）

(3)　交点 A, B の x 座標を y を用いて表して，x の積分範囲を求める．

⟹交点の A, B の x 座標はそれぞれ㋑$\boxed{0}$，㋒$\boxed{1-y}$ なので，x の積分範囲は㋓$\boxed{0 \leqq x \leqq 1-y}$ となる．（図㋐に記入）

(4)　D 内の y 座標の最小値，最大値を求め，y の積分範囲を求める．

⟹ D 内の y 座標の最小値は㋔$\boxed{0}$，最大値は㋕$\boxed{1}$ となるので，x の積分範囲は㋖$\boxed{0 \leqq y \leqq 1}$ となる．（図㋐に記入）

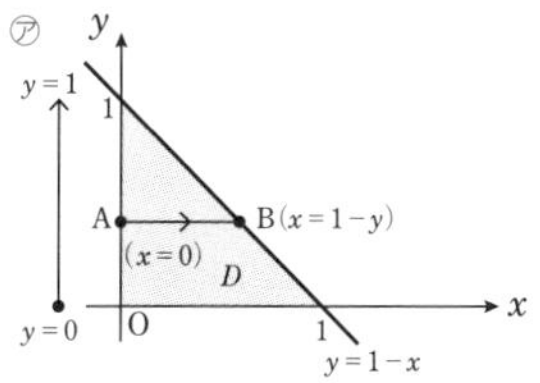

(5)　累次積分に書き換えて計算する．

$$\iint_D x\sqrt{y}\,dx\,dy = \int_{\text{㋘}\boxed{0}}^{\text{㋗}\boxed{1}} \left\{ \int_{\text{㋚}\boxed{0}}^{\text{㋙}\boxed{1-y}} x\sqrt{y}\,dx \right\} dy$$

$$=\text{㋛}\boxed{\begin{aligned}&\int_0^1 \left[\frac{x^2}{2}\sqrt{y} \right]_0^{1-y} dy = \frac{1}{2}\int_0^1 (1-y)^2\sqrt{y}\,dy \\ &\qquad \sqrt{y}=t \text{ とおくと，} y=t^2,\ dy=2tdt \\ &=\frac{1}{2}\int_0^1 (1-t^2)^2 t2tdt = \int_0^1 (1-t^2)^2 t^2 dt \\ &=\int_0^1 (t^6-2t^4+t^2)\,dt = \left[\frac{t^7}{7}-\frac{2}{5}t^5+\frac{1}{3}t^3 \right]_0^1 \\ &=\frac{1}{7}-\frac{2}{5}+\frac{1}{3}=\frac{8}{105}\end{aligned}}$$

p.247 ● 演習 62

解 答 x についての積分である｛　｝の部分を計算するのは難しい．したがって，積分の順序交換，y について積分してから，x について積分する．

【x を定数とみなして，y から先に積分するときの手順】

(1)　積分領域 D を図示する．

⟹累次積分より

$D=$㋐$\boxed{\{(x, y) \mid 0 \leqq y \leqq 1,\ y \leqq x \leqq 1\}}$

なので図示する（図㋑）．

(2)　D に y 軸に平行な直線を引く．交点を A, B とする．（図㋑に記入）

(3)　交点 A, B の y 座標を x を用いて表して，y の積分範囲を求める．

⟹交点の A，B の y 座標はそれぞれ㋒$\boxed{0}$，㋓$\boxed{x}$ なので，y の積分範囲は㋔$\boxed{0 \leqq y \leqq x}$ となる（図㋑に記入）．

(4)　D 内の x 座標の最小値，最大値を求め，x の積分範囲を求める．

⟹ D 内の x 座標の最小値は㋕$\boxed{0}$，最大値は㋖$\boxed{1}$ となるので，x の積分範囲は㋗$\boxed{0 \leqq x \leqq 1}$ となる（図㋑に記入）．

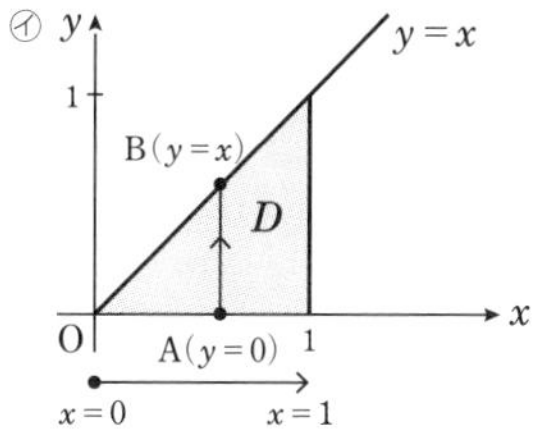

(5)　順序交換した累次積分を計算する．

$$\int_0^1 \left\{ \int_y^1 \sin(\pi x^2)\,dx \right\} dy = \int_{\text{㋙}\boxed{0}}^{\text{㋘}\boxed{1}} \left\{ \int_{\text{㋛}\boxed{0}}^{\text{㋚}\boxed{x}} \sin(\pi x^2)\,dx \right\} dy$$

$$=\text{㋜}\boxed{\int_0^1 x\sin(\pi x^2)\,dx = \left[-\frac{1}{2\pi}\cos(\pi x^2) \right]_0^1 = \frac{1}{\pi}}$$

p.253 ● 演習 63

解 答 領域 D を図示すると図のようになる（図㋐）．$u=$㋑$\boxed{x+y}$，$v=$㋒$\boxed{x-y}$ とおくと，D は uv 平面上の長方形領域

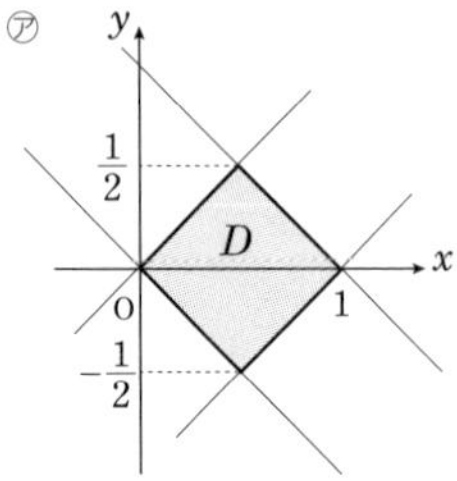

$E=\{(u,v)\mid$ ㋓ $\boxed{0}\leqq u\leqq$ ㋔ $\boxed{1}$, ㋕ $\boxed{0}\leqq v\leqq$ ㋖ $\boxed{1}\}$

に移り積分しやすくなる.

Eを図示すると，図㋗のようになる.

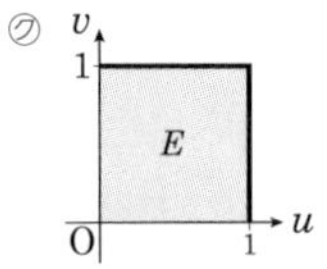

このとき，ヤコビアン $J(u,v)$ は，

$x=$ ㋗ $\boxed{\dfrac{u+v}{2}}$, $y=$ ㋘ $\boxed{\dfrac{u-v}{2}}$ なので, $x_u=$ ㋙ $\boxed{\dfrac{1}{2}}$,

$x_v=$ ㋚ $\boxed{\dfrac{1}{2}}$, $y_u=$ ㋛ $\boxed{\dfrac{1}{2}}$, $y_v=$ ㋜ $\boxed{-\dfrac{1}{2}}$ より

$$J(u,v)=\begin{vmatrix} x_u(u,v) & y_u(u,v) \\ x_v(u,v) & y_v(u,v) \end{vmatrix}=\text{㋝}\ \boxed{-\frac{1}{2}}$$

したがって, $x+y=$ ㋞ $\boxed{u}$, $x-y=$ ㋟ $\boxed{v}$ なので, 定理 4.3.2 より

$$\iint_D \frac{x-y}{1+x+y}\,dx\,dy=\iint_E \text{㋠}\ \boxed{\frac{v}{2(1+u)}}\,du\,dv$$

順に計算して,

$$=\text{㋡}\ \boxed{\begin{aligned}&\frac{1}{2}\int_0^1\int_0^1\frac{v}{1+u}\,dudv=\frac{1}{2}\int_0^1[v\log(1+u)]_0^1dv\\&=\frac{\log 2}{2}\int_0^1[v]_0^1dv=\frac{\log 2}{4}\end{aligned}}$$

p.255 ● 演習64

解答 まずDを図示しよう.

$x^2+y^2\leqq 1$は㋑ [原点] 中心, 半径㋒ $\boxed{1}$ の円の周と内部.

$0\leqq y\leqq x$は直線㋓ $\boxed{y=x}$ の右側で $y\geqq 0$ の部分である.

したがって, Dは図㋐のようになる.

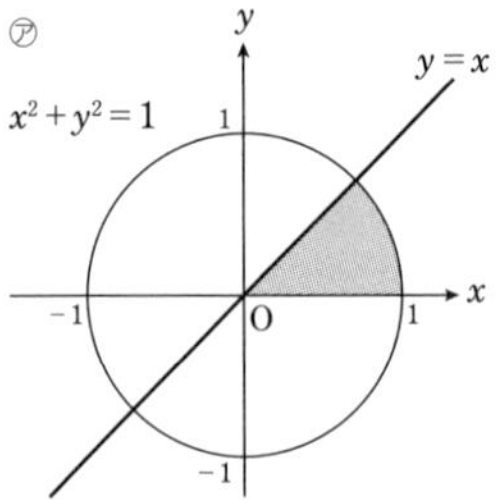

さて

$$x=r\cos\theta,\quad y=r\sin\theta$$

と変換するとき，領域Dは領域

$$G=\left\{(r,\theta)\mid \text{㋔}\ \boxed{0}\leqq r\leqq \text{㋕}\ \boxed{1},\quad \text{㋖}\ \boxed{0}\leqq\theta\leqq\text{㋗}\ \boxed{\frac{\pi}{4}}\right\}$$

に移るから

$$\iint_D(x^2+y^2)\,dx\,dy=\iint_G \text{㋘}\ \boxed{\{(r\cos\theta)^2+(r\sin\theta)^2\}\,r}\ dr\,d\theta$$

$$=\iint_G \text{㋙}\ \boxed{r^3(\cos^2\theta+\sin^2\theta)}\ dr\,d\theta$$

ここで $\sin^2\theta+\cos^2\theta=1$ を用いると

$$=\iint_G r^3\,dr\,d\theta$$

となる. Gは図㋚のような長方形領域だから累次積分に直すと

$$=\text{㋛}\ \boxed{\int_0^{\frac{\pi}{4}}\left\{\int_0^1 r^3dr\right\}d\theta}$$

となる. 順に計算すると

$$=\text{㋜}\ \boxed{\begin{aligned}&\int_0^{\frac{\pi}{4}}\left[\frac{1}{4}r^4\right]_0^1d\theta=\int_0^{\frac{\pi}{4}}\frac{1}{4}(1^4-0^4)\,d\theta=\frac{1}{4}\int_0^{\frac{\pi}{4}}d\theta\\&=\frac{1}{4}\Big[\theta\Big]_0^{\frac{\pi}{4}}=\frac{1}{4}\left(\frac{\pi}{4}-0\right)=\frac{\pi}{16}\end{aligned}}$$

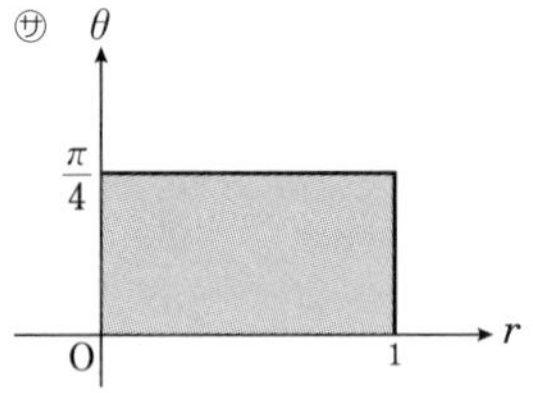

p.257 ● 演習65

解答 Dを図示すると図㋐のようになる.

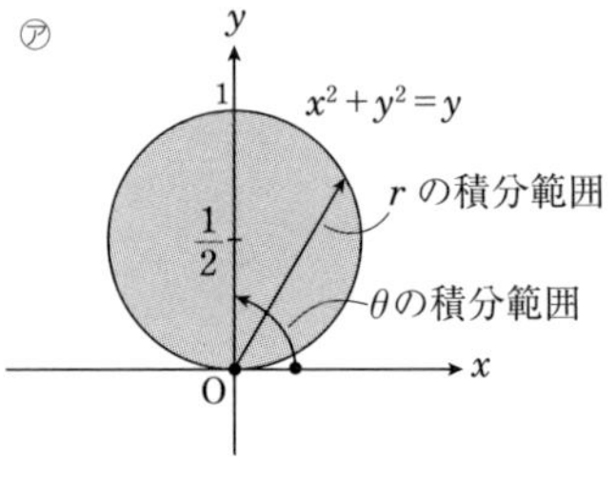

$x^2+y^2\leqq y$ を変形すると

$$x^2+\left(y-\text{㋑}\ \boxed{\frac{1}{2}}\right)^2\leqq\frac{1}{4}$$

となるので，これは中心㋒ $\boxed{\left(0,\dfrac{1}{2}\right)}$, 半径㋓ $\boxed{\dfrac{1}{2}}$ の円の周と内部である．極座標

$$x=r\cos\theta,\quad y=r\sin\theta$$

に変換すると，円の方程式は

[オ] $(r\cos\theta)^2+(r\sin\theta)^2=r\sin\theta,$
$r^2(\cos^2\theta+\sin^2\theta)=r\sin\theta,\ r^2=r\sin\theta,\ r=\sin\theta$

となるので，この変換により D は (r,θ) 領域

$G=\{(r,\theta)\,|\,0\leqq r\leqq$ [カ] $\boxed{\sin\theta}$, [キ] $\boxed{0}\leqq\theta\leqq$ [ク] $\boxed{\pi}\}$

に移る．G は図[ケ]のような領域であるから

[ケ]

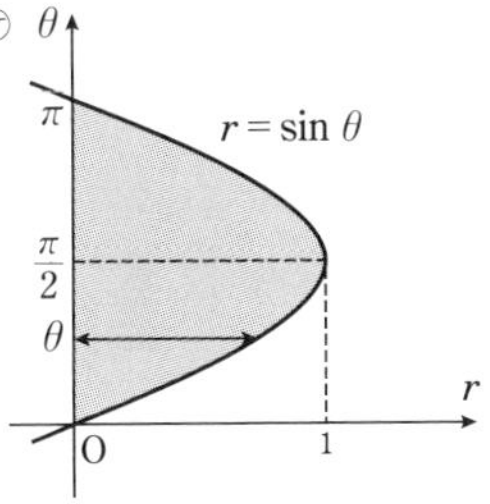

$$\iint_D\sqrt{x^2+y^2}\,dx\,dy=\iint_G \text{[コ]}\boxed{\sqrt{(r\cos\theta)^2+(r\sin\theta)^2}\cdot r}\,dr\,d\theta$$

= [サ]
$$\int_0^\pi\left\{\int_0^{\sin\theta}\sqrt{r^2(\cos^2\theta+\sin^2\theta)}\cdot r\,dr\right\}d\theta$$
$$=\int_0^\pi\left\{\int_0^{\sin\theta}r^2dr\right\}d\theta=\int_0^\pi\left[\frac{1}{3}r^3\right]_0^{\sin\theta}d\theta$$
$$=\int_0^\pi\frac{1}{3}\sin^3\theta d\theta=\frac{1}{3}\int_0^\pi(1-\cos^2\theta)\sin\theta d\theta$$

ここで $\cos\theta=t$ とおくと $-\sin\theta\,d\theta=dt$

θ	$0\longrightarrow\pi$
t	$1\longrightarrow-1$

$$与式=\frac{1}{3}\int_1^{-1}(1-t^2)(-dt)=\frac{1}{3}\int_1^{-1}(t^2-1)dt$$
$$=\frac{1}{3}\left[\frac{1}{3}t^3-t\right]_1^{-1}=\frac{1}{3}\left[\left\{\frac{1}{3}(-1)^3-(-1)\right\}\right.$$
$$\left.-\left\{\frac{1}{3}\cdot1^3-1\right\}\right]=\frac{4}{9}$$

p.259 ● 演習 66

解 答 $\boldsymbol{R}^2=\{(x,y)\,|\,-\infty<x<\infty,\ -\infty<y<\infty\}$（つまり xy 平面）とおくと，

$$\int_{-\infty}^{\infty}\int_{-\infty}^{\infty}e^{-\alpha(x^2+y^2)}dx\,dy=\iint_{R^2}e^{-(x^2+y^2)}dx\,dy$$

となる．今，

$$D_n=\{(x,y)\,|\,x^2+y^2\leqq n^2\}$$

とおくと，$n\to\infty$ とすると，D_n は $\boldsymbol{R}^2$ に限りなく近づくので，

$\iint_{D_n}e^{-\alpha(x^2+y^2)}dx\,dy$ は $\iint_{R^2}e^{-\alpha(x^2+y^2)}dx\,dy$ に近づく．

よって，$\iint_{D_n}e^{-\alpha(x^2+y^2)}dx\,dy$ を計算する．$x^2+y^2=n^2$ は原点中心，半径 n の円なので D_n を図示しよう（図[ア]）．

[ア]

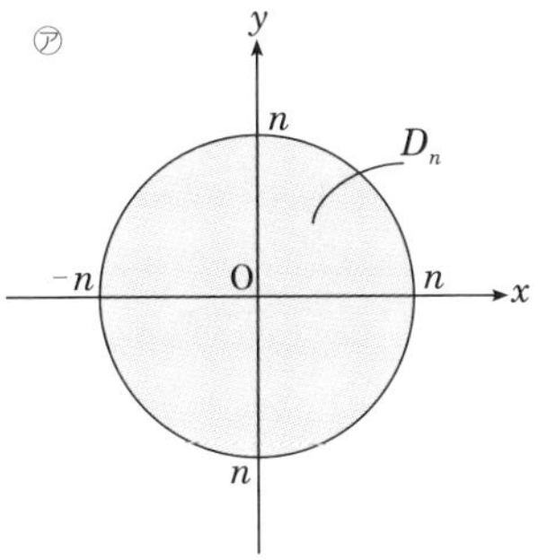

極座標

$$x=r\cos\theta,\qquad y=r\sin\theta$$

へ変換するとき，

$$G=\left\{(r,\theta)\,\middle|\,\text{[イ]}\boxed{0}\leqq r\leqq\text{[ウ]}\boxed{n},\ \text{[エ]}\boxed{0}\leqq\theta\leqq\text{[オ]}\boxed{2\pi}\right\}$$

となり，重積分の変換公式より

$$\iint_{D_n}e^{-\alpha(x^2+y^2)}dx\,dy=\iint_G\text{[カ]}\boxed{e^{-\alpha r^2}r}\,drd\theta$$

順に計算して，

= [キ]
$$\int_0^{2\pi}\int_0^n e^{-\alpha r^2}rdrd\theta=\int_0^{2\pi}\left[-\frac{1}{2\alpha}e^{-\alpha r^2}\right]_0^n d\theta$$
$$=\int_0^{2\pi}\frac{1}{2\alpha}\left(1-e^{-\alpha n^2}\right)d\theta=\frac{\pi}{\alpha}\left(1-e^{-\alpha n^2}\right)$$

よって，$\iint_{R^2}e^{-(x^2+y^2)}dx\,dy=\lim_{n\to\infty}\iint_{D_n}e^{-\alpha(x^2+y^2)}dx\,dy$

$$=\lim_{n\to\infty}\text{[ク]}\boxed{\frac{\pi}{\alpha}\left(1-e^{-\alpha n^2}\right)}=\text{[ケ]}\boxed{\frac{\pi}{\alpha}}$$

p.263 ● 演習 67

解 答 回転放物面 $z=x^2+y^2$ は，zx 平面における放物線[ア] $\boxed{z=x^2}$ を z 軸を中心に回転させてできる曲面である（p.178　問題 44）．平面 $x+y=1$ は xy 平面における直線[イ] $\boxed{x+y=1}$ を[ウ] $\boxed{z}$ 軸に平行に移動してできる平面なので，立体は図[エ]のようになる．

[エ]

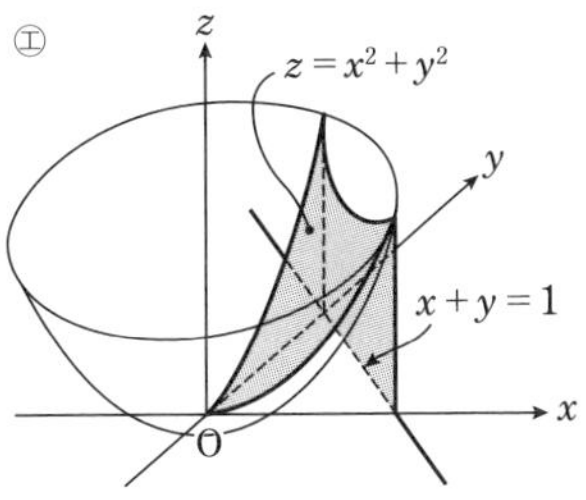

$z=f(x,y)$ にあたるのが[オ] $\boxed{z=x^2+y^2}$ で，D にあたるのが図[カ]の xy 平面上にある三角形である．

[カ]

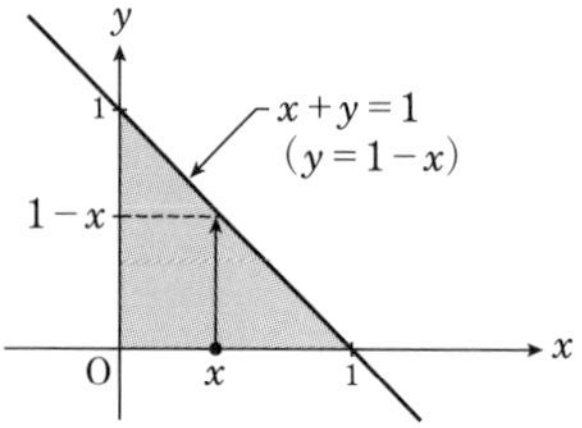

したがって求める体積は

$$\iint_D {}^{[キ]}\boxed{(x^2+y^2)}\,dx\,dy$$

$$D=\{(x,y)\mid {}^{[ク]}\boxed{x+y\leqq 1,\ x\geqq 0,\ y\geqq 0}\}$$

累次積分に直して計算すると，次のようになる．

[ケ]

$$\int_0^1\left\{\int_0^{1-x}(x^2+y^2)\,dy\right\}dx=\int_0^1\left[x^2y+\frac{1}{3}y^3\right]_0^{1-x}dx$$

$$=\int_0^1\left\{x^2(1-x)+\frac{1}{3}(1-x)^3\right\}dx$$

$$=\frac{1}{3}\int_0^1(1-3x+6x^2-4x^3)\,dx$$

$$=\frac{1}{3}\left[x-\frac{3}{2}x^2+2x^3-x^4\right]_0^1=\frac{1}{3}\left(1-\frac{3}{2}+2-1\right)=\frac{1}{6}$$

p.265 ● 演習 68

解 答 $x^2+y^2+z^2\leqq 4$ は [ア] 原点 中心，半径 [イ] 2 の球の球面とその内部である．$x^2+y^2\leqq 2x$ は変形して $($[ウ] $\boxed{x-1})^2+y^2\leqq 1$ となるので，xy 平面上の円 $($[ウ] $\boxed{x-1})^2+y^2=1$ を [エ] $\boxed{z}$ 軸に平行に移動してできる円柱面とその内部である．したがって立体は球と円柱の共通部分の上半分（図[オ]）となる．

[オ]

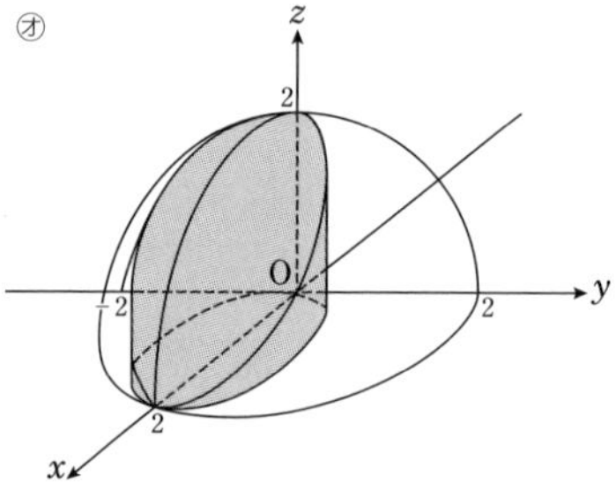

球の上半分の方程式は $z=$ [カ] $\boxed{\sqrt{4-(x^2+y^2)}}$ であるから，求める体積は

$$\iint_D {}^{[カ]}\boxed{\sqrt{4-(x^2+y^2)}}\,dx\,dy$$

$$D=\{(x,y)\mid {}^{[キ]}\boxed{x^2+y^2\leqq 2x}\}$$

となる（図[ク]）．

[ク]

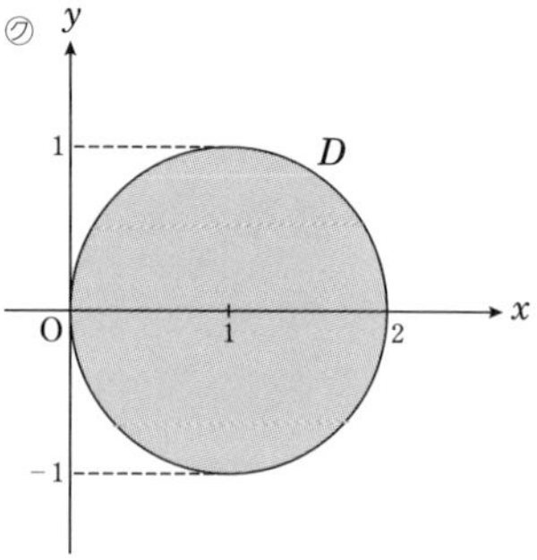

これも極座標に変換する．

$$x=r\cos\theta,\quad y=r\sin\theta$$

とおくと円 $x^2+y^2=2x$ は極方程式

[ケ] $\boxed{r=2\cos\theta}$ をもつので，D は (r,θ) の領域

$$G=\left\{(r,\theta)\ \middle|\ {}^{[コ]}\boxed{0}\leqq r\leqq {}^{[サ]}\boxed{2\cos\theta},\quad {}^{[シ]}\boxed{-\frac{\pi}{2}}\leqq\theta\leqq {}^{[ス]}\boxed{\frac{\pi}{2}}\right\}$$

に移る（図[セ]）．

[セ]

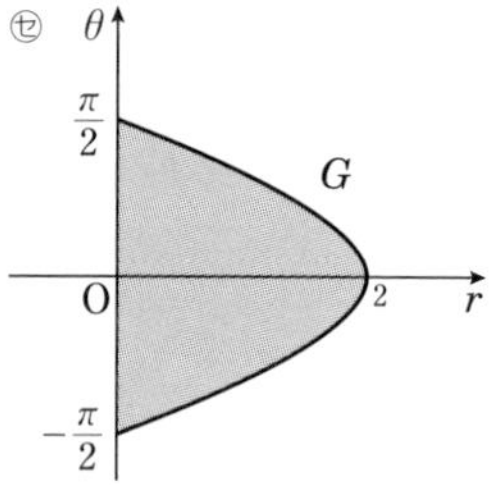

したがって，体積は次の計算により求まる．

[ソ]

$$\iint_D\sqrt{4-(x^2+y^2)}\,dx\,dy$$

$$=\iint_G\sqrt{4-\{(r\cos\theta)^2+(r\sin\theta)^2\}}\cdot r\,dr\,d\theta$$

$$=\iint_G\sqrt{4-r^2}\cdot r\,dr\,d\theta=\int_{-\frac{\pi}{2}}^{\frac{\pi}{2}}\left\{\int_0^{2\cos\theta}\sqrt{4-r^2}\,r\,dr\right\}d\theta$$

ここで $4-r^2=t$ とおくと $-2r\,dr=dt$ より $r\,dr=-\dfrac{1}{2}dt$

r	$0\longrightarrow 2\cos\theta$
t	$4\longrightarrow 4\sin^2\theta$

$$=\int_{-\frac{\pi}{2}}^{\frac{\pi}{2}}\left\{\int_4^{4\sin^2\theta}\sqrt{t}\cdot\left(-\frac{1}{2}\right)dt\right\}d\theta$$

$$=\int_{-\frac{\pi}{2}}^{\frac{\pi}{2}}-\frac{1}{2}\left[\frac{2}{3}t\sqrt{t}\right]_4^{4\sin^2\theta}d\theta$$

$$=-\frac{1}{3}\int_{-\frac{\pi}{2}}^{\frac{\pi}{2}}8(\sin^2\theta\,|\sin\theta|-1)\,d\theta$$

$$=-\frac{16}{3}\left\{\int_0^{\frac{\pi}{2}}\sin^3\theta\,d\theta-\int_0^{\frac{\pi}{2}}d\theta\right\}$$

$$= \frac{16}{3}\left\{ \frac{\pi}{2} - \int_0^{\frac{\pi}{2}}(1-\cos^2\theta)\sin\theta \ d\theta \right\}$$

ここで $\cos\theta = t$ とおくと $-\sin\theta \ d\theta = dt$

θ	$0 \longrightarrow \dfrac{\pi}{2}$
t	$1 \longrightarrow 0$

$$= \frac{16}{3}\left\{ \frac{\pi}{2} + \int_0^1(1-t^2)\,dt \right\}$$

$$= \frac{16}{3}\left\{ \frac{\pi}{2} + \left[t - \frac{1}{3}t^3 \right]_1^0 \right\} = \frac{8}{9}(3\pi - 4)$$

p.266 ● 総合演習 4

問1 (1)　与式 $= \displaystyle\int_0^1\left\{ \int_{x^2}^{\sqrt{x}}(xy + y^3)\,dy \right\}dx$

$$= \frac{5}{36}$$

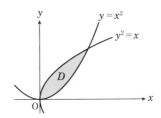

(2)　与式 $= \displaystyle\int_0^1\left\{ \int_{1-y}^{1+y}(2x-y)\,dx \right\}dy$

$$= \frac{4}{3}$$

注：y から先に積分するときは，次のように 2 つに分かれる．

$$\text{与式} = \int_0^1\left\{ \int_{1-x}^1(2x-y)\,dy \right\}dx + \int_1^2\left\{ \int_{x-1}^1(2x-y)\,dy \right\}dx$$

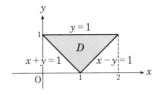

(3)　与式 $= \displaystyle\int_0^1\left\{ \int_{1-x^2}^{\sqrt{1-x^2}}y\,dy \right\}dx$

$$= \int_0^1(x - x^2)\,dx = \frac{1}{6}$$

注：x から先に積分すると

$$\text{与式} = \int_0^1\left\{ \int_{1-y}^{\sqrt{1-y^2}}y\,dx \right\}dy$$

となり，y で積分するとき置換積分が必要となる．

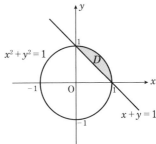

(4)　与式 $= \iint_D e^{r^2} \cdot r \, dr \, d\theta = e(e^3 - 1)\pi,$　　$G = \{ (r, \theta) \mid 1 \leqq r \leqq 2, \ 0 \leqq \theta \leqq 2\pi \}$

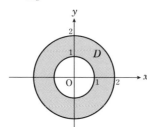
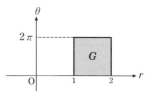

(5)　与式 $= \iint_G \sqrt{r^2} \cdot r \, dr \, d\theta$　　$G = \left\{ (r, \theta) \,\middle|\, 2\sin\theta \leqq r \leqq 2, \ 0 \leqq \theta \leqq \dfrac{\pi}{2} \right\}$

$$= \int_0^{\frac{\pi}{2}} \left\{ \int_{2\sin\theta}^1 r^2 dr \right\} d\theta = \frac{8}{3} \int_0^{\frac{\pi}{2}} (1 - \sin^3\theta) \, d\theta = \frac{4}{9}(3\pi - 4)$$

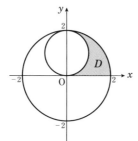
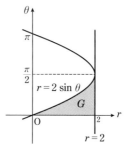

問2　$V = \iint_D \dfrac{1}{4}(x^2 + y^2) \, dx \, dy$　　$D = \{ (x, y) \mid x^2 + y^2 \leqq 2x \}$

極座標に変換して

$$= \iint_G \frac{1}{4} r^2 \cdot r \, dr \, d\theta = \frac{3}{8}\pi$$

$$G = \left\{ (r, \theta) \,\middle|\, 0 \leqq r \leqq 2\cos\theta, \ -\frac{\pi}{2} \leqq \theta \leqq \frac{\pi}{2} \right\}$$

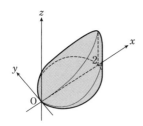
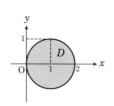
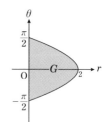

索　引

著者紹介

石村 園子
津田塾大学大学院理学研究科修士課程修了
元千葉工業大学教授

主な著書

『演習 すぐわかる微分積分』
『改訂版すぐわかる線形代数』
『演習 すぐわかる線形代数』
『改訂版すぐわかる微分方程式』
『すぐわかるフーリエ解析』
『すぐわかる代数』
『すぐわかる確率・統計』
『すぐわかる複素解析』
『増補版 金融・証券のためのブラック・ショールズ微分方程式』共著
（以上 東京図書 他多数）

畑 宏明
大阪大学大学院基礎工学研究科博士後期課程修了
一橋大学教授

改訂新版 すぐわかる微分積分

1993 年 1 月 25 日　第 1 版第 1 刷発行	© Sonoko Ishimura,
2012 年 10 月 25 日　改訂版第 1 刷発行	Hiroaki Hata,
2023 年 4 月 25 日　改訂新版第 1 刷発行	1993, 2012, 2023
	Printed in Japan

著　者　石村園子
　　　　畑　宏明

発行所　東京図書株式会社

〒102-0072 東京都千代田区飯田橋 3-11-19
振替 00140-4-13803　電話 03(3288)9461
http://www.tokyo-tosho.co.jp/

ISBN 978-4-489-02402-3